세상을 바꾸는

도전 발명왕

발명은 남보다 뛰어남이 아니라 남과 다른 나를 만든다

① Story로 만들어 가는 발명가의 인성과 도전
② 미래사회가 요구하는 글로벌 인재의 지침서
③ 창의력, 상상력, 문제해결능력의 향상을 위한 비법 전수

도서출판 세화

　세상이 너무 불공평하다는 생각에 세상을 원망하며 살아가는 한 사람이 길을 떠났다. 어디를 가야 공평한 세상을 만나 누구도 원망하지 않고 따뜻하게 위로 받으면서 살 수 있을까를 생각하면서…

　목적 없이 한참을 가던 나그네는 배가 고파 길가에 있는 작은 마트에 들렀다. 그런데 뜻밖에도 그곳 계산대에 하느님이 앉아 계셨다.
하느님을 보고 깜짝 놀란 길손이 하느님께 물었다.
하느님! 이곳에서 무엇을 팔고 계십니까?
예, 이곳에서는 사람들이 원하는 것은 무엇이든 다 팔고 있답니다.
손님도 사고 싶은 것이 있다면 주문을 하세요.
솔깃한 하느님 말씀에 나그네는 무엇을 주문할까 한참을 고민하다가…
이것저것을 주문하기 시작했다.
행복, 사랑, 명예, 돈 등을 주문하다가 혼자만이 행복해 지는 것이 하느님께 미안해서 ‘모든 사람이 다 행복해 지는 것’도 달라고 주문을 하였다.

　그러자 하느님께서는 이곳에서는 열매는 팔지 않고 단지 씨앗만 팔고 있답니다. 그 씨앗에 물과 거름을 주고 정성을 쏟아 열매로 키우는 것은 손님의 몫이랍니다.

　누구나 가슴에 미래의 씨앗을 심을 수는 있으나 그 씨앗을 기르는데 정성을 쏟는 것은 사람마다 다 다르고 개인차가 있어 그 결과는 미래 삶의 결과로 나타난다. 미래의 씨앗을 심는 것도 중요하지만 그에 못지않게 물과 거름을 주어 싹이 트고 잎이 나고 열매를 맺는 것도 중요하다. 그런데 많은 사람들은 어디서 그 씨앗을 기르는데 필요한 물과 거름을 찾아야 할지 몰라 헤매는 것을 보고 도움을 줄 수 있는 방법이 없을까를 생각하게 되었다.

　그러던 중 『영재들을 위한 발명 200제』를 읽은 사람들이 발명 200제 보다 조금만 더 쉽게 쓴 책이 있다면 처음 발명을 시작하는 초등학생부터 성인까지 모든 사람들에게 도움을 줄 수 있을 것이라는 이야기를 듣고 이 책을 쓰게 되었다. 그리고 이 책은 발명으로 열매를 맺은 선생님들의 경험과 그 선생님들을 따르고 있는 학생들의 결과물을 함께 담아 엮은 책이다. 특히 지도 교사들의 가르침에 따라 발명품을 만들어 각종 대회에 출전한 학생들과 함께 집필하여 발명대회를 준비 하는 사람들에게 도움을 주고자 노력하였다.

　또한 이 책은 발명으로 세상을 바꾼 에디슨이나 빌게이츠를 꿈꾸는 사람들뿐 만 아니라 발명에 입문하는 사람들에게도 좋은 나침반이 될 수 있을 것이라 믿는다.

CONTENTS

Chapter 3 각종 발명대회 참가시 원서 작성 방법

Chapter 4 창의성과 문제 발견하기

Chapter 5 창업자금 신청하기

부 록 발명도면을 그리자

발명가의 인성

Chapter 01

Chapter 01 발명가의 인성

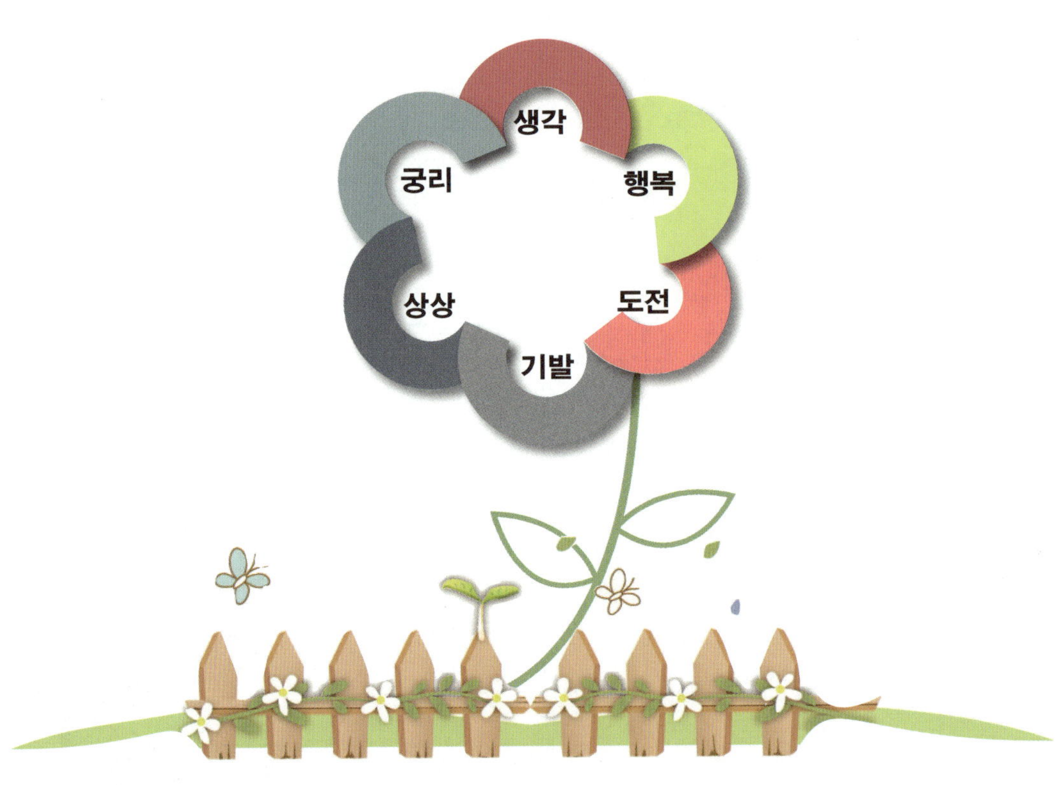

전교 꼴찌가 세계 1등으로

"선생님! 제 아이를 발명반에 받아 주세요. 부탁이에요."
"어머님! 죄송하지만 그 학생은 안 됩니다. 미안합니다."
"왜죠? 선생님께서는 학생들을 선별해 선발하여 발명반을 운영하시는 거예요?"
민준이 엄마는 강한 어조로 항변한다.

"선별해 선발하는 것은 아닌데, 이 학생은 태도가 잘못돼 있어 받을 수 없습니다. 이 학생이 들어오면 우리 발명반 학생들의 분위기를 망칠 수 있기 때문이죠."
"그럼, 어떻게 해야 제 아들을 받아 주실 건가요?"
"꼭 발명반에 들어오고 싶다면 매일 수업이 끝난 후 운동장 한가운데에 서서 '나는 세계 최고가 되겠습니다'라고 30분씩 1달 동안 외치세요. 그럼 제가 우리 발명반 학생으로 받겠습니다."

내 말이 떨어지자 힘없이 고개를 떨어뜨린 엄마는 원망 섞인 목소리로 "그렇게 하면 정말 받아 주실 건가요?"라고 되묻는다.
"그럼 그렇게 하겠습니다."라고 대답하자, 곁에 있던 민준이는 "안 해요. 왜 내가 그런 짓을 해야 해요?"하면서 강하게 거부한다. 그러나 엄마는 거부하면서 나가지 않으려고 버티는 민준이와 씨름한다.

한참동안 실랑이 끝에 엄마는 아이를 운동장 한가운데로 끌고 나갔다. 하지만 민준이는 고개를 푹 숙이고 있고 민준 엄마 혼자서만 외치기 시작한다.
"나는 세계 최고가 되겠습니다, 나는 세계 최고가 되겠습니다……."
큰 소리로 고함을 치는 민준 엄마 두 눈에서 흐르는 눈물이 햇빛에 반사되어 반짝인다. 하교를 하던 학생들은 운동장 한가운데에서 "나는 세계 최고가 되겠습니다."하고 외치는 민준 엄마를 보고 무슨 대단한 구경거리라도 난 줄 알고 운동장으로 모여들었다. 곧 민준이와 민준 엄마는 아이들로 둥글게 에워 싸였다.

이 이야기는 전교 성적이 꼴등인 학생을 데리고 찾아와 아들을 발명반에 넣어 달라며 사정하는 학부모와 있었던 사연이다. 그 당시 내가 운영하는 발명반 학생들 대부분이 수도권 대학에 합격했기 때문에 민준 엄마는 나를 찾아온 것이다. 그 학생의 성향과 성적을 잘 알고 있던 나는 그대로 받아들일 수 없었다. 그래서 완곡한 거절의 뜻으로 그 학부모에게 무리한 요구를 했던 것이다.

처음 10일 정도는 민준이는 고개를 떨어뜨린 채, 엄마 혼자서만 소리를 지르고 있었다. 하지만 10여일이 지난 후에는 엄마와 아들이 함께 소리를 지르다가, 20일이 지난 후부터는 민준이 혼자 소리를 지르기 시작했다.

❷ 가출소년에서 발명 로봇반으로 리턴

한 달이 지난 후 민준 엄마는 민준이와 함께 발명반에 들어와 항변하듯 외쳤다.
"한 달, 30분씩 하루도 빠지지 않고 다 채웠어요. 이제 제 아들 받아주세요."
항변하듯 외치는 목소리는 독을 품은 듯했다. 민준 엄마는 검게 그을린 얼굴로 지쳐 있는 모습이 역력했다. 꼴찌 자식을 그래도 대학에 보내고 싶은 모성애가 참 가련해 보였다. 난 조용히 민준 엄마에게 물었다.
"민준 어머님, 민준이가 왜 이렇게 공부를 하지 않게 되었나요?"
그러자 민준 어머니는 눈물을 글썽이며 이야기를 시작한다.
"우리 아들이 초등학교 5학년 때까지는 제법 공부도 잘하고 선생님으로부터 칭찬도 많이 받던 학생이었죠. 그런데 민준이 생일날 삼촌이 게임기를 선물해 준

뒤로는 게임에 완전히 빠져 헤어나질 못하는 거예요. 결국 민준 아빠와 의논해서 게임기를 버렸어요. 그런 다음부터는 민준이는 컴퓨터로 게임을 하기 시작했고, 점점 무기력해졌어요. 우리 부부는 집안에 있는 컴퓨터도 치워 버렸어요. 그랬더니 민준이는 다음 날부터 아예 집엘 들어오지 않는 거예요. 매일 오락실에서 사는 거죠. 그때부터 매일 민준이를 찾으러 오락실로 다니는 게 일상이 되었지요. 그렇게 게임에 빠진 아들과 숨바꼭질을 시작하게 되었어요. 그런데 중학교에 들어와서부터 민준이는 아예 자기를 찾지 못하게 멀리 떨어진 다른 동네 오락실로 가버렸어요. 그러자 저도 거의 자포자기가 되었고 결국 여기까지 온 것이죠.”

나는 다시 물었다.

“그러면 민준이가 오락에 빠지기 전에 좋아했거나 잘했던 것은 없습니까?”

“특별한 것은 없지만 로봇 조립하는 것과 만드는 것을 좋아했어요.”

그렇게 이야기를 나누고 있는 중에 전화가 왔다. 전화 내용은 ‘전국로봇○○협회’를 만들려고 하니 협회 이사를 맡아 달라는 부탁이다. 이 전화를 받으면서 얼핏 한 가지 생각이 섬광처럼 스쳐지나갔다. 민준이에게 로봇을 지도하면 어떨까.

그래서 내가 이사직을 승낙하는 대신 한 가지 조건을 걸었다. 우리 학교에 로봇 지도를 잘하는 선생님을 1주에 한 번씩 파견해 달라는 것이었다. 그 뒤 협회의 도움으로 민준이를 포함하여 5명의 학생을 발명 로봇 반으로 편성해 교육을 시작했다.

③ 꿈이 가져다주는 행복한 변화

나는 발명반 학생들이 큰 꿈을 갖게 하기 위해 인사 방법을 조금 다르게 했다. 수업 시작 전·후에 하는 인사의 인삿말로 “나는 세계 최고가 되겠습니다.”라고 외치도록 했다. 녀석들은 창피했는지 처음에는 어색해 하고 쑥스러워 하더니 나중에는 익숙해져 아주 자연스러워졌다.

그렇게 시작된 로봇 반 학생들의 일과는 내가 퇴근하는 밤 10시까지 남아서 로봇을 가지고 노는 것이었다. 발명반 교실에서는 발명과 로봇 이외에는 절대 다른 공부를 하지 못하게 하고, 로봇만 가지고 놀게 했더니 다들 로봇에 열심이었다.

학생들이 내 이야기에 잘 따라 주었다기보다는 아주 로봇에 빠져 살았고 신바람이 나 있었다. 매일 불만으로 가득 차 있던 학생들의 표정은 몰라보게 달라져 행복한 얼굴로 바뀌기 시작했다.

로봇에 무지한 나는 로봇 선생님이 1주에 한 번씩 가르쳐 주고 돌아가면 선생님이 가르쳤던 것을 토대로 학생들이 반복 훈련을 하도록 했다. 로봇 센서에 대한 반응과 배터리 상태에 대한 관성력 등을 체크할 수 있게 하는데 중점을 두며 지도했다. 이렇게 시간이 흘러 어느덧 1년이 다 되어 가는 즈음이었다. 전국학생로봇페스티벌이 열렸고 그 대회에서 우리 학교 발명반은 3위로 입상을 했다.

그런데 그 대회에서는 1등 팀만 세계 로봇대회에 참석할 수 있었다. 학생들은 만족한 듯 보였지만, 우리의 인사 구호가 "나는 세계 최고가 되겠습니다."였던 만큼 나로서는 만족할 수 없었다.

어찌해야 할지 고민을 하던 중에 이사회가 있으니 참석해 달라는 연락이 왔다. 하늘이 돕는다는 생각이 들었다. 난 이사회에 참가하여 세계 대회에 1위 팀만 보낼 경우 1위 팀이 실수라도 하면 국위를 선양하는 데 문제가 있으니 3위 팀까지 참가시키자는 주장을 했다.

협회에서는 난색을 표하면서 예산이 없다는 것이다. 그렇다면 1위 팀은 협회예산으로 보내고 2위와 3위 팀은 자비로 보내자고 주장을 했더니 협회에서도 찬성을 했다. 게다가 항공료만 내면 숙식비는 협회에서 부담하겠다는 이야기도 덧붙였다.

④ 세계 로봇대회에 참가하다

우여곡절 끝에 우리 학생들은 한국 대표로 미국 디트로이트 대회에 참가할 수 있었다. 국제대회에 처음 참가한 학생들은 대회보다 해외에 나간다는 사실에 더

들떠 있었다. 대회 참가팀 수는 우리나라, 미국, 캐나다 등을 포함해 64개 팀이었다.

첫날부터 축제 분위기 속에 치러진 대회는 내 눈을 의심할 정도로 우리 학생들이 잘했다. 우리나라에서 1등으로 참가한 팀은 물론 전체 팀 중에서 5위 이내에 들 정도로 뛰어난 실력을 나타냈다. 난 우리 학생들이 첫 해에 매달을 따는가 싶어 매우 흥분해 있었다. 2차전에서는 3위 이내에 들 정도로 아주 뛰어난 기량을 보였다. 정말 뜻밖의 선전에 그저 놀랄 뿐이었다.

드디어 대회 마지막 날이 되었다. 마지막 날에는 대회를 마무리하면서 인터뷰만 하고, 인터뷰 성적을 마무리해서 종합 평가를 발표하는 것이다. 인터뷰 때 발표할 내용을 준비를 하고 발표문을 작성해 학생들에게 주었다. 인터뷰가 시작되고 영어로 떠듬거리며 써 준 것을 읽으니까 심사위원이 뭐라 질문을 한다. 우리 학생들은 아무런 대답이 없다. 묵묵부답이다. 고개는 땅만을 쳐다보고 심사위원과 눈을 마주치는 사람이 없다. 그렇게 몇 분이 흐르고 인터뷰가 끝났다.

인터뷰가 모두 끝난 후 성적 발표가 있었다. 우리 학생들이 로봇 실력으로는 3위 이내에 들 성적인데 인터뷰 때문에 14위란다. 가슴이 답답해졌다. 내가 이 학생들을 가르쳐야 할지 말아야 할지 막막해진다. 철없는 학생들은 14등이 자랑스러운지 두 주먹을 불끈 쥐고 뛰어다니면서 14등을 연호한다.

"14등! 14등!"

⑤ 로봇뿐만 아니라 영어까지 정복하다

귀국 후 학교에 돌아온 학생들은 아직도 14등한 것이 자랑스러워 발명실에 와서도 미국에서 있었던 이야기로 다시 이야기꽃을 피웠다. 영어를 가르치는 데 자신이 없던 나는 이 학생들을 더 지도할 용기가 나지 않았다.

학생들을 방치해 둔 채 나는 어떻게 해야 할지 골똘히 고민에 빠졌다. 그 동안에도 학생들은 계속 소란스럽게 떠들어 댄다. 그렇게 2시간 정도 흐른 뒤에 내가 겨우 입을 열었다.

"지금부터 여러분들이 이 교실에 들어와서 한 말들을 한 마디 빠뜨리지 말고 A4용지에 모두 기록하세요. 만약 기록하지 않는 말이 있다면 개인에게 불이익이 갈 것입니다."라며 엄포도 함께 주었다.

학생들은 내 지시대로 모두 써내었다. 학생들을 모두 일찍 보내고 학생들이 써낸 문장들을 나는 정리하기 시작했다. 그 문장들을 다 정리해 보니 대략 100여 개가 만들어졌다. 이렇게 정리해 만들어진 문장을 영어 선생님께 부탁해 영어로 전환했다. 그리고 그 내용을 플로터로 크게 출력하여 발명반 벽 모든 곳에 붙였다. 물론 우리말과 영어를 함께 써서…….

다음 날 학생들이 들어오면서 이게 뭐냐고 난리다. 학생들에게 영어로 만든 100여 문장의 내용을 A4용지에도 인쇄를 하여 나누어 주면서 이야기를 했다.

"자, 여러분! 지금 오늘 이 시간부터는 이 교실 안에서 우리말을 절대로 사용하면 안 됩니다. 만약 우리말을 사용하다 적발되면 3진 아웃을 시키겠습니다."

여기서 아웃이란 발명반에서 퇴출되는 것을 의미한다. 학생들이 제일 두려워하는 말은 발명반에서 나가라는 말이다. 그런데 학생들이 영어를 읽을 줄 모른다고 고백했다. 하는 수 없이 고민 끝에 영어를 우리말로 써주기로 하고 다시 인쇄를 하여 벽에 붙였다.

그렇게 6개월이 지난 후에 학생들은 몰라보게 달라졌고, 영어 회화반의 학생들 못지않게 영어를 잘하고 있었다. 영어 사전을 들고 공부를 시작하더니 다른 과목에도 집중을 하기 시작하는 것이다. 그렇게 시간이 다시 흘러 다시 미국 디트로이트 로봇대회에 나갔다.

인터뷰가 뒷받침을 해주다 보니 뛰어난 실력으로 68개 팀 중 3위에 입상을 하게 되어 처음으로 트로피를 받아올 수 있었다. 학생과 학부모뿐만 아니라 학교도 난리가 났다. 교문에 현수막이 붙고 일간지에 신문 기사가 나오자 학생들은 할 수 있다는 자신감으로 가득 찼다. 그리고 그 여세를 몰아 그 다음해에는 2위를 하게 되었고, 2008년에는 당당하게 74개 팀 중에서 우리가 그렇게 바라던 1등을 해 우승 트로피를 들고 입국을 할 수 있었다.

⑥ 행복한 오늘과 보람찬 내일을 위해

처음에는 입으로만 "세계 최고가 되겠습니다."하며 외치던 것이 현실로 다가왔고, 이제 학생들은 자신감에 넘쳐 있었다. 난 세계 대회에서 1위를 하고 돌아온 학생들을 보면서 이들을 어떻게 하면 정말 미래 세계를 이끌 지도자로 만들 수 있을까 하는 생각을 했다.

로봇만 전문적으로 가르치는 대학을 찾아 외국으로 유학을 보내 세계 최고의 로봇 권위자로 키워 보겠다는 결심도 굳혔다. 어찌해야 할까 궁리를 하던 중 외국인 학교가 생각나 외국인 학교를 찾아가 교장을 만났다. 그리고 그 외국인 학교 교장선생님과 학생들을 내가 근무하는 학교로 초청했다. 고등학생이 된 로봇반 학생들이 로봇 쇼를 벌였다. 미국인 학교 학생들은 그 쇼를 보고 감탄하며 자리를 떠날 줄을 몰랐다. 그리고 외국인 학교 교장 선생님도 원더풀을 연발했다.

그때 나는 우리 학생들에게 미국에 있는 로봇 학교를 갈 수 있는 길을 안내해 준다면 내가 당신네 학교 학생들에게 로봇 교육을 시켜 주겠다는 제안을 했다. 그 이야기를 들은 외국인 교장은 내 제안을 흔쾌히 받아주었다.

그런데 조건이 있었다. 미국 학생들을 내가 책임지고 매일 데리고 다니라는 것이다. 당시에 나는 구인두암(편도암) 3기 말로 수술을 받고 학교를 쉬었다가 복직한 상태였다. 혼자서도 몸을 추스르기 힘든 상태라서 그 제의를 수락할 수가 없었다. 그렇게 시간이 흘러로봇 반 학생들이 고등학교 3학년이던 어느 날 학생들을 불러 이야기를 시작했다.

　"내가 건강 때문에 미국 대학으로 안내하지 못해 미안하구나. 하지만 너희들이 가고 싶은 대학을 이야기해 봐라."

　이 말을 들은 4명의 학생들은 K대, Y대, D대, I대를 이야기 하였으나 마지막으로 엄마와 함께 찾아왔던 학생은 한참을 생각에 잠겨 있는 듯하더니 로봇을 잘 가르치는 대학을 찾아 가고 싶다며 G대학교를 선택했다. 결국 이 학생들은 모두 다 1차에 합격해 지금 대학생활을 잘하고 있다.

　올해 스승의 날은 나에게 아주 특별한 의미가 있는 날이었다. 당시의 제자들이 알바를 해 모은 돈으로 양복을 선물로 가져왔다. 그 양복을 나는 요즘 자랑스럽게 입고 다닌다. 교사로서 보람이 이런 것이 아닌가 싶다. 행복한 오늘과 보람찬 내일을 위해 난 오늘도 발명교실로 향한다.

-세상과 만나는 지혜 중에서-

 7 청소부가 이사로 승진하다

"이봐요, 총각! 왜 장례를 치르지 않고 시체를 방안에 두고 썩히는 거요? 도대체 이게 뭐하는 짓이에요? 아이쿠! 이 구더기 좀 봐……. 윽! 이 냄새 어떡해요. 냄새 때문에 도대체 살 수가 없네. 당신 때문에 집값까지 떨어지게 생겼으니 빨리 장례를 치르고 이 집에서 이사를 나가세요. 난 이제 더 이상 당신 꼴도 보기 싫으니까!?"

집주인이 악을 쓰며 장례를 치르고 나가라며 소리를 지른다. 반 지하에서 셋방을 살고 있는 양민석 씨는 돈이 없어 제때 장례를 치르지 못하다 보니 어머님의 주검이 썩어가는 데도 그냥 주검 앞에서 울고만 있었다.

양 씨는 경상도 시골에서 태어나 홀어머니 밑에서 고등학교를 졸업했다. 그 후 아무런 준비 없이 어머니와 단 둘이 서울에 올라왔다. 양 씨는 학력도 보잘것없고, 배경도 없고 아는 사람 하나도 없는 서울에서 직장을 구하겠다며 열심히 거리를 헤매고 다녔다. 그러나 어디에서고 주변머리마저 없는 양씨를 써주는 곳은 없었다. 그래도 그는 매일 발품만 열심히 팔고 다녔다.

양씨는 그날도 점심까지 굶고 주린 배를 움켜쥐고 취직자리를 찾으려 열심히 시내를 돌아다녔다. 그리곤 집에 돌아와 어머니를 찾았으나 대답이 없었다. 이내 양씨의 눈에 들어온 건 어머니의 싸늘한 시신뿐…….

서울 하늘 아래 어머니와 양 씨 단 둘뿐이었는데, 어머니가 갑작스럽게 돌아가시자 그는 어찌할 바를 모르고 울고만 있었던 것이다. 도움을 청할 사람도, 일가친척도 없었다. 연락할 곳도 없고 방법도 몰라 어쩔 수 없이 마냥 어머니의 주검 앞에서 울고만 있다가 하루가 지났다. 그리고 이틀, 사흘이 지나자 더운 여름날에 주검에서는 썩은 물이 흘러 나왔다. 나흘이 지나고 닷새가 지나자 주검에서 하얀 구더기가 나와 방안을 덮기 시작했다.

양씨는 주검에서 흐르는 썩은 물과 구더기는 어머님께서 생전에 입으시던 옷으로 대충 감추었다. 그러나 냄새는 감출 수가 없어 그냥 문만 꼭꼭 닫고 눈물을 흘리며 통곡만 할 뿐이었다. 그런데 이상한 냄새가 나는 집안을 찾아 헤매던 집주인 아주머니가 방문을 열면서 기겁을 한 것이다. 주인아주머니는 빨리 장례를 치르고 이사를 가라고 고함을 질렀다. 이 소리에도 어리숙한 양민석 씨는 머리를 조아리며 눈물만 흘릴 뿐 어찌할 바를 모르고 있었다.

⑧ 무슨 일을 해서 보답을 할까?

한참 후 정신을 가다듬은 양씨는 주인집 아주머니에게 돈이 없어 장례를 치를 수 없으니 한 번 도와주면 평생 그 은혜를 잊지 않겠노라며 사정을 이야기했다. 그 이야기를 들은 주인집 아주머니는 동사무소에 가서 시체가 안방에서 썩어 가고 있으니 빨리 장례를 치러달라며 양민석 씨의 사정 이야기를 전해주었다. 그 후 동사무소에서 직원들이 현장에 나와 장례를 치러 주고 장례에 들어간 비용을 청구서로 제출하며 반드시 갚을 것을 요구했다.

그 이야기를 들은 양민석 씨는 지금 당장 먹을 쌀도 없고 일자리가 없어 갚을 길이 없으니 염치가 없지만, 자신을 취직이라도 시켜준다면 오늘 장례를 치러준 은혜와 빚을 꼭 갚겠다고 약속을 했다.

양씨의 처지를 불쌍히 여긴 동사무소에서는 동사무소와 같은 동에 있는 K사에 부탁을 하여 양민석 씨가 임시 청소부로 일할 수 있게 했다. K사에 임시 청소부로 입사해 생산라인에 배정을 받아 청소를 하게 된 양민석 씨는 임시 청소부지만 할 일이 있고 사람을 만날 수 있다는 것이 기뻐서 덩실덩실 춤을 추며 세상을 다 가진 듯한 기분이었다.

매일 벽만 보고 있던 양민석 씨는 잠을 자다가도 회사에 출근해 사람들을 만나고 일할 생각을 하면 잠도 오지 않고 빨리 출근하고 싶기만 했다. 밤새도록 방안을 서성이며 날이 밝기만을 기다렸다. 양씨는 자기에게 해야 할 일을 주고, 사람도 만날 수 있게 해주고, 밥도 주면서 월급까지 꼬박꼬박 챙겨주는 K사가 정말 고마웠다. 이런 회사 덕분에 매일이 행복했다.

양민석씨는 다른 청소부들과 함께 열심히 주어진 바닥 청소를 다 끝내고 나서도 '또 무슨 일을 할까? 나에게 행복을 주는 이 회사에 어떤 일로 보답할 수 있을까?' 라는 생각에 골몰했다. 이렇게 양씨의 마음은 회사에 보답하겠다는 생각으로 가득 차 있었다.

그 고마움을 열정과 성실함과 책임감으로 보답하겠다는 생각을 한 양민석 씨는 바닥 청소를 다 끝내고도 다른 청소부들처럼 한 쪽에서 쉬지 않았다. 양씨는 남과 다르게 또 다른 할 일을 찾기 시작했다. 청소부로 어떤 일을 더 하면 좋을까 생각하며 둘러보다 기름때와 먼지로 덮여 있는 기계를 발견했다. 곧 그걸 깨끗하게 닦고 기름칠까지 해서 광택을 냈다.

그러던 어느 휴일 양민석씨는 집에서 쉬다가 혼자 빈둥거리고 있는 것보다 공장에 출근해 또 다른 할 일을 찾아보는 것이 낫겠다는 생각이 들었다. 바로 회사에 출근해 자신이 맡은 생산라인을 돌아보는데 기계에서 시커먼 기름이 뚝뚝 떨어지고 있었다.

양씨는 그동안 깨끗하게 청소한 기계에 시커먼 기름이 떨어져 더럽힌다는 생각에 다시는 기름이 떨어지지 않게 기계를 분해해 청소를 했다. 그러고 나서 기름칠을 한 다음 단단히 조립해 놓았다.

그렇게 시작한 기계의 분해 청소가 기계의 수명을 늘려 회사에 도움이 된다는 생각이 들자 양씨는 점점 범위를 확대해 나갔다. 그러자 곧 그 일은 양씨에게 즐거움과 성취감으로 다가왔다. 결국은 조금씩 해오던 분해청소가 생산 라인 전체에까지 이르게 됐다.

9 적자생존 (기록하는 자, 적는 자만이 살아 남는다)

양민석 씨가 기계를 분해해 청소를 시작한 후부터는 그가 맡은 생산라인과 다른 생산라인에서 나는 기계 소리가 조금씩 다르게 들리기 시작했다. 그 소리는 시간이 흐를수록 점점 더 확연한 차이가 났다. 양씨가 맡은 생산라인의 기계 돌아가는 소리는 사각사각하며 부드러웠다. 반면 다른 생산라인에서는 덜거덕 덜거덕거리는 기계 소리가 났다. 마치 생산라인의 기계 자체가 다른 것 같았다.

결국 양씨가 속한 라인의 생산량까지 증가하는 기적 같은 일이 발생했다. 그러다 보니 모든 생산라인 조장들이 양씨를 서로 자신들의 생산라인으로 데려가기 위해 다툼까지 일어났다.

평소 '적자생존(기록하는 자, 적는 자만이 살아 남는다)'이 습관화되어 있던 양민석씨는 열심히 청소를 하면서 느끼는 불편함과 개선방법까지 꼼꼼하게 기록하는 것을 잊지 않았다. 그러던 중 K사는 회장님의 교체가 있었다. 교체된 K회장은 회사의 불편사항을 접수 받아 불편함을 개선하는 제안 제도를 실시하겠다는 발표를 했다.

그 제안 제도는 K사 전 사원을 대상으로 제안을 받아 제안한 내용이 채택이 되면 제안자에게 1건당 50,000원씩(당시 대졸 사원 초봉 200,000원 내외였음)을 포상금으로 주겠다는 내용이었다.

양민석 씨는 자신이 그동안 청소를 하면서 불편함과 개선방법을 기록했던 사항들을 깨끗하게 정리하여 제안을 하기 시작했다. 그 제안들 대부분은 채택이 되어 양민석 씨는 월급보다도 많은 포상금을 받았다.

그렇게 1년여의 시간이 흐르자 제안제도를 실시했던 K회장은 회사에서 가장 많은 제안을 한 사람을 뽑아 올리라는 지시를 내렸고, 최고의 제안자로 양민석 씨가 선정되었다.

양민석 씨가 최고의 제안자로 K회장에게 보고되자 K회장은 역정을 내며 우리 회사에는 박사, 석사도 많고 연구원들도 많은데 어떻게 임시 청소부가 1위로 올라올 수 있느냐며 다시 조사할 것을 지시했다. 총무과에서는 다시 조사를 해도 양민석 씨는 다른 사람과는 비교할 수 없을 만큼 가장 많은 제안을 했다는 보고를 다시 할 수밖에 없었다.

K회장은 회장실로 양민석 씨를 불러 제안을 많이 하게 된 자초지종과 이 회사에 들어오게 된 동기 등을 물었다. 양씨는 그동안 살아온 이야기와 어머님의 장례 문제 때문에 이 회사에 임시 청소부로 들어오게 된 사연 등을 들려주었다. 그 이야기를 들은 K회장은 눈시울을 적시며 전 직원 앞에서 다시 한 번 그 사연을 말해달라고 했다.

그 후 최고의 제안자로 선정된 양민석씨는 세계 일주 여행권을 포상으로 받았다. 또 K사 전 직원 앞에서 자신이 살아온 과정과 제안을 많이 하게 된 경위 등을 이야기하면서 사내에서 유명세를 타게 되었다.

10 작은 일에도 최선을 다한다면 기회의 문은 열린다

K사의 회장은 많은 다른 기업의 회장들을 만나 양민석 씨의 이야기를 자연스럽게 하게 되었다. 그러자 다른 기업의 회장들은 양민석 씨를 자신의 회사로 보내 강의를 할 수 있게 해달라고 초청들을 했다.

그런데 양민석 씨는 강의를 하는 문제보다 소개하는 과정에서 무엇을 하는 어떤 사람이라 소개하기가 난감했다. 명함도 없이 강의를 가는 것도 그렇고 명함에 임시 청소부라 할 수도 없었다. 그렇다고 그냥 보낼 수도 없었다. 어찌해야 할까 망설이던 K사의 회장은 양민석 씨가 밖에 나가면 K사를 주제로 이야기할 것이고 홍보를 할 것이라는 생각을 하기에 이르렀다. 생각이 여기에 미치자 양민석 씨를 홍보 이사로 승진시켰다. 그래서 양씨가 초청하는 기업에 다니면서 마음 놓고 강의를 하면서 K사를 충분히 홍보할 수 있는 기회를 주었다.

그 후 양민석 씨는 강의에도 뛰어난 소질을 발휘하기 시작했다. 그 후 유명 강사로 이름을 날리며 공무원, 기업체, 회사원, 학교 등을 상대로 전국을 다니며 강의를 했다.

대부분의 사람들은 임시 청소부라면 다른 청소부만큼만 일을 하고 대충 시간만

때우려 했을지 모른다. 하지만 양민석 씨는 임시 청소부라는 직업은 잊어버리고 지금 당장 주어진 일에 최선을 다했다. 그 결과 회사 내의 최고 제안자가 될 수 있었던 것이다.

임시 청소부라는 보잘 것 없는 직업으로 최선을 다해 사람을 감동시키고 또 회장님까지 감동시킨 이 동화 같은 사연은 우리에게 많은 깨달음을 준다. 맡은 일을 넘어 자발적으로 최선을 다해서 회사를 감동시키고 세상까지 감동시켜 결국 자신의 신분까지 변화시킨 양민석 씨처럼 우리도 최선을 다한다면 세상 모든 일을 다 잘해 낼 수 있을 것이다.

큰일만 찾아 최선을 다하려 한다면 내게 그 기회조차 오지 않을 것이다. 대신에 내게 주어진 작은 일에도 최선을 다하다 보면 큰일도 맡겨질 수 있다. 작은 일을 할 때 큰일을 하는 것처럼 최선을 다해 보자. 분명 나 자신에게도 청소부로 시작해 이사 직함까지 단 양씨처럼 한 편의 동화 같은 기회가 찾아올 지도 모른다.

11 비광의 의미를 되새기며

명절 때 부엌에서 음식을 준비하는 사람과 방 한 가운데 자리하고 고스톱을 치는 사람들의 모습이 한 때는 세시풍속처럼 우리 가까이에 있던 문화이기도 했다. 아직도 유원지나 공공장소에서 술을 마시고 고스톱을 치면서 큰소리로 고, 스톱을 외쳐 대는 소리에 눈살을 찌푸리게 하는 경우를 가끔씩 볼 수 있지만……. 우리나라 공항에서 한 외국인이 비행기를 타기 위해 게이트(Gate)로 이동 중에 어디서 스톱(Stop)이란 말이 들려 잠간 멈췄다가 고(Go)라는 소리를 듣고 이동을 했다는 이야기가 코미디 프로에 등장할 정도로 우리나라는 고스톱 열풍에 덮여 있었다. 그렇게 우리가 열광하고 있는 화투는 우리들에게 사행심을 조장하고 그 화투로 인해 패가망신을 한 안타까운 사람들이 있기도 하다.

원래 화투는 일본에서 만들어져 한국에 보급한 목적이 한국인들을 사행심과 도박에 빠진 무능한 백성으로 만들기 위한 속셈이 숨어 있었다고도 한다. 그러나 그 화투를 처음 만든 사람은 화투는 사행심만 있는 오락 도구라는 오명을 벗기 위해 비광을 만들 때 일본의 서체에 숨겨진 야사를 비광 속에 그림으로 나타냈다고 한다.

그 숨겨진 이야기를 들어 보면 이렇다. 조선에는 추사 김정희 선생이 있고 중국 진나라에는 왕희지 선생이 있는데 일본에는 서예의 대가가 없는 것을 안타까워 일본의 '후사지로 야마구찌'라는 사람이 결심을 한다.

"조선과 중국에는 있는데 왜 우리 일본에는 붓글씨의 대가가 없단 말인가? 같은 한자 문화권인데 왜 우리 일본에만 없는 거야?"

혼자서 깊이 생각을 하던 후사지로 야마구치는 스스로 결심을 했다.

"내가 일본에서 붓글씨의 대가가 돼야지. 그리고 한국과 중국을 뛰어 넘는 서예가로 일본에만 있는 독특한 서체를 남기겠어."

이렇게 결심을 한 후사지로 야마구치는 붓과 벼루와 먹과, 화선지를 들고 골방에 들어가 붓글씨를 쓰기 시작했다. 먼저 추사 김정희 선생을 스승으로 삼아 추사체를 모방하는 것으로부터 붓글씨를 공부했다.

12 10년 세월 도로아미타불이 되다

후사지로 야마구치가 붓글씨의 서체를 다 완성하기 전까지는 누구와도 만나지 않겠다는 굳은 각오로 골방에 들어와 글씨를 쓰기 시작한지 10년쯤 되었을 무렵이었다. 모방에서 창조의 단계를 거쳐 이 정도면 스승으로 삼았던 추사체 정도의 글씨는 되겠다는 생각으로 원본과 비교하는 순간 윽! 하고 소리를 지를 수밖에 없었다.

자신의 글씨라고 10년 동안 쓴 글씨는 김정희 선생님의 추사체와는 비교할 수 없이 조악했다. 이에 후사지로 야마구치는 탄식을 하며 이렇게 외쳤다.

"아! 나는 선천적으로 소질이 없구나. 그런데도 최고의 명필이 되겠다고 했으니 이 얼마나 어리석은 일인가. 옛 속담에 오르지 못할 나무는 쳐다보지도 말라고 했는데 무모하게 세월만 허비했구나!"

그는 허송세월을 하며 10년을 보냈다는 것이 안타까워 긴 한숨을 내쉬었다. 그리곤 붓과 벼루와 먹과 화선지를 모두 깨부수고 찢으며 분풀이를 했다. 이후 답답한 가슴을 진정시키려 밖으로 나왔다. 봄비가 보슬보슬 내리고 있었다. 후사지로 야마구치는 우산을 받쳐 들고 먼 산을 바라보며 한참동안 깊은 한숨을 내쉬다가 명상에 빠져 들기 시작했다.

그런데 어디서 풀쩍 꽥, 풀쩍 꽥하는 소리가 들려왔다. 소리가 나는 쪽을 쳐다보니 자신의 키보다 수 십 배 높아 보이는 높은 곳의 버드나무 잎을 따기 위해 개구리 한 마리가 점프를 하고 있었다. 작은 개구리는 있는 힘껏 점프를 해 뛰어 올라 버드나무 잎을 물려다 성공하지 못하고 그냥 떨어지곤 했다. 그때마다 바닥에 부딪히며 내는 소리가 꽥, 꽥 하는 소리로 들렸던 것이다.

13 작은 개구리의 점프와 '조다이요' 서체

떨어지면서도 계속해서 점프를 하는 개구리를 보고 있던 후사지로 야마구치는 혼잣말로 이렇게 중얼거렸다.

"개구리야! 너도 일찍 포기하고 저 나무 밑으로 올라가라. 나도 10년 공부 도루아미 타불이었단다. 너도 나처럼 되지 말고 편안하게 저 나무 밑으로 올라가라. 조금은 돌아가도 그 길이 빠를 것이다."

다시 명상에 잠기려는데 일정하게 들리던 꽥꽥 소리가 들리지 않았다. 후사지로 야마구치는 소리가 나던 쪽으로 다시 고개를 돌렸다. 그런데 개구리가 점프를 하고 있던 그곳에는 놀라운 일이 벌어지고 있었다. 도저히 닿을 수 없을 것 같았던 그 높은 곳의 버드나무 잎을 작은 개구리가 물고 매달려서 기어 올라가고 있었던 것이다! 후사지로 야마구치는 깜짝 놀랐다.

"아니, 저런 저 작은 개구리가……. 저런 미물조차도 뜻한 바가 있으면 끝까지 해내는데 인간인 내가 여기서 그만둔다면 저 개구리만도 못하지 않겠는가?"

후사지로 야마구치는 개구리를 보고 깊이 깨달은 바 있어 다시 골방에 들어와 붓을 들고 10년 동안 더 공부를 했다. 그 결과 일본에서 최고의 서체라고 일컫는 '조다이요' 서체를 완성해 일본 최고의 서예가로 이름을 올렸다.

우산을 쓴 선비와 개구리 한 마리, 버드나무 한 그루, 그리고 먼 산이 그려져 있고 빛 광(光)자가 쓰여 있는 비광……. 사실 고스톱에서는 그리 환영받지 못하지만 많은 교훈이 있는 비광에 대한 숨은 사연이다. 우리가 힘들 때마다 떠올려 볼 수 있는 소중한 의미가 있는 이야기가 아닐까.

-세상과 만나는 지혜 중에서-

14 최고의 전문가를 롤 모델로 삼아 도전하자

발명을 시작한 지 3년이 되던 해에 발명교육을 제대로 해보고 싶은 마음에 전국에서 발명을 제일 잘하는 학교가 어딘지 찾아보고 싶었다.

먼저 발명을 하신 선생님들이 한결같이 경기도 평택에 위치하고 있는 송탄 중학교 전○○ 선생님이라고 추천해 주어 선생님을 만나기 위해 무작정 방문한 적이 있었다.

반갑게 맞이해 주시는 선생님에게 "선생님! 어떻게 하면 발명교육을 잘할 수 있습니까?"라고 질문을 했더니 웃으시면서 한 수 알려주셨다.

알려준 선생님의 말씀을 정리해 보면 다음과 같다.

첫째로 아이디어를 찾되 멀리서 찾지 말고 내가 생활하는 주변에서 문제점을 찾아 개선을 해 보고 무엇보다도 오감을 활용하여 다각도로 물체의 결점을 찾아보라 하셨다.

둘째로 "우리주위에 있는 모든 물건들은 신이 아닌 불완전한 사람들이 만들었기 때문에 완성품은 전혀 없고 모두 미완성 작품들"이라고 하시면서 고정관념에서 벗어나야 한다고 강조하셨다.

우리가 어렸을 때 친숙하게 사용했던 물건들은 우리도 모르게 새로운 물건에 밀려 슬쩍 자취를 감추어 버렸으며 자리를 감춘 물건들은 박물관이나 가야 볼 수 있다고 하시면서 우리가 현재 사용하는 물건들도 앞으로 10년, 20년 뒤에 대부분 다 사라질 것이라고 하셨다.

셋째로 발명에는 문제를 해결할 수 있는 답이 여러 개 나올 수 있지만 결코 하나뿐인 정답은 없다고 하시면서 이전 아이디어와 비교하여 보다 편리하게, 보다 간편하게, 보다 실용적이고 시대적 환경에 맞게 개선해 주면 된다고 하셨다.

무엇보다도 선생님과 대화 중에 가슴에 와 닿았던 것은 어떤 일을 할 때 노력과 투자를 해야 좋은 결과와 성과가 나타나지, 노력과 투자도 안하고 좋은 결과와 성과만 기대하는 것은 참으로 어리석은 짓이라는 조언이었다. 선생님은 학생들에게 발명을 지도한 첫날부터 현재까지 특별한 일이 있는 경우를 제외하면 거의 학교에 남아 학생들과 함께 하였고, 10시 이전에는 퇴근한 적이 없으며, 휴일에도 학교에 출근 해 학생들에게 지도할 수업자료를 준비하고 학생들이 제시한 아이디어를 하나하나 진보시켜 구체화 시켜주고 발명수업 진행 시 벌어진 재미있었던 일과 느꼈던 것들을 기록으로 남기기 위해서는 많은 시간이 필요하다고 말씀하셨다.

마지막으로 우리학교가 발명을 잘하는 이유 중에 하나가 지도교사나 배우는 학생들나 모두 최선을 다하기에 좋은 결과와 성과가 나타난다고 하셨다.

선생님과 대화를 마치고 집으로 돌아오면서 노력과 투자도 없이 좋은 성과와 결실만 얻으려고 한 내 자신에게 부끄러움을 느꼈고 발명교육에 대한 선생님의 놀라운 열정에 고개를 숙이게 되었으며 발명반 학생지도에 최선을 다하시는 선생님의 놀라운 열정과 모습을 오늘부터 인생의 롤 모델로 삼아 노력하고 모방하여 대한민국에서 최고의 발명교사가 되겠다고 다짐한 적이 있었다.

어느덧 발명교육을 시작한지 거의 18여년이 된 현재, 학교에서 과학실의 불이 가장 늦게까지 켜져있고 가장 늦게 퇴근하는 교사가 되었다.

이렇게 열정을 가지고 지도한 결과 작년에는 대한민국 발명교육대상 시상식에서 대상을 수상하는 영예를 얻었다.

"진정한 노력은 결코 배반하지 않는다."는 어느 야구선수의 좌우명처럼 발명반 학생들을 지도함에 있어 좋은 발명품과 좋은 결과는 결코 하루아침에 이루어지는 것이 아니라 지도교사의 꾸준한 노력과 인내와 투자로 이루어 짐을 알게 되었다.

15 새로운 변화에 즐기는 마음으로 도전하자

어느 기자가 세계갑부 1위인 빌게이츠를 만나 성공할 수 있었던 비결 즉 성공철학을 물어보았다.

"어떻게 하면 당신과 같이 성공할 수 있습니까?"라고 묻는 기자의 말에 빌게이츠는 망설임 없이 이렇게 대답을 하였다.

나는 힘이 센 강자도 아니고 두뇌가 뛰어난 천재도 아닙니다. 내가 이렇게 성공할 수 있었던 것은 난 단지 날마다 새롭게 변하려고 노력했기 때문입니다.

그는 현실에 만족하지 않고 지속적인 변화를 통해 오늘의 마이크로소프트사를 탄생시켰으며 세계 제1의 갑부가 된 것이다.

그는 변화만이 성공할 수 있다며 지속적인 변화를 요구했다.

변화는 영어로 Change인데 이 단어를 구성하고 있는 g를 c로 한 글자만 바꿔주면 기회라는 뜻의 Chance가 되는데 이처럼 작은 변화만 줘도 성공할 수 있는 좋은 기회를 얻게 된다며 현실에 안주하지 말고 지속적인 변화를 강조하였다.

발명하는 우리가 창의적인 사고로 살아가려면 마음가짐부터 바꿔야 한다.

긍정적인 사고에서 놀라운 힘이 나타난다는 플라시보 효과처럼 "나도 할 수 있다."라는 긍정적이고 적극적인 사고로 도전할 때에 무에서 유가 창출되고 또 놀라운 창조의 결과물이 나올 수 있다. 반면에 부정적인 사고에서는 좌절과 포기로 아무것도 할 수 없는 폐인과 같은 무능력한 사람을 만든다는 노시보 효과를 분명히 알아야 한다.

우리가 살아가는 경쟁사회에서 살아남고 남보다 앞서나가기 위해서는 보통 머리를 써야 성공할 수 있다고 한다.

그러나 아무리 머리가 좋은 사람이라도 열심히 노력하는 사람을 이길 수 없으며 또 자기 일에 열심히 노력하는 사람이라도 그 일을 좋아서 하는 사람, 다시 말해 즐기는 사람을 이기지 못한다고 한다. 즐기는 사람에게는 일에 대한 열정의 에너지가 넘치기 때문이다.

또 즐기는 사람을 능가하는 사람이 있는데 그 분야를 미치도록 사랑하는 사람이라고 한다.

작년에 180억을 벌어들인 싸이의 "인생은 지치면 쓰러지고 즐기면 성공한다."
라는 말처럼 오늘부터 즐기는 마음으로, 사랑하는 마음으로 애정을 갖고 간절한
마음으로 시작하자. 미칠 정도로 자기의 꿈을 사랑하면 열정의 에너지가 생겨 새
로운 변화가 두렵지 않을 것이다. 오히려 새로운 변화를 즐길 수 있을 것이다.

현재에 도전하자. 매 순간 멈추지 않고 흘러가는 현재를 도전하여 이기는 사람
만이 자신의 꿈을 이룰 것이고 먼 훗날 저 높은 최고의 상아탑에 우뚝 서 있는 자
신을 만날 것이다.

16 긍정적인 사고와 적극적인 사고로 매사 도전하자

프랑스 파리에 있는 한 신발 회사의 시장개척과정에서 있었던 일화이다.
신발회사 사장은 두 젊은 신입사원에게 시장 개척을 위해 아프리카 사람들에게
신발을 판매하기 위해 시장조사를 해 오라고 지시하였다.
두 사원은 아프리카에 도착을 하여 시장조사를 하게 되었다. 파견된 두 사원 중
한 사원은 학술적인 면에서 우등생이고 매사 논리적인 계산을 잘 하는 똑똑한 사
람이었고, 또 한 청년은 피엘이라는 평범한 사람이었다.
어느 정도 시간이 지난 후에 시장조사를 마친 두 사원들은 회사 사장 앞으로 시
장 결과 보고서를 작성하여 보고하게 되었다.
매사 똑똑하고 논리적인 사원의 보고서를 보면 "아프리카에 와 보니 신발을 신
은 사람들은 한 사람도 없고, 모두 맨발로 생활하는데 익숙해 있으며, 생활수준
이 낮고 미개하여 앞으로도 신발을 신을 가망성이 전혀 보이지 않습니다."라고
시장개척이 어렵다는 부정적인 의견이 적혀 있었다.
그런데 피엘이라는 한 사원의 결과보고서에는 "아무리 둘러봐도 아프리카에는
신발을 신은 사람은 한 사람도 없으니, 신발을 팔 수 있는 시장이 무궁무진 합니
다."라는 긍정적인 보고서와 함께 "우선 500켤레만 보내주십시오."라는 주문이
들어있었다.

사장은 유명 브랜드의 신발 500켤레를 피엘 사원에게 즉시 우송했고, 피엘 사

원은 그 신발을 각 부락의 추장들에게 한 켤레씩 선물하며 신어보라고 했다. 신발을 신어본 추장들은 맨발로 다닐 때보다 발이 훨씬 덜 아프고, 위험한 곳도 자유롭고 안전하게 다닐 수 있어 신발의 중요성과 편리함을 알게 되었고 그 결과, 피엘 사원의 말대로 무궁무진한 신발시장을 개척하게 되었다는 사례가 있었다.

위 사례를 분석 해보면 이 세상에는 두 가지 유형의 사람이 있다.

하나는 "할 수 있다"형이고, 또 하나는 "할 수 있을까?"라는 형이다. "할 수 있다"고 믿는 사람과, "할 수 있을까?"의심하거나 "할 수 없다."라는 부정적인 사람 사이에는 엄청난 차이가 있음을 알 수 있다.

창의적인 사람이 되는 일은 쉽고도 간단한 일이다. "안 된다." "할 수 없다."라는 등의 부정적인 사고방식을 변화시켜 "나도 할 수 있다."라는 긍정적인 사고방식으로 바꾸어 주면 모든 것은 가능하고 창조의 결과물이 나타날 것이다.

발명활동도 마찬가지다. "나도 할 수 있다."라는 긍정적이고 적극적인 사고로 도전하면 안 될 것이 없고 어려울 것도 없을 것이다.

"궁하면 통하고, 두드리면 열린다"는 말처럼 긍정적인 사고로 도전하면 반드시 좋은 결과가 있을 것이라 생각된다.

17 이 시대의 교육의 역 방향, 발명교육

처음에 발명교육을 하면서 '내가 왜 발명교육을 해야 하는가?' '이것을 함으로써 내가 무엇을 얻고자 하는가?'에 대한 구체적인 목표와 미래 지향성을 가지고 발명반을 조직하고 운영하지 않았다.

발명반 운영의 과정에서 가장 힘든 일은 교사로서 학생들과 부딪히는 것이다.

교사로서 회의를 가졌다.

학력이 낮은 학생들에게 과학수업은 자신이 공부 잘하는 놈 대학 가는 먹이 감에 지나지 않고, 낙오자들은 자신이 먹을 수 없는 요리 감이었기 때문에 다른 먹이 감을 찾기 위해서 학교 밖에서 자신의 인생의 먹이감 즉, 즐겁고, 말초신경을 자극하고, 자신의 존재에 대한 인정과 재미를 위해 학교 밖에서 의미를 찾았다.

인간은 자신이 할 수 있는 일과 할 수 없는 일을 본능적으로 인식한다.

공부를 잘하는 학생과 못하는 학생의 차이가 무엇인가?

그것은 마치 파도타기와 같다. 서퍼들이 파도를 타기 위해서 사용하는 서프보드에 엎드려서 한 팔로 물을 헤쳐나가다가 서핑하기에 가장 좋다고 판단될 때 두 팔로 열심히 저어 큰 파도가 해안선에 부딪치고 다시 바다 쪽으로 나오는 너울과 해안으로 크고 빠르게 들어오는 너울과 부딪치는 최상의 상태를 직시하였을 때 커다랗고 긴 터널을 파도의 흐름에 맞추어서 마치 터널을 빠져나오는 스릴과 통쾌함이 서퍼의 가장 큰 행복이 아닌가?

그래서 공부를 아무리 잘해도 서퍼의 이 통쾌한 맛을 느끼지 못한 학생들의 공부는 한계가 있다. 공부를 맛을 느끼고 하는 것이 아니라 공부를 못하면 대학에 들어가지 못하고 인생이 힘들어진다는 부모의 진심어린 충고와 기대감에 부응하고자 하는 철이 든 모범생들의 순진한 모습이다. 따라서 공부에 절인 배추와 같아서 생기가 없는 친구가 많다.

이 학생들은 대학에 들어가면 인생의 큰 목표를 이룬 생각에 새로운 목표와 다시 기대에 부응하고자 하는 방법을 찾기 시작한다. 자신의 인생이 아닌 남의 기대에 부응하는 삶이 되는 일에 최선을 다하는 것이다.

이러한 학생에게 너는 내가 볼 때 발명이나 창의성관련 활동을 잘 할 수 있을 것 같은데 한 번 해보지 않겠니? 하면 학생들의 반응이 참 묘한 모습이 되는 것을 한두 번 본 것이 아니다. 공부하기도 벅찬데 왜 발명을 하라고 하는지 이해를 못하는 경우가 많다.

또 기적적으로 공부를 잘하는 학생이 "저 발명에 도전해 볼게요"하고 오면 기특할 때가 있다. 그래서 여러 가지 발명활동에 대한 긍정적인 마인드와 새로운 도전에 대한 용기와 발명활동에 도움을 주는 지침을 주고 시작하지만 공부를 잘하는 학생들은 대부분 오래 못 간다. 어떤 학생은 시작도 하기 전에 저지당한다.

일단 담임선생님이 철저하고 냉정하게 학생에게 협박에 가까운 이야기를 한다. "발명은 공부 못하는 애들이 발명으로 대학가기 위해서 어쩔 수 없어서 하는 궁여지책의 몸부림이야!" "너는 공부 잘하는데 왜 발명을 하려고 해! 지금 그런 시간 있으면 수능문제 하나라도 더 푸는 것이 너에게 현실적이야. 그리고 발명한다고 네가 상을 받는다는 보장이 없잖아". "정 하고 싶으면 나중에 대학가서 해."

부모 역시 똑같다. "너 공부도 잘하고 발명도 잘 할 수 있어? 너 만약에 성적 떨어지면 큰일 나는 줄 알아. 그리고 학원도 다니고 과외도 하고 봉사활동 등 여러 가지 할 일이 많은데 이것을 다 할 수 있겠어. 하나에 집중하기도 어려운데 괜히 시간 뺏기지 말고 공부나 열심히 해."

참 답답하다. 발명을 하는 학생들 중에도 현재 공부로 승부를 볼 수 없으니 발명이라는 활동을 통하여 대학진학이라는 궁극적인 목적을 가지고 활동하는 학생도 많다.

이런 학생들은 항상 특징이 있다.

개인적인 역량강화보다는 팀으로 참여하는 대회나 활동에 들어가서 많은 시간을 투지하지 않고도 선배나 동료의 도움으로 상을 얻거나 소위 자신의 스펙을 쌓는 데 주력한다.

그리고 개인 대회활동도 벌써부터 잔머리를 굴리고 선생님에게 아부하는 모습으로 다가와 대회 참가를 위한 결정적인 아이디어를 제공받거나 힌트가 되는 방법을 찾는데 기발하다.

참 얌체다. 그러나 그것도 능력이다. 아이디어란 모방을 통해서 창조라는 새로운 방향으로 연결되는 것이 아닌가?

이 세상에 한 인간이 지금까지 세상에 없는 것을 가지고 자신의 능력으로 세상을 깜짝 놀라게 할 수 있는 것은 없다.

남의 지식과 노하우와 수많은 원리와 정보 그리고 관찰과 우연한 기회와 어려움을 해결하는 과정에서 인간의 두뇌가 활성화되어 능력을 발휘하는 것 아닌가?

이런 학생들은 소기의 목적이 달성되면 보통은 발명부 활동을 접고 입시 준비에 몰입하여 좀 더 나은 대학입학자격을 갖기 위한 꼼를 부린다. 좋게 말하면 전략을 수정한다.

발명교사로 이러한 것을 알면서도 발명활동을 하는 한 도와줄 수밖에 없다.

왜냐고 묻는다면 나에게서 지도 받는 학생이 잘되는 것 (그것이 대학 가는 방패뿐일지라도…)? 나를 필요로 하는 학생이 있는 한 교사의 도리라고 생각한다.

많은 상처를 받고 여러 번의 배반을 당하지만 먼 훗날 발명이라는 1년에서 3년 동안 활동이 거창하게 말하면 혹시 압니까?

발명 때문에, 저의 지도 방법과 교훈에 한 인간의 인생이 화려하게 꽃을 피우고 그 때 그 선생님 덕분에 내가 이렇게 될 수 있었다는 그 말 한마디..... 과대망상 증을 앓고 있는 저 자신을 보면서 웃을 때가 많다.

그러나 나와 같이 호흡하고 진정 발명이 너무 좋아서 밤을 지새우며 아이디어를 짜고, 발명 때문에 너무 행복해 하고 발명이라는 공부의 맛에 빠진 학생들이 있기에 섭섭함과 짜증도 훨훨 털어버리고 새로운 시작을 할 수 있다.

여기 소개되는 학생들은 나에게 소중한 많은 것을 준 학생이고 나에게 사람은 누구나 달라질 수 있고 달라진다는 철학적 수준의 신념을 심어준 학생들의 이야기도 나온다.

공부는 조금 부족하지만 발명이라는 새로운 공부를 통해 학생들이 그 동안 수동적으로 듣는 수업에서 스스로 아이디어를 짜고 대회 나가기 위해서 전략을 세우고 남과 다른 방법을 구상하고 수많은 창작활동을 하면서 자신의 부족한 지식과 원리 등을 보충하면서 아이들의 눈빛이 달라지는 것을 보았다.

아! 이 아이들이 돌대가리가 아니구나. 얘들도 잘하는 것이 있구나.

누구나 자신이 좋아하는 일을 하면 에너지가 폭발하는 것을 알았다.

나는 이렇게 미친 아이들과 노는 것이 즐겁다.

모범생은 싫다. 주어진 틀에 맞추어서 그 한계를 벗어나지 못하는 공부벌레들은 재미없다.

인생은 재미없지만 안 하면 안 되는 일에 몰입하는 사람보다, 어렵지만 자신이 좋아하는 일에 집중하는 사람에게 성공이라는 명패가 주어지는 것이다.

막연히 공부를 잘하는 것이 아니라 IT라는 공부를 잘하는 박지성, 체조를 잘하는 양학선이 주목을 받는 세상이다. 발명이라는 공부를 잘하는 것도 인생에 있어 주목받을 일이 생긴다.

막연히 공부를 잘하는 사람은 나중에 무슨 공부를 잘해야 하는지 고민할 때가 올 수 있다.

공부는 잘했는데 왜 많은 학생들이 자신의 전공과 관련 없는 공무원에 몰리는가?

그것은 무슨 공부를 잘하는지, 어느 분야에서 나의 능력을 발휘해야 하는지 모르는 사람의 시련이다.

나에게 발명은 이미 중독 수준을 넘어서 이제는 하루도 발명이라는 단어가 머리에서 떠나질 않는다.

처음에 시작 할 때 학생도 괴롭고 나도 괴로운 입시 틀에서 나의 존재가 아이들에게 아무 의미 없는, 정말 마지못해서 앉아있는 학생들에게 자신의 가치의 몰랐던 새로운 가능성을 찾아주기 위한 발명교육활동이 지금은 나에게 발명학교를 꿈꾸는 비젼을 주었다.

이 꿈이 이루어지든 이루어지지 않든 꿈을 꾸기에 새로운 자극과 도전을 받는 것은 행복한 것이다.

나에게 아직 용기와 자신감이 부족하다.

안주하려는 나의 모습과 이대로 나이 먹고 1년이 지날 때마다 연금이 얼마나 늘어났나? 하면서 조금만 더 버텨보자는 안일한 모습과 인생 뭐 있어? 달려가 보는 거야.

도전과 모험이라는 나의 저 밑에 '안일'에게 깔려있는 '한 번 해보자'를 끌어 올리는 마중물 같은 에너지가 필요하다.

내가 나이를 먹어 학생들을 가르치기 어렵고 힘이 부치더라도 다른 교사가 가르칠 수없는 나의 노하우는 반드시 살아남을 것이고 이것을 필요로 하는 학생은 있을 것이다.

똑같은 교과서를 가지고 가르치면 잘 가르치고 못 가르치는지를 학생들의 반응이나 평가를 통하여 알 수 있지만 나의 가르침은 똑같은 교과서가 아니라 삶을 가르치고 그 속에서 생기는 다양한 문제를 관찰하고 현상을 찾아내어 방법을 찾고 구체화하며 인생의 올바른 길을 교사인 나도 정답을 모르니 다양한 정답이 될 수 있는 여러 가지 정보를 제공하고 성공한 사람들과 사례를 학생들이 접하게 만들고 고민하게 하는 발명교육은 인생 공부로 최고의 가치를 줄 수 있다. 이러한

소프트웨어 방식을 누가 좇아오라는 건방진 교육욕심으로 오늘도 아이들과 큰 사고 한 번 쳐서 정규 9시 뉴스에 한 번 얼굴 내밀자하며 학생들과 맞장을 뜨고 있다.

공부는 잘해야 한다. 그러나 본인이 무엇을 잘하는지, 잠재능력이 무엇인지 자신이 어떠한 재능이 있고 나는 무엇으로 해야 하며 나의 존재가치는 무엇인가?를 학생 스스로 질문하고 그 해답을 찾도록 도와주는 안내자 역할을 하고 학생들이 가지고 있는 잠재적인 능력을 발굴하고 빛을 발할 수 있도록 협력하는 조언자 역할을 해야 한다고 생각한다.

사람들은 하고 싶은 일을 할 때 활력이 넘쳐 자신의 능력보다 더 많은 능률과 열매를 맺을 수 있다.

공자도 이미 오래전에 "알기만 하는 사람은 좋아하는 사람만 못하고, 좋아하는 사람은 즐기는 사람보다 못하다"라고 설파한 적이 있다. 자기 일에 미치지 않고 성공할 수는 없다. 창의적 발상, 더 나아가 성공 인생의 첫걸음은 자신의 일을 사랑하는 것이다.

18 교사의 진정한 행복과 힐링은 제자를 통해 연결된다

가. 발명이 나와 나의 제자를 즐겁게 할 수 있을까?

야생마처럼 보이는 학생들을 명마로 만드는 작업은 보람되고 교사로서의 자긍심을 갖게 하는 가장 위대한 일이라고 생각한다.

비록 1명 뿐이지만 발명에 관심을 보인 강○○ 학생을 데리고 개척 정신과 도전정신을 가지고 새로운 교육의 방향을 모색하는 의미로 비공식적인 발명반 운영을 하기 시작했다.

처음에는 나도 경험이 없고 발명에 대한 노하우가 없는 상태이므로 발명과 관련된 유관기관을 통하여 정보를 수집하고 각종 전시장을 통해 다양한 안목을 넓히고 기존의 발명품을 보면서 아이디어를 수집하였다.

이러한 과정중 강○○ 학생이 음식점에서 한 사람이 음식을 먹고 나서 배부른 나머지 허리 벨트를 풀어놓은 모습을 보면서 나에게 선생님! 허리사이즈를 마음대로 조절할 수 있는 바지를 만들면 편리하지 않겠어요? 하는 것이었다. 그것 참 좋은 발상이다.

우리는 거기서 구체적인 방법을 찾고 "허리인치조절바지" 라는 발명품을 만들게 되었고 그것으로 1996.7.11. '96 대한민국학생발명전시회에서 변리사협회회장상을 받는 계기가 되었다. 이것은 학생이나, 발명부를 어렵게 시작한 본인에게 엄청난 자신감과 계기를 마련해주는 동기가 되었고 무엇이든지 도전하는 자에게는 실패를 통하여 새로운 희망을 주는 부산물이 있다는 중요한 교훈을 얻게 되었다.

이것은 본교학생들에게 발명활동의 붐을 일으키는 원동력이 되었고 1997년도에는 발명부 학생이 25명으로 급격히 늘어났으며 발명부가 정식으로 인정을 받는 계기가 되었다.

우선 가장 급선무가 자신감의 결여와 부정적인 생각에 어떻게 변화를 주고 나도 할 수 있다는 긍정적인 사고방식과 적극적인 능력을 갖도록 하는 것에 초점을 맞추었다. 희망이 없는 교육은 비젼이 없는 것이다. 따라서 나는 즐거운 학교가 될 수 있도록 지도하였다. 개인적인 친분과 신뢰감을 조성하고 인격적인 만남과 토론문화를 정착시켜서 다양한 발상의 전환을 추구해 나가기 시작했다.

나. 발명이 꿈이 되고 틱이라는 장애를 극복한 사례

때는 2008년… 그 해의 발명부 신입생 중에는 유독 나의 눈에 띄는 인재들이 많았던 것 같다. 내신도 좋으면서 전국 발명 대회에서 수상까지 한 학생, 경쟁률이 높아 좀처럼 높은 상을 받기 어려운 창의력 올림피아드에서 금상을 수상한 학생, 발명은 아니지만 로봇에 우수한 능력이 있었던 학생. 하지만 4년이 지난 지금 그 해의 신입생들 중 내 머리 속에 가장 기억이 남는 학생은 내신이 좋은 학생도, 대회에서 수상을 한 학생도 아닌 바로 '틱 장애를 앓았던 어떤 학생'이다.

그 학생은 습관적으로 헛기침을 하는 틱 장애를 앓았던 것으로 기억한다.

지도교사로서 이 학생이 습관적으로 10여초에 한 번씩 헛기침을 하는 것은 귀에 매우 거슬리고 같이 있는 사람들까지 불안하게 만들었다.

학생에게 솔직히 이야기했다. 발명반에 받아주고 발명활동에 도움을 주고 싶지만 다른 학생들과의 관계나 틱 장애로 수업시간이나 대회 활동에 지장이 많을 것 같다. 지도교사로서 소수보다 다수를 선택할 수 밖에 없으니 다음을 기약하면 어떻겠느냐고 했으나 그 학생은 강력하게 발명반 활동을 원했다.

그렇게 하고 싶은 이유가 무엇이냐고 했더니 자기는 성적도 그렇고 학교에서 다른 학생들과 잘 융화도 되지 않고 거기에다가 틱 장애로 소외된 생활이 오랜 동안 지속되었는데 중학교 2학년 때 우연히 학교에서 교내발명대회에 나가게 되었는데 동상을 받게 되면서 많은 친구 앞에서 상도 받고 교장선생님의 격려를 받으면서 아! 나도 하면 되는구나? 하는 생각이 들게 되고 그 때부터 발명이 내가 가야 하 길이라고 깊게 믿으면서 개인적으로 인터넷으로 발명공부도 하고 고등학교에서는 정식으로 발명을 잘 하는 학교에서 제대로 배워서 발명으로 나의 꿈을 연결하고자 물색한 결과 낙생고등학교를 알게 되고 지원하게 되었다는 것이었다.

이 말을 듣고 발명반 가입을 허락하게 되고 많은 기대는 하지 않았다.

발명부 활동을 하면서 습관적으로 기침을 하다 보니 나에게 주의력이 별로 없다는 충고도 많이 들었고 실제로 그로 인해 학업 성적이나 발명부 실적도 1학년 초기에는 매우 좋지 못한 편이었다. 그러나 주어진 과제나 자신의 해야 할 문제는 철저히 밤을 새면서 연구하고 노력한 결과 서서히 대회 수상을 하면서 자신감을 갖게 되었고, 그 해 11월 쯤 우리 학교 발명부 학생들이 전원 참가 했던 한 아이디어 공모전에서 '몇 천 : 1'의 경쟁률을 뚫고 단독으로 수상하면서 큰 성취감을 갖게 된 것 같다.

수상하게 된 원동력을 물어봤더니 그 전에 참가했던 창의력 올림피아드에서 매우 열심히 해서 기적적으로 예선 대회에서 1등을 하였는데 정작 더 열심히 해야 하는 본선 대회에서 예선 대회의 1등이 오히려 나태함과 자만에 빠지게 하여 결국 본선 대회에서 거의 꼴찌와 다름없는 결과를 받았고 발명부 탈퇴까지 고민하다가 "이번 대회에서도 상을 못타면 탈퇴하자"라는 각오로 대회에 임했더니 상을 받았다는 것이다. 그리고 발명부 활동과 같은 어떤 특정한 활동에 계속해서 집중하다 보니 마음이 평안해지고 자신이 대견스러우면서 자연스럽게 틱 장애도 치유되었다고 한다.

발명이 한 학생의 병과 마음을 치료하고 능력과 스펙까지 갖춰지게 하여 인생의 터닝 포인트가 된 것이다. 그리고 그 틱 장애가 치료된 후부터 처음에는 낙제생에 가까웠던 그 학생은 그 전과는 다르게 정말 많은 대회에서 수상을 하게 되었고 어느 순간부터 처음에 내 눈에 띄었던 인재들을 가뿐히 뛰어넘게 되었다. 또 발명과 관련된 과학 성적들이 눈에 띄게 향상하여 그 전에 거의 하위권이었던 물리 성적이 3등급까지 올라가는 결과를 낳기도 하였다.

사람은 누구나 실패를 겪기 마련이나 특히 실패가 겹치는 경우 사람들은 대부분 포기하기 마련이다. 이 학생도 초기에는 거의 시련이라고 할 정도로 연속적인 실패를 겪다가 마침내 발명부 탈퇴라는 극단적인 상황까지 몰렸다. 만약에 그 때 그 학생이 발명부 탈퇴를 했다면 결과적으로는 그 학생에게도 손해이고 학교에도 손해였을 것이다.

하지만 한 아이디어 공모전에서의 학교 내 단독 수상이 그 학생에게는 새로운 희망을 가질 수 있는 계기가 되었고 그것을 통해 한 학생이 자신을 모질게 괴롭히던 틱 장애라는 질병을 치료하고 후에는 내가 엘리트라고 생각했었던 학생들을 차례차례 앞질러 나가기 시작하더니 결국에는 발명실적과 내신 성적 모두 그들과 비슷하거나 오히려 더 나아졌다. 그 학생을 보면서 과연 처음 한두 번의 성공이 진정한 성공이라고 말할 수 있을까 라는 생각을 하게 되었다. 현재 그 학생은 동국대학교 공과대학 산업시스템공학과에 입학사정관 전형으로 입학하여 재학 중이고 현재에도 발명활동을 하고 있다.

누구나 자신이 원하는 일과 가능성에 대한 도전과 성취는 희망과 미래의 꿈의 발판이 되는 것이라 생각한다. 따라서 학생들의 겉모습이 아닌 내면을 보고, 현재보다는 무궁무진하게 변할 수 있다는 가능성에 초점을 맞추는 교육을 해야 함을 다시 한 번 절실하게 느낀다.

다. 사회복지학과를 꿈꾸는 학생의 발명 활동 사례

2005년 한 여학생이 발명부에 들어왔다. 이 학생이 기억나는 이유는 자신의 발명활동과 진로에 대하여 분명한 목적을 두고 발명활동에 입문했기 때문이다.

이 학생은 어릴 때부터 부모를 따라 봉사활동을 많이 하여 다양한 사회 복지 관련 봉사가 인생관에 많은 영향을 미친 것 같았다.

공부도 어느 정도 하는 학생인데 이 학생이 발명활동을 봉사활동과 연계하고자 하는 가장 큰 이유는 봉사활동을 하면서 느끼는 한계 때문이었다.

그것은 불편하고 문제가 되는 환경과 일반인에게는 쉬운 일이 장애인의 경우 신체의 일부 결손으로 생기는 어려움을 해결할 수 없다는 안타까움이었다. 이러한 안타까움을 해결할 수 있는 장애인 도움 발명도구를 개발하여 봉사의 보람을 찾고자 하는 여학생의 기특한 생각과 시도에 지도교사로 감동했고 적극적으로 도와주고 싶었다.

이 여학생은 양로원(중증 노인 요양소)에서 1~2주에 한 번씩 토요일마다 할머니 목욕과 세탁하는 봉사활동을 하고 있었다. 장기간 누워있는 할머니들 양치질 봉사를 할때면 양치물을 뱉어내지 못하고 삼키는 경우가 대부분이라 비위생적이고 안타깝게 생각이 되어 이 문제를 어떻게 하면 도와줄 수 있는 방법을 찾고 싶어 했다.

그래서 이 문제를 함께 해결해 보자고 연구한 결과 시중에 나온 칫솔에 흡입기를 장치하는 방법을 모색했다.

칫솔의 내부에 흡입기와 내부전지와 충전 단자를 장치하여 이를 닦는 과정에서 생기는 양치물을 주기적으로 흡입구 입구를 누르면 흡입구 호수가 나오고 스위치를 누르면 거품과 물이 흡입구 호수를 통해 흡입기로 흡입이 되고 흡입기에 모아진 거품 통을 빼서 버리고 다시 끼우는 아이디어를 생각해

냈다. 아이디어의 주제는 "흡입기를 장치한 장애인용 칫솔"이라고 정했다.

이렇게 만든 칫솔을 실질로 제작하여 봉사활동에 적용해 본 결과 어느 정도 효과를 보게 되었고, 주변 봉사자들의 칭찬과 자신의 봉사가 몸뿐 아니라 지적 능력과 연결되면서 매우 자신감에 넘치고 많은 발명 아이디어를 구상하게 되었다. 그리고 이 구상된 아이디어는 제19회 대한민국학생발명전시회에 참가하여 심사관에게 좋은 평가를 받았고 동상을 받게 되었다. 자신감이 생기게 된 학생은 꾸준히 봉사경험을 통하여 느끼는 다양한 장애인 도움방법을 연구하여 대표적인 발명 아이디어를 구상했는데 아이디어를 소개하면 다음과 같다.

여름철에 휠체어를 타면 땀으로 옷이 등받이에 달라붙어서 통풍이 잘 되지 않아 땀띠가 많이 나는 문제가 생겼다. 어떻게 하면 땀띠가 나지 않고 편안하게 휠체어를 이용할 수 있을지 그리고 연관하여 겨울철에 따뜻하게 휠체어를 탈수 있을지 연구하다 '열선과 동력장치를 이용한 사계절 휠체어' 아이디어를 구상했다. 또 엘리베이터 밑에 있는 센서가 그 엘리베이터 밖의 센서와 연결되어 사람과 휠체어가 다 탔다고 인식하면 문이 닫히고 가동되는 아이디어로 "이젠 혼자서도 엘리베이터 탈 수 있어요."를 구상하기도 했다.

스스로 탈수 있는 엘리베이터는 작동 방식이 아주 간단하다. 버튼 밑에 있는 웃음표 버튼을 누르면 엘리베이터는 휠체어가 탈 것을 감지한다. 그리고 엘리베이터는 최대 열림 시간을 보통의 3~4배로 늘린다. 휠체어를 타고 있는 장애우 뿐만 아니라 걸음이 느리신 노인 분들, 아가들이 있을 때 버튼을 눌러 주기만 하면 조급해 하지 않고 편리하게 탈 수 있다. 그리고 많은 짐을 나를 때에도 효과적으로 이용할 수 있다.

특정 계층을 위한 이러한 발명활동은 점차 인생의 꿈과 진로가 어려운 사람, 소외되고 약한 자를 위한 사회사업 전문가를 꿈 꾸면서 자연스럽게 사회복자학과로 진학을 꿈꾸게 되면서 대학진학 시 이러한 발명활동이 봉사활동과 연결되면서 입학담당자에게 깊이 각인시킨 테마가 있는 스토리텔링으로 결국 이 학생은 명문대학교에 입학하는 성취감을 갖는 발명활동으로 연결되어 많은 발명부 학생들의 귀감이 되었다.

라. 항공관련 진로를 꿈꾸던 학생의 비행기 기내식 서비스를 통한 아이디어 구상과 진로
연결 사례

　2009년도 지도교사로 미국에서 열리는 세계 창의력 올림피아드 대회 참가
를 위해 비행기로 이동하던 중 한○○ 학생이 나에게 사진 한 장을 보여주었
다.
　비행기 안에서 승무원들이 기내 서비스로 음식을 제공하고 있는 모습이었
다.

기내식을 나누어 주는 승무원의 불편함을 해결할 방법을 찾아보고 싶다고 했다. 이 학생이 발견한 문제는 아래와 같다.

 ## 문제발견의 동기

> 승무원들이 기내식 카트를 사용하여 탑승객에게 음식을 제공하는 모습을 보면 위에서부터 기내식을 꺼내어 탑승객에게 제공하는데 아래 칸에 있는 음식을 꺼내기 위해서 승무원은 점차 머리를 숙이고 허리를 굽혀야 한다. 이러한 승무원들의 불편한 모습을 관찰하면서 승무원들이 허리를 숙이지 않고 기내식을 탐승객에게 쉽게 제공할 수 있는 방법은 없을까? 허리를 숙이지 않고 제공하기 위하여 사전에 알아야 할 내용과 방법은 무엇일까? 라는 생각을 품게 되었다.

지도교사로서 이러한 학생의 발명 마인드를 칭찬하여 주고 비행기를 타고 가는 내내 학생과 다양한 방법에 대하여 서로 의견을 교환하였다. 이 기내식 카트의 새로운 방법의 제시에서 중요한 핵심은 허리를 숙이지 않고도 카트의 아래쪽에 있는 물건을 꺼낼 수 있는 비행기 안의 좁은 통로를 감안하고 크기와 높이를 그대로 유지하면서 효율적인 방법을 구상하여야 한다. 따라서 전기를 사용하지 않으면 전자감응 센서 등은 불편을 가중시킬 수 있고 비행기 운행에 영향을 줄 수 있는 것을 배제한 상태에서 실용성과 경제성 및 안정성을 생각하고 아이디어를 구상해야 했는데 다양한 방법과 키프리스 검색 및 과학적 원리를 적용할 최상의 방법을 찾아 낼 수 있었다.

궁리 끝에 발명반 학생들과 놀이공원에서 타본 여러 가지 기구 중 관람차를 떠올리게 되었다. 관람차가 어떤 원리로 움직이는지에 대한 공부와 경험이 기내식 카트의 새로운 아이디어 구상에 많은 도움을 주었다.

이와 같은 방법으로 놀이공원 관람차의 수평이동장치와 도르래의 원리를 이용하는 방법을 구상하여 허리를 숙이지 않고 간단한 힘만으로도 아래의 물건을 위로 올릴 수 있는 이 아이디어가 더 실용적일 수 있다고 판단하게 되었고, 키프리스를 통하여 특허를 검색한 후 도면 작성 등 구체적인 노력을 기울여 새로운 항공기 기내식 카트라는 발명품이 탄생게 되었다.

이것이 인연이 되어 자연스럽게 이 학생은 발명부에 들어오게 되었고, 이 아이디어로 대한민국학생발명전시회에서 금상(교육과학기술부장관상)을 받았다.

항공기 기내식 카트

[전체모습]

[옆모습–내부설명]

[앞모습–뚜껑설명]

승무원을 좀 더 편하게 해 주어야겠다는 마음과 자신이 이 문제를 한번 해결해 보겠다는 의지가 결국 아이디어로 발전하고 발명대회에서의 수상과 특허 등록으로 이어진 것이다. 그 후 3년 동안 나와 함께 발명활동을 하였으니, 이것이 인생의 전환점이 되었다고 할 수 있을 것이다. 항상 갈구하는 자는 우연이라는 기회에 마음 속의 열망과 잠재된 소질이 도킹하는 경험을 맛볼 수 있다는 것은 흥미로운 일이다.

마. 학생들의 강점을 살릴 방법을 찾아라. (인성교육 사례)

발명반 학생 가운데 다른 학생들간에 항상 마찰이 있는 학생이 있었다. 선배에게 건방진 모습으로, 보이고 후배에게는 접근하기 어려운 선배이며 같은 학년에게는 잘난 척, 아는 척하는 학생이다.한 마디로 인간관계가 부족하고 항상 외로운 학생이었다.

그러나 이 학생은 평소에 책을 많이 보고 다방면으로 배우고자 하는 열의가 강하며, 과제 해결 능력이 우수한 학생이었다. 발명반 수업에서 교사의 수업 후 가장 많이 하는 학생 활동이 과제에 대한 각자의 아이디어를 발표하는 활동인데, 학생 개개인이 자신의 아이디어를 도면으로 작성하여 발표하는 것이다. 이 학생은 체계적으로 구상하여 누구나 쉽게 이해할 수 있고 원리가 잘 부각되도록 도면을 작성하였으며 발표력도 우수했다.

학생들과 융화하지 못하는 트러블 메이커인 이 학생을 어찌 해야 할까 고민하다가 이 학생의 강점을 발명부 학생들과 공유할 방법을 찾고 발명 활동의 소통과 협력관계를 이루기 위한 방법을 모색하였다. 이 학생도 다른 학생들과 좋은 관계를 유지하고 다정하게 생활하고 싶은데 자신의 속 좁고 자기중심적인 사고가 문제라는 것을 알고 고치고 싶어했다.

많은 학생들이 도면 작성을 어려워하고 표현 능력이 부족하여 좋은 아이디어임에도 불구하고 서류 심사에서 불이익을 받는 경우가 많았기에, 이 학생에게 발명 도면 작성에 가장 중요한 기법과 표현 방법 및 자주 쓰는 도구 활용 내용 들을 소책자로 만들어 발명부 학생들에게 제공하면 어떻겠냐고 제안했다.

이런 제의에 학생은 발명도면을 작성하는 것이 재미있고 발명부 후배를 위해서 도면을 작성해 준 적이 있는데 후배가 만족해 하는 것을 보고 본인도

기뻤다면서 선생님 말씀대로 해보겠다고 했다. 그리고 나서 2주후 나에게 메일이 도착했는데 나는 깜짝 놀랐다.

"그림판, 파워포인트, 구글 스케치업을 활용한 발명도면 작성방법"이라는 한글파일을 보내 왔는데 매우 열심히 노력한 흔적이 보였고 학생들이 스스로 발명 도면 작성할 때 매우 유용한 자료였다.

이 학생을 불러서 칭찬해 주고 격려를 해주었다. 그리고 이 학생이 여러 가지 도면관련 책을 보고 다양한 자료를 수집하여 쉽게 이해할 수 있도록 작성했다는 말을 듣고 다시 한번 책임감과 그 성실함에 박수를 보냈다. 이것은 발명부 연간 프로그램에 넣어서 지금도 활용하고 있으며 많은 학생들이 즐겨 이용하는 교재가 되었다.

자신의 능력을 알고 자신이 잘하는 것을 인정하고 그것이 다른 사람에게 도움이 되고 자신에게 의미 있게 다가올 때 일취월장하는 사람이 되는 것이다.

지도자에게는 '무엇을 할 수 없는가?'가 아니라 '무엇을 잘 할 수 있는가?'를 찾아주는 것, 잘하는 것을 보려는 마음이 필요하다.

자신이 잘 할 수 있는 일이 자신의 성장 가능성과 연결될 때 사람은 보다 큰 의미와 책임감을 가지고 최선을 다하게 되어 많은 성과를 이룰 수 있게 되는 것이다.

본인의 적성과 관계없는 일을 하게 될 때 사람은 사기가 저하되고, 능력에 맞지 않는 일을 되면 사람들은 눈 밖에 나지 않으면 된다는 보호본능이 발휘

되고 가만히 있으면 중간은 간다는 식의 무사안일주의가 되어 맡겨진 일은 하지만 성과와 원하는 그 이상의 일은 할 수 없게 된다.

따라서 주어진 일에 대하여 평균 이상의 능력을 발휘하게 하려면 강점을 반영할 수 있는 방법을 알려 주어야 한다. 보통은 약점을 시정하여 무엇을 만들어 보려는 것보다 강점을 부각시키고 보완하는 것이 더 효율적이며 자신다움을 살릴 방법을 제시하는 것이 매우 중요하다고 할 수 있다.

학생들의 강점을 부각시키기 위해서는 적성, 가능성, 가치관, 성격, 책임감과 성장 배경 등을 종합적으로 파악해야 한다. 능력뿐 아니라 성격, 가치관 등을 고려하여 적재적소에서 충분한 능력을 발휘할 수 있도록 도와주는 것이 매우 중요하다.

바. 건축 관련 대회를 통하여 음향 건축가를 꿈 꾸게 된 학생의 멘토 사례

한양대학교에서 주최하는 건축올림피아드 대회를 참가하라는 선생님 말씀을 듣고 좋은 결과를 기대하지 않고 참가에 의미를 두었다.

문제는, 자신이 꿈꾸는 미래의 거주형태를 상상력과 창의력을 최대한 발휘하여 표현하라는 것이었다.

나는 이 문제를 접하고 고민 고민하다가 인간의 감성을 자극하는 실내가 되었으면 한다는 새로운 거주 개념에 착안하여 인간의 감성과 기분에 따라 벽지 색깔이 달라지고, 사람의 상태에 따라 벽면에서 필요한 음악이 나오는 신 개념 주거 형태를 구상하여 제출하였다. 정말 이 대회에 나오지 않았으면 생각지도 못할 일이었다.

기대도 하지 않고 참가한 대회에서 가작에 뽑히게 되자 나의 숨은 재능이 건축에 있을지도 모른다는 생각이 들었고 인간이 가장 오랫동안 거주하는 건축물 제작에 새롭게 도전할 수 있는 계기가 되었다.

그러나 어떻게 나의 꿈을 이루어 갈지, 또 내가 과연 건축 관련 직업군에 소질이나 능력이 있는지 모르는 상태에서 선생님과 상담을 하다가 일단 다양한 건축 양식 관련 도서 및 관련 잡지를 탐독하라는 말씀을 듣고 여러 가지 건축 관련 자료를 모으고 노력하게 되었다. 선생님은 여기에서 끝내지 않고 내가 원하는 대학교의 건축과 교수님의 자문이나 각종 모임 참석을 유도하셨다. 나는 메일이나 대학교의 선배들을 통하여 건축에 대한 지식과 관련 정보를 듣게 되었고 시간이 허락되면 교수님께 양해를 구하고 수업을 받는 등 차분히 나의 꿈을 키워갔다.

그러다가 전국학생과학발명품 경진대회에 참가하여 국무총리 상을 받게 되었다. 출품작품은 과학완구부문의 '맞물림 원리를 활용한 신개념 블록'이었다.

건축물을 만드는 것에 흥미를 갖고 있었는데 기존의 완구들로는 욕구가 충족되지 않았다. 몇 가지 형태로 정해진 블록들은 제한된 형식으로 쌓아올릴 수 밖에 없었고, 접합부가 탄탄하지 못해 내구성이 떨어지는 블록이 대부분이었다. 그래서 나는 사용법이 간단하고 자신이 원하는 대로 유동적인 건축 설계를 할 수 있으며 내구력도 좋아서 실생활에 활용할 수 있는 블록을 고안하였다. 실제 건물을 지을 때 사용되는 벽돌 블록과 철근처럼 요철들을 이용하여 단순화된 블록들을 끼워 맞춤으로써 창의적으로 원하는 구조물을 구현해 낼 수 있도록 한 것이다. 또한, 실용성과 경제적 효과도 고려하여 상품으로 개발하여 일반적으로 활용할 수 있도록 하였다.

나는 완성된 블록으로 국보 1호인 숭례문과 런던의 타워 브릿지, 블록의자, 받침대 등 여러 가지 구조물과 상품들을 실제로 만들어보았다. 그러한 결과, 유연성을 강화시킨 철심과 다양한 모양의 블록으로 직선과 곡선이 결합되어있는 다소 복잡한 건물도 연출이 가능하였고 알루미늄 강선을 사용하

여 튼튼하게 블록들이 고정되는 것은 물론, 다양한 색상과 디자인으로 시각적 효과를 거두었고 간단한 사용방법과 가볍고 튼튼한 재질로 아이들의 장난감으로도 이용할 수 있고 남녀노소 누구나 손쉽게 사용할 수 있도록 하였다. 내가 블록을 가지고 놀면서 상상력과 창의성을 키웠듯이 다른 이들도 그랬으면 하는 바람도 담겨있었다. 이러한 '맞물림 원리를 활용한 신개념 블록'은 독창적인 아이디어와 실용성을 인정받아 국무총리 상을 받게 되었으며 그와 함께 영국의 과학과 예술을 체험할 수 있는 기회를 얻을 수 있었다. 또 부모님의 도움으로 외국의 다양한 문명세계와 건축물을 보게 되었는데 이러한 경험이 음향건축가라는 새로운 꿈을 꾸게 해 주었다.

나는 건축물이 지니고 있는 총체적인 구조와 주변 환경에 대한 이해를 기본으로 과거와 현재, 미래를 잇는 공학적인 방법을 연구하고 발명해보고 싶다. 무엇을 얻는 것도 중요하겠지만 그것을 지켜가는 것도 더 없이 중요할 테니 말이다. 나는 그것을 지켜가는 사람이 되고 싶다. 그리고 제아무리 아름다운 설계라고 하더라도 그것을 구현해주는 공학이 없다면 무용지물일 것이다. 그래서 나는 독창적이고 창의적인 건축물을 만들기 위하여 필요한 기계와 설계시스템 등에 대한 것들을 발명해 갈 것이다. 그럼으로써 미학과 공학이 한데 어우러진 새로운 건축 패러다임을 구축해 나갈 것이다.

그것이 나의 꿈이다. 그 꿈이 현실로 이루어질 때까지 나의 발명은 계속될 것이다.

생활 속의
발명 착상 사례

Chapter 02

Chapter 02 생활 속의 발명 착상과 사례

뭐 불편한 것 없습니까?

발명을 하기 위한 첫 번째 단계는 불편한 것을 찾는 과정이다. 불편한 것을 찾아 고칠 수만 있다면 그것이 최상의 발명이다. 특히 발명을 할 때 나 혼자만 불편한 것을 찾아 고치면 나 혼자만의 발명이지만 많은 사람들이 불편해 하는 것을 고치면 그것은 많은 사람이 필요로 하는 발명품이 되어 대박 상품이 될 수 있다.

그러나 그 불편한 것을 찾는 것이 쉽지 않은 것 같다.

많은 학생들을 대상으로 강의를 하면서 불편한 것을 찾아보라고 하면 세상에 발명할 것은 다 발명을 하였기 때문에 불편한 것이 없다고 대답하는 경우를 종종 볼 수 있다. 이것은 비단 우리 학생들뿐만이 아니다.

1895년 영국의 학술원장인 켈빈경은 "공기보다 무거운 것은 날 수 없다."라고 단정을 하였고, 1899년 미국의 특허청장이었던 챨스 듀엘도 "더 이상 발명할 것이 없다."고 이야기 하였다. 심지어는 정보화 사회를 만들고 퍼스널 컴퓨터를 개발한 빌게이츠도 1981년에 "640Kbyte 면 모든 사람에게 충분한 메모리 용량이다."라고 이야기 했다.

이처럼 누구나 불편한 것을 찾는 것은 쉬운 일이 아니고 그 일을 찾을 수만 있다면 발명에 한 발짝 다가서는 것일 것이다.

따라서 본 단원에서는 어떻게 하면 불편한 것을 쉽게 찾을 수 있는지와 찾아서 해결하는 방법을 설명하고자 한다.

 ## 불편한 것 찾기

단순하게 불편한 것을 찾으라면 막연해 정말 우리 주변에 불편한 것이 없는 것처럼 보인다. 그러나 조금 집중을 해서 찾으면 쉽게 찾을 수가 있다.

먼저 화장실에서 불편한 것을 찾아보자. 화장실에 들어가면 무엇이 불편한가?
막연하게 생각하기보다 실제 상황을 연출하면서 불편한 것을 찾으려면 쉽게 찾을 수 있을 것이다.

예를 들어 외출을 하거나 등교를 하기 위해 준비를 다 마친 다음 밖으로 나오려다 급히 화장실에 들어가 신발을 신는 순간 비명을 지른 경우가 있지는 않았는가?

신발에 물이 묻어 양말이 다 젖는 경우를 경험하지는 않았는가? 양말이 젖어 불편했던 경험을 당연한 것으로 받아들이지 않고 '아! 이것이 불편하구나.' 하고 생각한다면 그것이 바로 불편한 것을 찾는 방법이다. 그리고 그것을 개선할 수 있다면 그것이 좋은 발명품이 될 수 있다.

따라서 불편한 것을 찾을 때는 막연하게 찾기보다 구체적으로 분석하여 찾아야 하는데,

첫째, 누가 사용하는가?
둘째, 어디서 사용하는가?
셋째, 언제 사용하는가?
넷째, 무엇을 사용하는가?
다섯째, 어떻게 사용하는가?
여섯째, 왜 사용하는가?

   라는 6하 원칙에 맞춰 찾는다면 불편한 것을 찾기가 한결 쉬워질 것이다. 먼저 첫째 누가 사용하는가? 에 맞춰 불편한 것을 찾는 방법도 몸이 불편하지 않은 비장애인의 입장에서만 보지 말고 장애인이나 노약자 입장에서 찾는다면 더 많이 불편한 것을 찾을 수 있을 것이다.

 일반적 불편 사항(화장실)

1. 바닥이 미끄럽다.
2. 거울이 뿌옇게 김이 서린다.
3. 머리카락이 많이 떨어지고 줍기가 불편하다.
4. 욕조에 때가 잘 낀다.
5. 좌변기에 오줌이 잘 묻는다.
6. 변기에 지저분한 것이 많이 묻어 닦기가 불편하다.
7. 화장지가 물에 잘 젖는다.
8. 변기의 오물을 내리지 않는 경우가 있다.
9. 물이 많이 튀어 화장실이 쉽게 지저분해진다.
10. 용변을 본 후 화장실에서 냄새가 난다.

화장실을 누가 사용하는가?(노약자나 장애인 입장에서)

1. 어린이들은 좌변기가 높아 용변을 보기가 불편하다.
2. 옷이 젖고 바닥이 미끄러워 옷을 입기 불편하다.
3. 문을 여닫기가 불편하다.(손에 장애가 있는 경우)
4. 불을 켜고 끄기가 불편하다.(손에 장애가 있는 경우)
5. 용변을 본 뒤 뒤처리하기가 불편하다.(손에 장애가 있는 경우)
6. 몸을 씻기가 불편하다.(손에 장애가 있는 경우)
7. 옷을 내리고 올리기가 불편하다.(손에 장애가 있는 경우)
8. 화장실 진입이 불편하다.(발에 장애가 있는 경우)

언제, 무엇을, 어떻게, 왜 사용하는가를 따지면서 불편한 것을 찾는다면 불편한 것을 찾는 데 지금보다는 훨씬 더 많이 찾을 수 있을 것이다.

불편한 것을 찾지 못할 때는 내가 쉽게 경험하지 못하는 곳에 가서 체험하면서 찾는다면 보다 많은 불편함을 손쉽게 찾을 수 있을 것이다.

 # 아이디어 착상 기법

　발명기법에는 여러 가지가 있으나 많이 알려지고 활용되고 있는 발명 아이디어 착상기법 중 스캠퍼 기법을 소개하고자 한다.

　스캠퍼(SCAMPER)는 사고하는 사람의 상상력을 자극하는 적절한 질문들을 미리 정해 놓고 아이디어 발상이나 집단 회의를 할 때 그 준비된 질문들을 던짐으로써 참석자들이 보다 다양한 자극을 받고 상상력을 동원할 수 있도록 해 주는 기법이다.

　알랙스 오스본(Aiex Osborn)이 소개하고 로버트 애벌리(Robet Eberle)가 재구성한 아이디어 촉진 질문법으로 창의적 사고 원칙들을 7가지로 간단하게 적용할 수 있도록 만든 것이 바로 스캠퍼이다.

　SCAMPER 이론은 기존의 제품을 개선하거나 선 제품을 만들어 낼 때 유용하며 특히 발명을 처음 시작하는 사람들도 쉽게 따라 할 수 있는 기법이다.

⊙ 스캠퍼(SCAMPER)의 발명기법

	단　계	질　　문
S	대체(Substitute)	다른 에너지, 다른 색깔, 다른 재료, 다른 원리로 바꾸면?
C	결합(Combine)	다른 물건과 결합, 서로 다른 아이디어를 결합하면?
A	응용(Adapt)	어디에 적용할 수 있을까? 비슷한 것은?
M	수정(Modify)	변형하면? 의미, 색깔, 소리, 향기, 형태 등을 바꾸면?
	확대(Magnify)	확대하면, 더하면, 무겁게, 크게 하면?
	축소(Minify)	축소하면, 빼면, 분리하면, 가볍게, 짧게 하면?
P	다른 용도로 사용하기 (Put to other use)	모양이나 무게나 형태를 다른 용도로 사용하면?
E	제거(Eliminate)	없애버리면?
R	재배치(Rearrange)	위치를 바꾸면? 원인과 결과를 바꾸어 생각하면?
	거꾸로(reverse)	반대로 하면? 거꾸로 하면?

Ⅱ 다양한 발명 기법

발명기법에는 여러 가지가 있으나 많이 알려지고 활용되고 있는 발명 아이디어 착상기법을 간단히 몇 가지 소개한다.(더 많은 자료와 자세한 소개는 『발명200제』에서 참조 바랍니다.)

가. 기능향상 발명

내 용	• 물건과 물건을 더해 보는 발명 • 물건과 방법을 더해 보는 발명 • 방법과 방법을 더해 보는 발명 • 무엇을 더하면 좋은 효과를 나타내는 발명 • 어떤 다른 성분을 부가하는 발명 • 좀 더 시간을 들이면 좋아지는 발명 • 공정과정을 좀 더 두면 좋아지는 발명 • 더 강하게 하려면 무엇을 부가시키는 발명 • 어떻게 하면 가치를 더 붙일 수 있는 발명 • 어떠한 요소를 더 첨가할 수 있는 발명 • 아이디어와 아이디어를 결합시키는 발명 • 원리와 원리를 결합시키는 발명 • 여러 가지 물건을 짜 맞추는 발명 • 여러 물건을 결합하여 쓰면 편리한 발명 • 여러 물건을 결합하여 모양이 좋은 발명 • 여러 재료를 결합하여 한 가지 이상의 특성이 우수한 발명 • 여러 가지 물건을 구별하여 분류한 발명 • 여러 가지 용도를 결합한 발명 • 여러 목적과 이론을 결합한 발명 • 여러 용도를 결합하는 발명
예 시	평소 사용하던 물건, 기구, 도구, 생활용품 등에서 A상품의 특성과 B상품의 특성, C상품의 특성을 모아서 새로운 상품이나, 기구, 도구, 기계를 구상하여 더하는 방법이다. 서로 다른 상품이나 도구, 기계가 지니는 특성을 결합하는 발상은 가장 쉽고 간단하게 생각하는 방법

나. 빼기 발명

내 용	• 제품 등의 결점을 제거하여 제품의 성능을 향상시키는 발명 • 최대로 적게 하는 발명, 무엇을 제거하는 발명, 무엇을 분할하는 발명 • 보다 간결하게 하려는 발명 • 보다 축소하려는 발명 • 보다 농축하는 발명 • 높이와 길이를 더 낮게, 짧게 하는 방법 • 이것과 저것을 분리시키는 방법 • 더 가볍게 하는 발명 • 시간을 단축시키는 발명 • 무게와 부피가를 작게 하는 발명
예 시	끈 없는 신발, 냉장고 속이 투명하게 보이는 냉장고, 코드 없는 다리미, 디지털 카메라, 무가당 쥬스

다. 곱하기 발명

내 용	더하기 기법과 빼기 기법의 요소를 병합한 기법으로 수단과 방법을 새롭게 창출시켜서 기존의 사고방식을 초월하여 새로운 상품 환경과 조건을 조성하여 2D기능을 3D기능으로 변화시키는 21C 유비쿼터스 시대의 아이디어 창출법이다.
예 시	냉·온방 겸용기에 공기 청정 기능까지 포함한 에어컨 냉·온수 기능에 얼음 생성기를 부착한 정수기 핸드폰을 손목에 차게 한 후 체온 및 각종 건강상태를 체크하는 손목 핸드폰

라. 용도 변경

내 용	• 사용하고 있는 제품을 다른 것으로 사용할 수 있는가? • 기존의 제품을 다른 용도로 사용할 때 더 좋은 효과를 얻을 수 없을까? • A제품과 B제품의 특성을 이용하여 새로운 용도를 만든다면 어떤 것이 있을까? • 다양한 방법으로 사용한다면 어떠한 방법이 있을까? • 처음부터 다양한 용도로 사용하게 만든다면?
예 시	• 전등 = 조명등 > 살균램프 > 식물재배등 > 닭 사육등 • 모자 = 운동모자 > 한모자 > 적외선 차단모자 > 안전 모자 • 찍찍이 = 운동화 > 구두 > 점퍼 > 텐트 > 모자 > 장갑 > 지갑

마. 자연의 원리를 이용한 발명

내 용	• 과거의 좋은 아이디어를 차용하는 발명 • 좋은 모양, 방법, 포장, 형태를 차용하는 발명 • 좋은 아이디어와 아이디어를 결합하는 발명 • 좋은 아이디어에서 아이디어를 빼는 발명 • 좋은 아이디어로 대체하는 발명 • 좋은 아이디어에서 첨가하는 발명 • 좋은 아이디어를 다른 용도로 바꾸는 발명 • 좋은 아이디어에서 재료를 바꾸는 발명 • 좋은 아이디어에서 미감이 있게 첨가하는 발명 • 좋은 아이디어에서 모양을 바꾸는 발명
예시	• 곤충의 형태 이용-굴삭기(사마귀발) 변색 옷(카멜레온 피부) • 식물의 형태 이용-가시철망(장미가시), 찍찍이(덩굴더미) • 동물의 형태 이용-스파이크 신발(표범의 발), 전투기(독수리), 　　　　　　　　　　　잠수함(상어)

바. 역발상법

내 용	• 순서를 바꾸는 발명 • 반대로 생각하는 발명 • 목적을 바꾸는 발명 • 계획을 바꾸는 발명 • 부정과 긍정을 바꾸는 발명 • 상하를 바꾸는 발명 • 역할을 반대로 하는 발명 • 방향을 반대로 하는 발명 • 성질을 반대로 하는 발명 • 색을 반대로 하는 발명
예 시	• 흡입·송풍 겸용 진공청소기 (사각 지대나 구석진 곳 먼지를 흡입방법이 아니라 송풍으로 먼지를 일으킨 뒤 다시 흡입 기능으로 돌아가는 장치) • 손으로 가는 자전거 • 거꾸로 가는 시계

사. 형태 바꾸기 기법

내 용	• 사용하기 편하고 보기 좋고 • 편안하게 느끼도록 고안되어야 하며 • 상품의 기능과 수명을 결정짓는 중요한 기법
예 시	• 부피를 줄이고 휴대하기 편하게 만든 노트북 • 손에 잡기 쉽고 바르기 편하게 만든 꼬부라진 물파스 • 휴지의 기능성과 모양을 좋게 만든 올록볼록 화장지 • 설치하기 편하고 공간을 적게 차지하는 LCD 모니터 • 신기 편하고 크기를 조절하게 만든 찍찍이 운동화

내 용	동시에 여러 가지 기능과 역할을 하고 있는데 이러한 분야에서 자신의 역할을 행사하는 방법
예 시	젓가락을 잃어버리는 자녀를 위해 도시락 통에 젓가락 넣는 공간을 마련한다.

아. 성공적인 창의성 개발과 발명의 조건

내 용	• 시간을 절약하는 발명 • 형태를 변형시킨 발명 • 재료를 절약하는 발명 • 색채의 조화가 된 발명 • 경제성이 있는 발명 • 광고방식이 새로운 발명 • 사무능률을 향상시키는 발명 • 관리를 합리화시키는 발명
예 시	• 다양한 계층의 욕구를 충족시키는 방안. • 여러 장소에 필요하고 활용성을 높이는 방안 • 불편하고 힘들고 어렵고 사회적인 문제와 직결되는 원인을 해결하는 방안 • 물건이나 사용하는 여러 도구의 문제점을 해결하는 방안 • 미래사회를 대비하는 예견과 사전 조치가 필요한 방안 • 계절적 요소에 따른 문제를 해결하는 방안 • 지역적 요소에 따른 문제를 해결하는 방안

자. 색깔을 이용한 발명

내 용	똑같은 상품도 색깔을 달리함에 따라 잘 팔리거나 안 팔리는 경우가 참으로 많다. 여러 상점을 다니면서 상품의 색깔을 살펴보면 같은 옷, 같은 학용품, 같은 가구라도 색상이 다양하게 진열되어 있는데 색상에 따른 물건의 이미지를 보면 　　　　Red : 화려하고, 따뜻한 이미지. 　　　　Blue : 부드럽고, 맑고, 산뜻한 이미지 　　　　Green : 부드럽고, 맑고, 산뜻한 이미지 　　　　Yellow : 명랑한 이미지 　　　　Violet : 맑고, 산뜻한 이미지 　　　　White : 부드럽고, 맑고, 산뜻한 이미지 　　　　Black : 중후하고, 침울한 이미지
예 시	• 빨간 짜장 • 면도날 색깔 변화(질레트) • 카멜레온 페인트(화성산업) • 온도 변화 우유병 • 색깔 변하는 모자(혈압 상승 시) • 부패 정도를 알려주는 팩(신선도 고기) ▶ 주전자의 물이 끓으면 빨간색으로 되었다가 식어지는 정도에 따라 주전자 자체의 색으로 변하게 하는 방안 ▶ 김치가 익어감에 따라 생기는 이산화탄소를 감지하여 포장지 색깔을 변화시키는 방안 ▶ 최적의 온도를 감지하여 맥주병의 마크가 변하는 방안 ▶ 먹는 김에서 원료를 뽑아내어 글자를 쓰면 보이지 않게 하는 매직펜 ▶ 한번 사용하고 나면 색깔이 변하여 다시 쓰지 못하도록 하는 일회용 주사기

차. 입장 전환법

내 용	• 경제적으로 뛰어나게 한 발명 • 성능을 최대로 한 발명 • 용도를 다양하게 한 발명 • 편리하고 위생적이게 한 발명 • 위험하지 않도록 한 발명 • 고장과 불량품을 적게 하는 발명 • 이동이 용이한 발명 • 즐겁게 해주는 발명 • 멋과 호기심을 만족시키는 발명 • 환경오염을 줄이는 발명 • 건강에 도움을 주는 발명
예 시	• 전화기를 가지고 입장 전환법으로 발명(노인의 입장) • 노인의 특징–시력, 청력, 근력이 떨어짐. • 숫자 버튼이 큰 전화기. 숫자버튼의 숫자와 보색대비가 확실한 전화기 • 가벼운 재질의 전화기. 음성버튼 전화기. 야광 처리 전화기

카. 건강하고 싶은 심리를 이용한 기법

내 용	많은 사람들이 건강을 지키기 위해 노력하는 것을 도와줄 방법
예 시	줄넘기, 온열치료기, 돌침대, 안마의자, 치질 방지시트, 허리 보호대, 핸드용 안마기, 종아리 마사지기, 오가피 음료, 정력 증강기구

타. 오감을 이용한 발명

내 용	• 자연의 모든 내용을 이미지화하고 형상화하는 발상을 적용하고, 수업 시간에 과학적 원리나 법칙을 응용는 발명 • 주위에서 쉽게 볼 수 있으며 느낄 수 있는 사물을 제시하고 의도적으로 연상하는 발명 • 색을 아름답게 하는 발명 • 모양을 아름답게 하는 발명 • 동적으로 하는 발명 • 소리를 아름답게 하는 발명 • 후각과 미각을 즐겁게 하는 발명 • 촉감을 좋게 하는 발명 • 오감에 반대되는 발명. 오감을 결합하는 발명 • 오감에서 한 부분을 빼는 발명 • 오감을 과장하는 발명
예 시	눈달린 PC, 말하는 거울, 소리 나는 신문, 연기 나는 청량 음료, 향기 나는 액자

 우리 주변에서 찾은 아이디어 사례

① 식당에서의 사례 (앞치마)

우리 가족은 오랜만에 삼겹살을 먹기위해 소문난 삼겹살집에서 모이기로 했다. 나는 엄마와 함께 집에서 출발하기로 하고 아빠는 회사에서 직접 오시기로 했다. 그런데 아빠께서 먼저 식당에 오시어 앞치마를 두르고 삼겹살을 굽고 계셨다.

엄마와 나는 아빠께서 구워주시는 삼겹살을 맛있게 먹고 집에 돌아 왔는데 아빠의 와이셔츠에 고추장이 묻어 있었다. 아빠께서는 앞치마를 둘렀는데도 옷을 버렸다며 속상해 하셨다.

가. 불편함의 원인 찾기

식당에서 왜 옷을 버렸을까?

첫째, 고추장 같은 젤(gel) 상태의 액체가 있어서
둘째, 음식을 먹으면서 몸을 많이 움직여서
셋째, 액체가 묻는 것을 차단하지 못해서(앞치마의 문제)

문제의 원인인 첫째, 둘째 문제는 해결이 어렵다고 보고 셋째 문제를 해결해 보자.

앞치마를 두르고 허리 뒤로 묶지 않고 목에 걸기만 하고 고기를 구우면서 움직이다 보니 고추장이 묻었던 것이다.

이유는 뒤로 앞치마를 고정시키기 위한 끈으로 묶지 않기 때문에 움직일 때마다 앞치마가 가려야할 곳을 다 가리지 못하기 때문이다.

식당에서 간단하게 끈을 묶을 수 있는 것들을 사람들은 왜 묶지 않을까?

이유는? : 생각해보자

귀찮아서라면
어떻게 만들면 좋을까?
앞치마를 만들기 전에 기존에 만들어진 앞치마를 찾아보고 개선 방법을 찾아보자.

나. 기존 앞치마 둘러보기

새로운 앞치마를 개발하기 위해 먼저 어떤 종류의 앞치마들이 있는지 찾아본다.

다. 생각 찾기

어떻게 해결하면 가장 손쉽게 앞치마를 뒤로 고정시킬 수 있을까?
손대지 않고 묶는 방법은 없을까?
몸에 저절로 붙게 하는 것은 무엇이 있을까?
고정 장치 없이 몸에 붙게 하는 것은 무엇이 있는가?

생각 Tip 1

머리에서 발끝까지 몸에 붙는 것이 무엇이 있는지 생각해 보면
발 : 양말 → 고무줄 성분 활용하기
머리 : 머리 띠 → 탄성체
원피스 : 통째로 머리에서 뒤집어쓰기(고정 매개체를 사용하지 않기)
신발, 가방 : 찍찍이

양말(고무줄 활용)	머리띠(탄성체 활용)	원피스(천, 끈 활용)	찍찍이 활용

라. 활용 방법을 찾는 것도 발명

앞치마에 주어진 고무줄, 머리띠, 원피스, 찍찍이, 끈 등을 SCAMPER 발명기법 중 결합(Combine)을 적용하여 활용성, 신규성, 가능성, 경제성, 편리성을 평가한 결과 모두를 만족하는 것은 머리띠를 활용하는 것으로 판단된다. 특히 머리띠를 활용하는 것은 신규성이 있어 발명품을 만들어 보는 것이 좋겠다는 판단이 선다.

마. 발명품 만들기

기존 앞치마에 머리띠를 끼울 수 있는 홈을 만들고 머리띠를 끼워 새로운 발명품을 만들어 본다.(머리띠의 길이는 좀 더 긴 것을 활용)

앞치마	머리띠	앞치마+머리띠+발명품

바. 나의 발명품 만들기

기존 앞치마를 어떻게 쉽게 맬 수 있을지 나의 머리띠를 발명품으로 만들
어 보자.

앞치마	?	나의 발명품

미래를 위한 삶의 방법 찾기

때때로 학생들에게 왜 사느냐고 물으면 대부분의 학생들은 돈을 벌기 위해서라고 대답한다. 그러면 내가 또 돈은 왜 버느냐고 물으면 행복해지기 위해서라고 말한다.

과연 무엇이 행복일까? 정말 돈만 있으면 우리는 행복해질 수 있는 걸까. 행복해지기 위해서는 첫 번째 스스로 행복하다고 마음먹어야 한다. 우리 속담에 '일소일소 일노일노(一笑一少 一怒一老)'란 말이 있다. 즉, 한 번 웃으면 한 번 젊어지고 한 번 화내면 한 번 늙는다는 말이다. 또 불가에는 '심즉시불(心卽是佛)'이란 용어가 있다. 내 마음이 곧 부처라는 말로, 마음먹기에 따라 모든 것이 달라진다는 뜻이다.

행복의 두 번째 조건은 인간관계이다. 사람을 인간(人間)이라고 하는데, '간(間)'자를 쓰는 이유는 우리가 사람들과의 관계 속에서 살아가기 때문이라고 한다. 사람들은 다른 사람과의 관계가 좋아 모든 사람의 중심에 자기가 서 있고, 모든 사람들이 나에게 관심을 가져주면 행복해 한다. 반면에 남들이 나에게 등을 돌리고 왕따를 시키면 불행해 한다. 이처럼 행복은 인간관계에 있다.

세 번째, 행복은 스스로 성취감을 느끼는 것이다. 노력 없는 쾌감은 중독을 일으키지만, 힘든 고통을 이기고 스스로 무엇인가를 이룰 때 얻는 쾌감은 행복을 가져다준다.

나는 대학을 졸업하자마자 회사에 입사하여 연수를 받았다. 그때 내 마음을 사로잡는 강사 분을 만났다. 강의가 끝난 후 나는 그 강사님께 물어 보았다.

"선생님, 어떻게 하면 선생님처럼 강의를 잘할 수 있습니까? 저도 강사님처럼 강의를 잘하고 싶습니다."

그러자 강사님이 잠깐 생각에 잠기더니 이렇게 대답을 해주셨다.

"강의를 잘하려면 첫째는 자기가 하는 일에 전문가가 되어야 하네. 두 번째는 하고자 하는 이야기를 단편적으로 전달하려 하지 말고 줄거리를 만들어 전달하는 스토리텔러(storyteller)가 되게. 세 번째는 제스처 하나까지 신경 쓸 줄 아는 프로가 되게. 그리고 감동을 줄 강의를 하고 싶다면 먼저 내가 감동 받은 이야기를 강의 자료로 준비하게"

그 강사님은 이 말을 남기고 자리를 떠났다. 나는 그동안 열심히, 때로는 너무 열심히 살다 보니 죽을 고비도 넘겼고 힘든 일도 많았다. 그러나 지금은 보통 사람들보다 많은 결과물을 얻었다. 그 노력의 결과 많은 강의 요청이 들어왔다. 난 강의 준비를 열심히 하면서 스토리도 만들어 재미난 내용으로 감동받은 이야기를 준비해 강단에 서왔다. 그러다 내 강의를 듣고 사람들이 감동하고 즐거워하는 모습을 보면서 스스로도 행복해진다. 처음에는 창의력과 발명에 대한 강의에 주력했으나 지금은 인성 쪽에서도 많은 강의를 하고 있다.

어떤 사람들은 가끔씩 내게 묻는다. 그렇게 열심히 노력하며 사는 삶이 힘들지 않느냐고……. 그때마다 나는 빙그레 웃으면서 학습(學習)의 습(習)자는 깃우(羽)에 일백 백(白)자를 합쳐서 만든 글자로 새가 날갯짓을 백 번 연습해야 날 수 있다는 데서 기인한 말이라는 것을 떠올린다.

오랫동안 고심하고 어느 한 소재를 찾아 스토리를 만들어 강의를 하면서 많은 사람들 속에 내가 서 있는 것이 즐겁다. 또 내 강의를 듣고 감사하다는 말을 건네는 말을 들을 때마다 보람도 느낀다. 내 이야기를 듣고 변화되는 사람들을 보면서 신이 나고 뿌듯하다.

발명 일만 집중하여 일을 했으니 발명 일만 할 줄 알았던 것이 이제는 강사로서 더 많은 일을 하게 되는 것 같다.

모든 사람들이 미래의 모습을 알고 있다고 한다. 나의 몸이 원하는 나와 정신이 원하는 나. 두 모습의 나 중 내가 선택하기에 따라 다른 인생이 내 앞에서 기다린다. 지금 조금 힘들다고 포기하는 것보다 내일을 준비하는 내가 되어 보는 것은 어떨까?

- 전인기의 『세상과 만나는 지혜』 중에서-

② 학교에서의 사례 (가위)

　발명초등학교 6학년인 유명이는 미술시간에 가위를 활용한 공작 실습을 하였다. 미술 수업이 끝난 다음 작업을 했던 서류(종이)에 구멍을 뚫어 철끈으로 묶으려 하였으나 구멍을 뚫을 수 있는 도구가 없었다. 당장 가지고 있는 공구는 가위 밖에 없어 난감하였다. 가위를 활용하여 구멍을 뚫을 수는 없을까? 고민을 하던 유명이는 가위에도 구멍을 뚫을 수 있는 기능이 있었으면 좋겠다는 생각을 하게 되었다.

　어떻게 하면 가위에 구멍을 뚫을 수 있는 기능을 만들 수 있을까?

가. 불편함의 원인 찾기

유명이는 가위로 구멍을 뚫을 수 없는 이유가 무엇이었는가?

첫째, 가위로는 많은 종이를 일정하게 구멍 뚫을 방법이 없어서
둘째, 서류의 양이 많아서(서류를 묶으려면 구멍의 위치가 일정
　　　해야 하므로)

구멍을 뚫기 위해서는 어떤 공구들이 필요한가?
구멍을 뚫을 수 있는 공구 : 가위, 펀치를 찾아보자.

나. 기존 가위 둘러보기

새로운 가위를 개발하기 위해 어떤 종류의 가위들이 있는지 찾아보고 구멍
뚫기에 적합한 가위를 찾아본다.

다목적 가위	일반 가위	전지 가위	손톱정리 가위
소형 니퍼	가위 ?	레이저 가위	가위 ?

다. 생각찾기

어떻게 해결하면 손쉽게 가위로 구멍을 뚫을 수 있을까?

가위와 구멍을 뚫을 수 있는 공구를 결합(Combine)하는 방법은 없을까?

생각 Tip 1

결합하는 공구는 가위와 송곳, 가위와 펀치

라. 송곳과 펀치의 종류

가위	일반 송곳	전원이 달린 송곳	드릴 송곳
가위	펜치 형태의 펀치	펀치	다용도 펀치

마. 활용 방법을 찾는 것도 발명

가위에 송곳이나 펀치를 결합(Combine)하여 활용성, 신규성, 가능성, 경제성, 편리성을 평가한 결과 모두를 만족하는 것은 가위와 같은 지렛대 원리를 사용한 펀치를 활용하는 것이 좋을 것이라는 생각이다. 특히 펀치를 활용하는 것은 위험성이 없고 안전하여 발명품을 만들어 보는 것이 좋겠다는 판단이 선다.

바. 발명품 만들기

기존 가위에 펀치를 결합하여 새로운 발명품을 만들어 본다.

가위	펀치	가위+펀치=펀치달린 가위

사. 나의 발명품 만들기

기존 가위에 펀치를 결합하여 나의 발명품을 만들어 보자.

가위	펀치 또는 송곳(기타)	나의 발명품

③ 캠핑장에서의 사례 (배터리)

행복이는 학교에서 친구들과 함께 설악산으로 등반을 갔다. 가는 날부터 오기 시작하여 끝이 보이지 않고 계속 쉼없이 내리는 비가 야속했다.

계속되는 장마 때문에 캠핑을 즐길 여유가 없이 텐트 안에서만 생활하면서 지내다 보니 랜턴과 라디오의 배터리가 다 소모되어 야간에 불을 켜는 것과 일기예보를 듣는 것조차 어려움이 있었다.

캠핑을 가는 날부터 오는 날까지 장마에 시달리고 배터리에 신경을 쓰다 보니 행복이는 행복한 여유를 즐길 겨를이 없이 신경이 많이 날카로워졌고 짜증이 났다.

가. 불편함의 원인 찾기

행복이는 왜 행복하지 않고 짜증이 났을까?

첫째, 계속 비가 내렸기 때문에
둘째, 배터리가 다 소모되어 활동에 지장을 주었기 때문에

비가 오는 문제는 인위적으로 해결할 수 있는 문제가 아니고 배터리 문제를 해결한다면 행복이는 행복해질 수 있을 것이다.
배터리가 속을 상하게 한 이유는 ?
배터리가 다 소모되어 방전이 되었기 때문이다.

어떻게 해결하면 좋을까?
기존 배터리를 찾아보고 문제점과 해결 방법을 찾아보자.

나. 기존 배터리 둘러보기

새로운 배터리를 개발하기 위해 먼저 어떤 종류의 배터리들이 있는지 찾아 보자.

배터리 충전 상태	충전 과정	건전지(AA)	건전지(AAA)

   세상을 바꾸는 도전 발명왕

축전지	리튬 이온 배터리	수은 전지	건전지 테스트기

다. 생각 찾기

캠핑을 갈 때 배터리가 필요한 물품은?

손전등, 취침등, 휴대폰, 비상등, 작업등. 라디오 등

기존 배터리의 문제점은?

첫째, 배터리의 용량이 제한적이다.
둘째, 배터리가 큰 것은 무겁다.
셋째, 충전용 전지는 충전장치가 필요하다.

생각 Tip 1

배터리와 물건을 각각 챙겨야 하기 때문에 캠핑을 가는데 짐이 많아지는 단점도 있다. 이것까지 해결하면 좋을 듯하다.

라. 캠핑을 가는데 필요한 물품 둘러보기

캠핑을 가는데 필요한 물품

손전등	작업등	휴대폰	라디오

경광등		발전기	

마. 활용 방법 (결합 : Combine)

손전등 + 작업등 + 휴대폰 + 라디오 + 경광등 + 발전기를 하나로 만들 수는 없을까?

여행에서 사용하는 물품 중 배터리가 필요한 것을 하나로 만들 수 있다면 배터리가 방전되면 충전할 수도 있고 각각 있는 물건들을 하나로 만들기 때문에 부피를 대폭 줄이는 효과도 있을 것이다.

바. 발명품 만들기

캠핑을 가는데 필요한 물품들을 모두 더해 만든다면 어떤 발명품이 만들어질까?

합쳐서 만든 발명품(A)	합쳐서 만든 발명품(B)	합쳐서 만든 발명품(C)

창업이가 동생과 함께 장난을 치며 놀고 있는 사이에 목적지인 수덕사에 도착하였다. 창업이는 오랜만에 엄마 아빠와 함께 집에서 나와 신바람이 났다. 수덕사 경내를 돌아보던 중 창업이 엄마는 개울 건너 절 뒤쪽에 있는 산으로 등산을 가자고 했다. 개울에는 다리도 징검다리도 없어 누군가 한 사람이 물에 들어가 가족을 업어서 건네야 할 상황이었다. 설상가상이랄까 개울 주변에는 여기저기 병조각들이 깨져 있어 신발을 벗고 개울에 들어간다면 위험할 수 있는 상황이었다.

창업이 아빠는 가족을 위해 희생하겠다며 신발을 신은 채로 물에 들어가 가족을 한 명씩 한 명씩 업어서 개울을 건너 주었다.

젖은 신발로 산에 오르게 된 창업이 아빠는 기분이 유쾌해 보이지 않았다.

창업이는 아빠를 위해 일반 운동화를 신고도 개울을 쉽게 건널 수 있는 신발을 만들어 보기로 하였다.

가. 불편함의 원인 찾기

창업이네 아빠는 등산 중에 왜 불쾌하였을까?

이유는 창업이 아빠의 신발이 젖어 있었기 때문이다.

사찰을 돌아보기 위해 창업이 아빠가 신었던 신발은 일상적으로 간편하게 신는 운동화였다.

개울을 건널 때 운동화는 무엇이 불편할까?

개울을 건너기에 편리한 신발은 무엇이 있는가?

필요한 신발들을 찾아보고 개선 방안을 생각해보자.

어떻게 만들면 좋을까?

나. 운동화 둘러 보기

일상생활을 하면서 신는 신발들은 어떤 종류들이 있는지 찾아보자.

신발 바닥을 위에서 싼 형태의 운동화			

신발 바닥이 위의 운동화 천과 분리되어 있는 운동화			

물가에서 신발을 신고 쉽게 건널 수 있는 신발을 찾아보자.

나막신	여름 신발	구멍 뚫린 신발	슬리퍼
장화	고무신	샌들	여름 신발

다. 생각 찾기

　　운동화는 산행하기에는 좋으나 물가에서는 불편하다.
　　고무신이나 여름 신발은 물가에서는 좋은데 산행하기에 불편하다.
　　장화는 공기 흐름이 좋지 않아 장화를 신고 등산을 하면 발에 물집이 생겨 다음날 활동하는 데 지장이 있다.

　　이유는 신발과 발바닥에 마찰이 생기면 마찰에 의해 열이 나게 되고 열이 나면 그 열을 식히기 위해 우리 몸속에 있는 림프액이 마찰이 있는 곳으로 모이게 되어 물집을 만들기 때문이다.

　　다시 말하면 마찰이 생기는 곳은 열이 나기 때문에 바로 열을 식힐 수 있는 장치가 필요한데 장화는 공기가 통하지 않아 많이 걸으면서 산행을 하는 데는 문제가 있다.

따라서 물가에서 신기가 좋은 기존의 고무신이나 장화는 산행을 하면서 신기에는 매우 불편하다.

따라서 운동화의 장점과 여름 신발과의 장점을 합친다면 어떨까?

라. 발명품 만들기

기존 운동화 가피를 잘라 내고 벨크로(찍찍이)를 붙인 다음 새로 제작산 샌들과 결합할 수 있는 발명품을 만들어 본다.

운동화	샌들	운동화+샌들+발명품

마. 나의 발명품 만들기

운동화와 샌들, 실내화에서 불편함을 찾아 개선하여 나만의 발명품을 만들어보자.

분리형 신발의 개발 과정

　가족과 자주 놀아 주지 못하다 보니 나는 집안에서는 0점 남편에 0점 아빠였다.

　한번은 가족에게 미안한 마음을 덜어주려고 오랜만에 큰맘을 먹고 가족을 모두 데리고 충청도에 있는 산사를 찾은 일이 있었다. 그런데 가던 길이 다리를 기준으로 한쪽은 사찰이고 다른 쪽 길은 등산로로 나누어져 있었다. 두 길은 가운데 개울을 두고 나누어져 가야 했다. 나는 사찰에 들어가 경내만 구경할 욕심으로 산사(山寺) 쪽으로 발길을 돌려 한참을 걸어갔다. 사찰에 대해 부족한 지식을 털어내며 설명을 하면서 경내를 구경하고 나오려는데 갑자기 아내가 등산을 하자는 것이다.

　그곳에서 등산을 하려면 한참을 오던 길로 내려갔다가 다시 올라가든가 아니면 그냥 개울에 빠져 건너든가 둘 중 하나를 선택해야 했다.
　그런데 어린 아들 딸의 눈망울은 내 등짝에 눈을 꽂고 벌써 개울 쪽을 향해 가는 것이다. 그래 이것도 가족이 있는 행복이라 생각하고 나도 개울가로 내려갔다. 개울 건널목에는 누가 한잔 술에 취해 병을 비우고 병조각을 뿌려 흔적을 남기고 가서 신발을 벗고 건너기는 어렵게 생겼다.
　할 수 없이 신발을 신고 가족을 업어 건너고, 젖은 신발 그 상태로 산엘 갔다 오니 발이 기분 나쁘다고 하는 것은 당연하다.

　그 개울 건널 때 생각은 며칠이 계속 되었고 그 생각을 하면서 그 당시에 무엇이 있었으면 개울을 쉽게 건널 수 있었을까를 생각하게 되었다.
　처음에는 운동화에 주름진 장화를 달아 팔에 끼는 토씨처럼 필요에 따라 올렸다 내렸다 하는 방법을 생각해 보았다. 그러나 그렇게 되면 신발에 공기가 통하지 않아 여름철에 너무 더워 견딜 수 없을 것이란 생각이 들었다.

좋은 방법이 없을까 생각하면서 퇴근하여 집에 들어오는데 어린 아들이 수돗가에서 샌달을 신고 첨벙거리며 놀다가 아빠를 부르며 뛰어오는데 샌달의 물이 금방 빠지고 마르는 것을 알 수 있었다. 바로 이것이로 구나 싶어 바로 연구에 들어가 설계도를 그리고 그 당시에 만든 신발이 분리형 신발이었다.

샌달 옆면에 매직테이프(일명 찍찍이)를 붙이고, 운동화 가피(운동화 가죽부분) 밑에도 매직테이프를 붙여, 운동화 가피를 샌달에 붙였다 떼었다 할 수 있게 만들었다.

그 덕에 교육부 장관상을 받고 부상으로 13일 동안 유럽여행을 다녀 올 수 있는 영광도 안았고, MBC 방송에 소개되어 발명왕이란 칭호도 얻게 되었으며 부상으로 당시에는 귀하던 에어컨과 그 때 처음 나오던 롱다리 무선 전화기도 받았다. 그리고 청와대까지 초청받은 일이 있다.

그 후에도 방송국에서 발명왕끼리 겨룬다는 왕중왕전에 출전해 달라는 요청을 받고 물이 튀지 않는 신발을 만들어 부상으로 7박 8일 동안의 미국 여행권을 받아 부부가 해외여행을 다녀온 기억이 난다.

우리가 지금까지 한 발명을 1차적 발명이라 한다면 지금부터는 한 단계 더 앞선 2차적인 발명을 생각해 보면 좋은 아이디어를 얻을 수 있을 것이다.

  발명가라고 항상 아이디어가 머릿속에 꽉 들어 차 있어 아무 때나 샘물처럼 솟아나는 것은 아니다. 발명가라 하더라도 때로는 오랜 동안 고민을 하기도 하고 때로는 순간적으로 아이디어가 떠오르기도 한다.

  나는 아이디어가 떠오르지 않고 불편한 것을 찾기가 어려울 때는 발명반 학생들 데리고 과학실로 향한다. 그리고는 학생들에게 아무 실험기구나 하나씩 책상 앞에 놓고 불편한 것을 찾게 시킨다.

  그동안 과학시간에 실험을 하면서 누구라도 한 번씩은 불편함을 느끼고 이런 것이 있었으면 좋겠다고 생각한 일이 있을 것이다. 그 불편한 것과 이런 것이 있었으면 좋겠다고 생각한 것을 기록하게 하고 연구하게 한 다음 아이디어를 착상하게 한다.

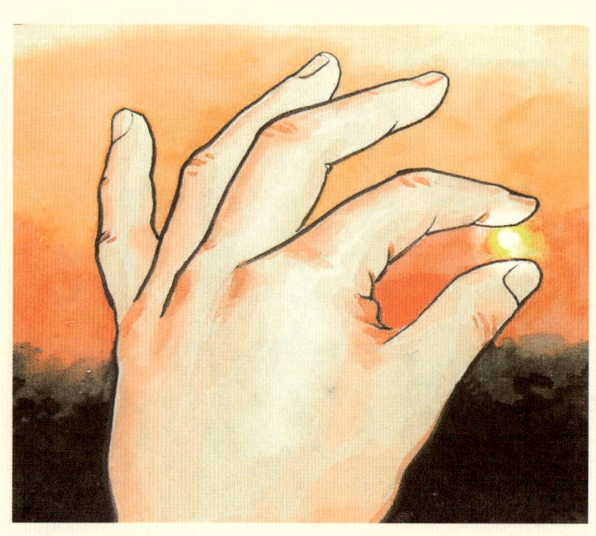

⑤ 학교에서의 사례 (스탠드)

유명이는 과학실을 청소를 하게 되었다.

그런데 다른 학교에 비해 과학실이 비좁고 준비실은 더욱 좁아 물건을 정리해 놓을 자리가 부족했다. 특히 스탠드는 바닥을 넓게 차지하고 위의 공간이 비어 있어 스탠드가 부피에 비해 공간을 많이 차지한다는 생각이 들었다.

스탠드를 개선한다면 좁은 실험 준비실을 넓게 사용할 수 있겠다는 생각에 선생님께 말씀을 드렸다. 선생님! 스탠드의 위로 향한 막대만 없다면 스탠드가 차지하는 공간을 많이 줄일 수 있겠네요.

"선생님, 어떻게 해결할 방법이 없을까요?"하고 물었더니 선생님께서는 "네가 해결해 보렴."하시면서 내게 과제를 주셨다.

어떻게 해결해야 할까?

가. 불편함의 원인 찾기

어떻게 해결해야 할까?

무엇이 문제인가? 위로 향한 막대만 없다면 손쉽게 해결을 할 수 있을 텐데…

위로 향한 막대가 없으면 실험을 할 수가 없고 어떻게 해결해야 하나?

"불편한 것이 있으면 원인을 제거한 후 생각하라."
발명반 선생님의 말씀이 떠올랐다.
불편한 원인이 무엇인가

나. 스탠드 둘러보기

새로운 스탠드를 개발하기 위해 먼저 어떤 종류의 스탠드들이 있는지 찾아보자.

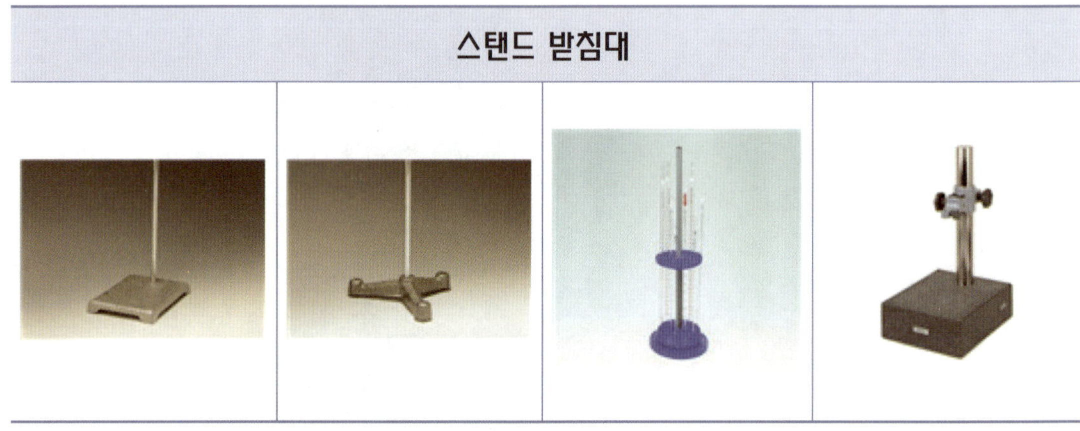

다. 생각 찾기

스탠드의 막대가 많은 공간을 차지한다.
그렇다면 불편한 것의 원인은 막대이다.
따라서 실험할 때는 스탠드의 막대가 있고 정리할 때는 막대가 없다면 정리가 쉽지 않을까?

생각 Tip 1

스탠드 바닥과 막대의 결합과 분리를 자유롭게 만든다. SCAMPER의 축소(Minify)의 법칙을 적용하여 발명품을 만들어 보자

생각 Tip 2

스탠드 막대의 크기를 자유롭게 조절한다.

라. 발명품 만들기

기존 스탠드를 변형하여 새로운 발명품을 만들어 본다.(축소(Minify)

스탠드	스탠드 받침대	분리한 막대의 보관

마. 나의 발명품 만들기

과학실 진열장에 있는 교구들을 살펴보고 불편함을 찾아 개선해보자.

실험 스탠드의 개발 과정

한 학생이 실험 스탠드를 들고 와서 실험 준비실이 스탠드의 막대 때문에 진열하는 데 너무 불편하고 실험실을 너무 많이 차지해서 불편하다고 한다.

선생님 : 그래 그럼 어떻게 하면 해결할 수 있을까?

학생 : 위로 솟은 막대만 없다면 쉽게 해결할 수 있을 것 같습니다.

선생님 : 그래 그럼 잘라 오렴. 발명의 원칙에서 불편한 것의 원인을 제거하라 하지 않았니? 그러니 솟은 막대가 불편하면 잘라 오렴.

그 다음 날 학생은 막대를 잘라 왔다.

학생 : 선생님 막대를 잘라 왔습니다.

선생님 : 그래 그럼 실험해봐.

학생 : 선생님 막대가 없어 실험을 할 수가 없는데요.

선생님 : 그래 그럼 다시 막대를 붙여 오렴

학생은 난감해 하면서 투정이다. "선생님께서 막대를 잘라 오라더니 다시 붙여 오라는 것이 말이 됩니까?"

그래도 실험을 하려면 막대가 스탠드에 있어야 하지 않겠니? 그러니 다시 붙여 오렴. 학생은 울상이 되어 돌아가더니 다시 막대를 붙여 왔다.

선생님 : 수고 했구나 그런데 스탠드를 다시 정리 해 보렴.

학생 : 할 수 없는데요.

선생님 : 그럼 다시 잘라 오렴.

학생은 투정을 하며 집으로 돌아간 후 다음날 학생의 어머님이 찾아 왔다. "선생님! 선생님께서는 우리 아들에게 무슨 억한 감정이라도 있으십니까? 왜 잘라라 붙여라 하시면서 똥개 훈련시키듯이 합니까?"하며 역정을 낸다.

학생의 어머님에게 학생이 아주 좋은 아이디어를 찾을 수 있는 기회를 얻었음을 이야기하고 실험할 때와 정리할 때 분리가 가능한 스탠드를 만들 것을 주문하였더니 며칠이 지난 후에 스탠드 받침대 밑에 보관이 쉽게 일정한 크리로 막대를 잘라 끼울 수 있는 장치를 만들고 막대의 양끝에 탭(Tap)과 다이스(Dies) 작업을(나사를 내는 작업)하여 나사로 조립할 수 있게 만들어 왔다.

완성된 작품으로 실험을 하다 보니 보관만 편리한 것이 아니라 높은 장치의 실험을 할 때 기존의 실험대는 밑을 받쳐야 했는데 본 발명품은 막대를 더 연결하면 쉽게 해결이 되는 등의 장점이 나타나 예상보다 더 좋은 결과를 얻을 수 있었다.

⑥ 가정에서의 사례 (머리카락 줍는 걸레)

창업이네는 엄마 아빠가 모두 함께 일을 하고 계신다. 그러다 보니 자연스럽게 집안일을 나누어서 하게 되었다.

창업이가 맡은 일은 청소였다. 따라서 창업이는 하교하고 집에 도착하면 청소부터 하고 공부를 하는 것이 습관화 되었다. 청소하는 순서는 먼저 청소기를 들고 먼지와 이물질들을 제거하고 바닥을 긴 마포(펄프로 된 막대 걸레)로 바닥을 닦는 것이었다.

그런데 바닥을 닦을 때마다 머리카락이 떨어져 있으면 닦이지 않고 이리 저리 밀려다니는 것에 신경이 쓰였다.

깨끗하게 청소를 하고 난 뒤에 밀려다니는 머리카락을 손으로 일일이 줍는 것이 너무 힘들고 짜증이 났다. 창업이는 걸레질을 하면서 손쉽게 머리카락을 줍는 방법을 연구하기로 하였다.

어떻게 하면 바닥을 닦으면서 머리카락을 쉽게 제거 할 수 있을까?

가. 불편함의 원인 찾기

나. 걸레 둘러보기

머리카락을 줍는 걸레를 개발하기 위해 먼저 어떤 종류의 걸레들이 있는지 찾아 보자.

다. 생각 찾기

따라서 기존의 걸레로 바닥을 닦으면서 머리카락을 줍기에는 어려움이 있어 새로운 대안을 찾아야 할 것이다.

특히 머리카락이 잘 붙는 것이 무엇이 있는지 찾아 활용방법을 생각하자.

생각 Tip 1

스탠드 걸레와 접착력이 있는 제품을 찾아 결합하여 새로운 발명품을 만든다. SCAMPER의 결합(Combine)의 법칙을 적용하여 발명품을 만들어 보자

생각 Tip 2

사용이 간편하고 청소를 하면서 동시에 사용할 수 있게 제작한다.

라. 재료 찾아보기

새로운 걸레를 개발하기 위해 만들기에 적당한 재료를 찾아 보자.

접착 롤러	흡수력이 좋은 걸레	면 걸레	면 T걸레
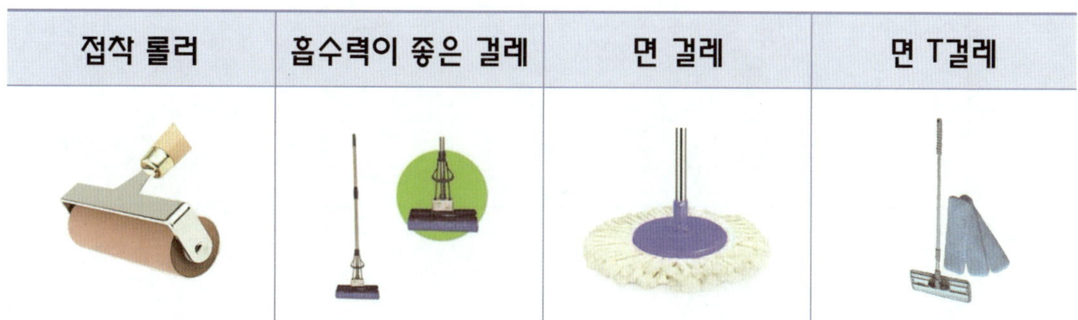			

마. 발명품 만들기

기존 스탠드 걸레를 변형하여 새로운 발명품을 만들어 본다.(결합 : Combine)

스탠드 걸레	접착 롤러	제작 도면	완성된 작품

바. 나의 발명품 만들기

집안 청소를 하는데 청소도구의 불편한 점을 찾아 개선해 보자.

⑦ 집안에서의 사례 (긴 멀티 캡)

　어느 날 발명이는 집안에서 불편한 일을 겪었다.

　베란다 창틀이 낡아 바람이 불면 흔들려 위험성이 있고 심지어 소리가 나는 것이 신경 쓰여 오늘은 마음먹고 고쳐보려고 하였다.

　발명시간에 접착제로 많이 사용한 핫 글루건을 이용하여 플라스틱을 덧붙여 단단하게 창틀을 고정시키려 하였다.

　그런데 문제가 생겼다. 전원 플러그에서 창틀까지는 거리가 멀어 기존 글루건 선은 닿지 않았다. 그래서 해결책으로 컴퓨터와 프린터, 스피커의 플러그가 꼽혀 있는 멀티 캡 선을 뽑아 중간에 연결하여 사용하려 했지만 그래도 선이 짧아 작업을 할 수 없었다. 그래도 모처럼 마음먹고 작업을 하기로 한 만큼 포기하지 않고 글루건이 뜨거워지면 뽑아서 사용하고 식으면 다시 멀티 캡에 꼽아 가열하길 수차례 반복하면서 작업을 마쳤지만 무척 불편했다.

가. 불편함의 원인 찾기

발명이가 불편했던 이유가 무엇인가?

첫째, 글루건 선과 멀티 캡 선을 연결해도 거리가 짧았다.
둘째, 작업효율이 떨어졌다. (작업시간이 많이 걸렸다)

일반 가정에서 사용할 수 있는 긴 멀티 캡 선이 필요한데 우리 주위에는 어떤 것들이 있는지 조사해보았다.

나. 멀티캡 선 둘러보기

집에서 사용하고 있는 멀티캡 선보다 길이가 긴 선이 있을 것 같아 인터넷 및 가게를 방문하여 찾아보았다.

일반 멀티캡 (3~5m)	절전형 멀티캡 (3~5m)	개별 절전형 멀티캡 (3~5m)	12구 절전 멀티캡 (3~5m)
접이형 멀티캡 (3~5m)	멀티캡 (30m)	산업용 연장선 (30m)	산업용 연장선 (50~100m)

다. 생각 찾기

우리가 가정에서 사용하는 멀티캡은 선 길이가 3~5M로 되어있고 산업현장에서 사용하는 연장선은 대부분 30M, 50M, 100M 의 길이를 갖고 있었다.

그래서 가정에서는 10M이상의 거리에서 전기기구를 사용할 때는 멀티캡 2,3개를 연결하여 사용하는 것이 현 실정이다.

멀티캡 여러 개를 연결하지 않고 전기기구를 사용할 수 있는 방법은 없을까?

생각 Tip 1

보통 가정(방안)에서 사용하는 멀티캡 선은 길이가 길면 선으로 인한 부피가 커지고 구부러져 있는 선자체가 엉켜 지저분해 보이는 관계로 3M 길이의 선을 가장 많이 사용하고 있다. 이로 인해 배란다와 같은 먼거리에서 전기기구를 사용하다 보면 여러 개의 멀티 캡을 연결해서 사용해야 하는 번거로움과 새로 구입을 해야 하는 불편함이 있다. 그렇다고 가끔 사용하는 전기기구 때문에 가격이 비싸고 부피가 큰 산업용 연장선을 구입하여 사용하자니 경제성과 실용성이 떨어진다.

이런 불편함을 쉽게 해결할 수 있는 방법은 없을까? 연구해 보자.

라. 적용할 수 있는 과학적 원리 찾기

- 첫째 부피가 작으면서 긴 선을 만든다.
- 둘째 경제성과 실용성을 갖게 한다.

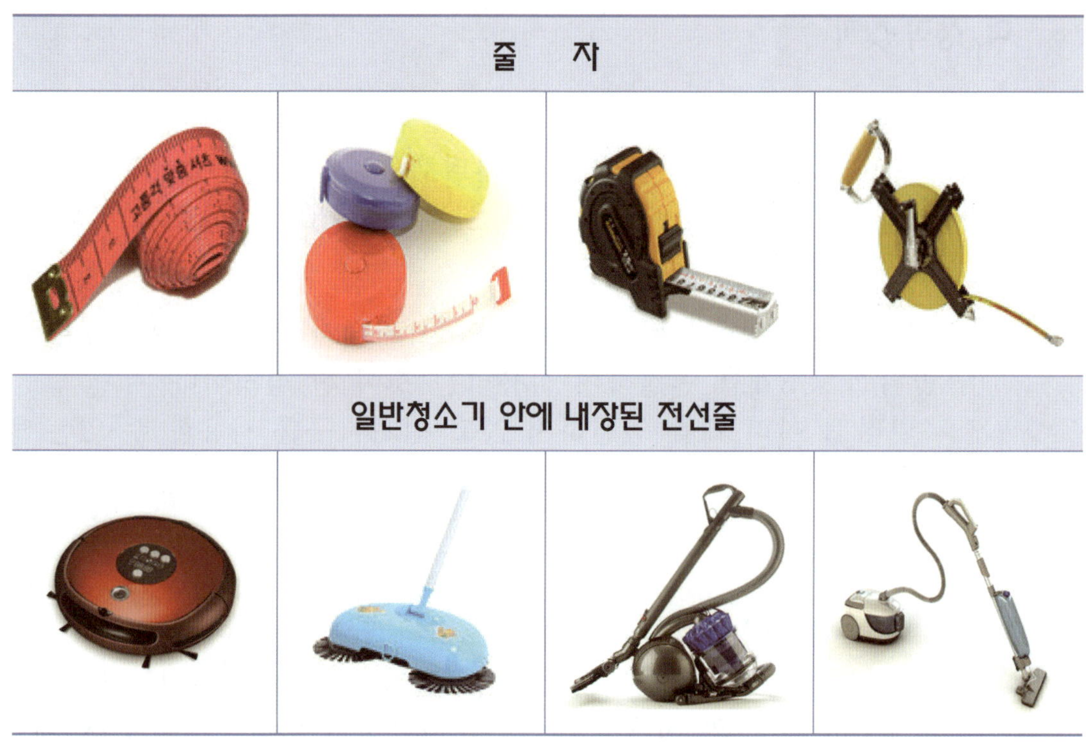

마. 활용 방법을 찾는 것도 발명

가정에서 매일 사용하는 진공청소기 안에 내장된 선은 줄자와 같이 감겨 있다가 청소를 할 때 필요시에는 길게 나오고 또 들어가 감기게 되어 있다.
이렇게 길게 나오고 감겨 짧아지는 진공청소기의 선을 활용하면 좋은 연장선이 될 것이라는 발상 아래 발명품을 제작하게 되었다.
특히 새로 구입을 하지 않고 가정에서 사용하고 있는 진공청소기를 활용하여 1석 2조의 기능을 갖는 새로운 작품을 발명하는 데 보다 큰 의의가 있다고 할 수 있다.

바. 발명품 만들기

기존 멀티 캡과 산업용 연장선을 진공청소기 선과 결합하여 새로운 발명품을 만들어 본다.

멀티 캡 선	진공청소기 선	산업용 연장선

사. 발명품 탄생

 기존 멀티 캡과 산업용 연장선을 진공청소기 선과 결합하여 새로운 발명품을 만들어 본다.

아. 발명품 분석

멀티 캡 기능을 갖고 있는 진공청소기	진공청소기 후면

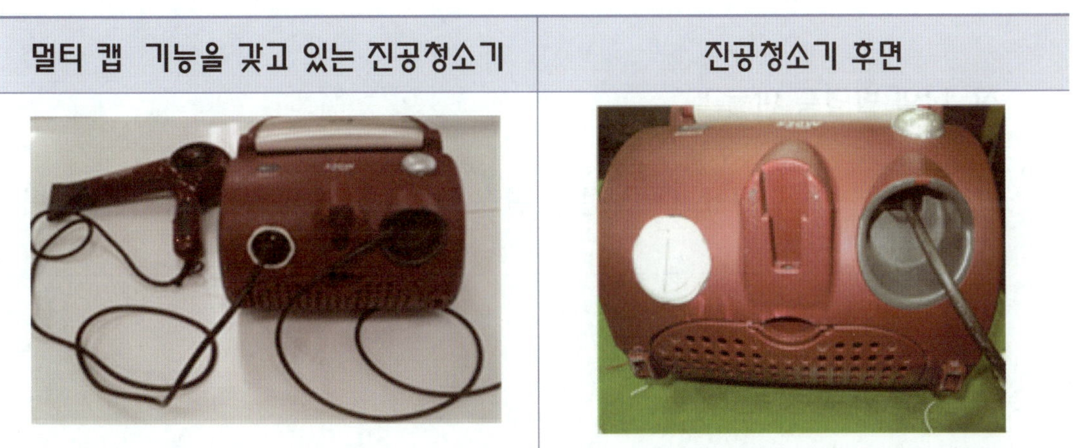

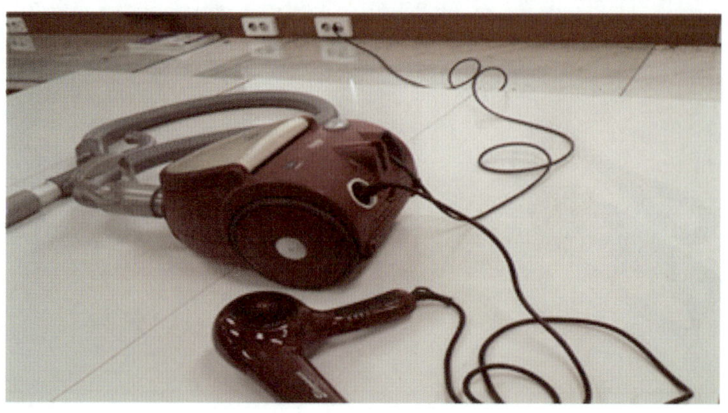

자. 발명품 분석

　가정에서 많이 사용하는 청소기.
　청소기 안에 내장된 10M 이상이 되는 전선을 활용하여 새로운 멀티 캡을 제작하였다. 이로 인해 진공청소기에 내장된 전선이 연장선 기능을 할 수 있어 멀티 캡을 새로 구입하지 않아도 되고 또 여러 개를 연결하지 않고도 필요시 먼 거리까지 간단한 전기제품을 사용할 수 있게 되었다.

차. 나의 발명품 만들기

　진공 청소기에 내장 된 전선을 활용할 수 있는 새로운 방법을 찾아 보자.

⑧ 해외여행에서 생긴 사례 (여행용 가방)

　발명이는 식구들과 함께 해외여행을 마치고 귀가하기 위해 공항으로 갔다.

　올 때와 마찬가지로 비행기를 타기 전에 여행캐리어 및 가방을 수화물로 붙였다. 인천공항에 도착하여 캐리어를 찾는데 신경이 쓰였다. 캐리어에는 친지들에게 드릴 선물들이 들었기 때문이다. 비슷비슷한 캐리어와 가방이 벨트에 실려 지나갔다. 지나가는 캐리어와 가방들을 보니 손잡이에 색깔 띠를 부착했거나 옆면에 스티커를 붙여서 쉽게 찾을 수 있도록 한 것이 보였다. 우리 캐리어와 가방은 어디에 있는 거야? 왜 보이지 않는 거야?

　기다리는 시간이 참으로 길었고 초조하고 불안하였다.

　발명이는 이렇게 기다리지 않고 쉽게 찾을 수 있는 방법을 없을까를 연구하게 되었다.

가. 불편함의 원인 찾기

발명이가 불편했던 이유가 무엇인가?

첫째, 비슷비슷한 캐리어와 가방들 속에서 내 캐리어와 가방을 찾기가 힘들었다.

둘째, 이미 지나갔는지 아직 가방이 나오지 않았는지 알 수가 없었다.

나. 송·수신이 가능한 제품 찾기

확인이 가능하고 쉽게 내 물건을 찾을 수 있는 제품을 제작하기 위해 송·수신기 방식으로 작동되는 전자제품을 알아보고자 인터넷 및 가게 방문을 통하여 시장조사를 해 보았다.

무선 송수신기	무선 콜 벨	콜 벨	유선 초인종

다. 생각 찾기

여행길에서 비슷비슷한 물건들이 좁은 공간을 함께 사용하다보면 물건들이 섞이게 된다. 또 발명이의 해외여행에서 알 수 있듯이 벨트

를 타고 쏟아져 나오는 수십, 수백 개의 캐리어와 가방들 속에서 내 물건을 찾기란 그리 쉽지 않다.

어떻게 하면 섞여 있는 물건들 속에서 내 물건을 쉽게 확인할 수 있을까?

물건에 나만이 확인할 수 있는 표시를 하지 않고 쉽게 찾을 수 있는 방법은 없을까?

나와 내 물건이 떨어져 있어도 송신과 수신을 통하여 쉽게 내 물건을 확인할 수 있는 방법을 찾기 위해 연구해 보자.

라. 적용할 수 있는 과학적 원리 찾기

송·수신을 할 수 있는 제품을 찾아 응용하기

신호등	위치 추적기	어린이 위치 추적기	미아방지 위치추적 목걸이

마. 활용 방법을 찾는 것도 발명

식당에서 많이 사용하는 콜 벨은 손님과 종업원 혹은 손님과 주인을 연결해 줄 수 있는 제품이다.

또 사람이 많은 공원이라든지 혹은 복잡한 시설물에서 미아 방지를 위해 위치를 추적할 수 있는 제품도 종종 사용이 되고 있다.

특히 치매 환자가 있는 가정에서도 환자를 보다 안전하게 관리하고자 위치 추적기를 종종 이용하기도 한다.

이러한 용도로 사용되고 있는 위치추적기와 무선 콜 벨을 이용하여 내 물건을 쉽게 확인할 수 있고 찾을 수 있는 작품을 제작하고자 한다.

바. 발명품 만들기

기존 위치추적기와 무선 콜 벨의 과학적 원리를 이용하여 새로운 발명품을 만들어 보자.

캐리어	무선 콜 벨	LED 등

사. 발명품 탄생

캐리어 및 가방	송신기를 통해 반응하는 가방

작품을 아래와 같이 제작하였다.

가. 송신에 의해 LED등이 켜지게 제작하였다.
나. 송신에 의해 가방에 소리가 발생하도록 하였다. [시각장애우(약시)를 위하여]
다. 가방도난을 방지하기 위해 100M 이내 거리에서 송신에 의해 경고음이 울리도록 제작하였다.

아. 발명품 분석

송신기에 의해 반응하는 빛과 소리로 인해

첫째, 많은 물건들 속에 섞여 있는 내 물건을 쉽게 확인하고 찾을 수 있다.
둘째, 여행 시 발생할 수 있는 각종 분실 및 도난 사고에 대비하여 간단한 송신과 수신으로 빛과 경고음을 발생시켜 자기 가방 위치를 즉각 확인하여 분실 위험에서 안전하게 가방을 지킬 수 있다.
셋째, 특히 청각 및 시각에 장애가 있는 분들에게 많은 도움이 될 것이다.

자. 나의 발명품 만들기

무엇인가 잃어버렸거나 보이지 않아 불편한 물건이나 사람, 동물들과 같은 대상들을 송·수신을 통하여 찾을 수 있는 새로운 방법을 찾아 보자.

⑨ 도서관에서의 사례 (집중력 키우기)

　고등학교를 다니는 창조는 야간자율학습(자기주도적 학습)에 참가하고 있다.

　야간자율학습에 참가하는 친구들이 한결 같이 교실에서는 이상하게 집중력이 떨어지고 공부가 잘 안된다고 하소연들을 하곤 했다.

　야간 자율학습 시 공부에 집중하지 못하고 산만하게 만드는 원인이 무엇인가 생각을 한 결과 넓게 트인 교실 환경으로 인해 몰입을 하지 못한다는 것을 알게 되었다.

　이로 인해 학교 교실에서는 집중력이 떨어져 자율학습이 안된다고 호소하는 학생들과 시간낭비라는 학생들이 늘어나고 차라리 자율학습시간에 독서실에서 공부할 수 있도록 해 달라는 학생들이 생겼다.

　왜 독서실에서 공부를 하면 잘 되냐고 학생들에게 질문을 해보니 "도서실에는 ㄷ자 형태의 칸막이가 설치되어 있어 주위 환경에 시선을 빼앗기지 않고 공부에만 집중할 수 있어 좋은 학습효과 나타난다"고 하였다.

　학교마다 독서실을 많이 만들어 학생들에게 제공해 주면 좋겠지만, 공간 및 시설 확보에 막대한 예산이 소요되는 관계로 이런 해결책은 현실성이 떨어지는 것임을 알 수 있다.

　아무튼 고등학교에서 실시되는 방과 후 야간자율학습시간에 주위 환경에 시선을 빼앗기지 않고 오로지 공부에만 몰입하고 집중할 수 있게 하여 학습효과를 높일 수 있는 방법이 없을까? 고민을 하게 되었다.

가. 불편함의 원인 찾기

창조가 불편했던 이유가 무엇인가?

첫째, 야간학습 시 교실에서는 집중이 되지 않는다.
둘째, 학교에서도 집중을 할 수 있는 ㄷ자 형태의 칸막이가 설치되어 있으면 좋겠다.

독서실 ㄷ자 칸막이에 의해 주위 환경에 시선을 빼앗기지 않고 공부에만 집중할 수 있어 좋은 학습효과 나타난다고 하였다.

나. 독서실 책상 칸막이 둘러보기

독서실에 설치되어 있는 칸막이 형태와 유사성 있는 칸막이가 있는지 시장조사를 해보고 또 특허검색을 통하여 선행기술이 있는지 찾아보았다.

◑ 선행조사
 – www.kipris.or.kr 를 통한 선행기술조사
  특허청 검색사이트 (www.kipris.or.kr)에서 학습 가리개로 검색을
  한 결과 선행기술이 42건으로 본 작품과 유사성이 있는 작품이 없음
  을 확인하였다.

◑ 선행조사를 한 결과
  대부분이 ㄷ자 형태의 칸막이형태의 시선 가리개가 등록되어 있었고 대
  부분이 나무와 같은 딱딱하고 무거운 재질로 경첩을 이용한 작품들이
  눈에 띄었고 휴대하기가 무척 불편하겠다는 생각이 들었다.

다. 생각 찾기

학교 정규시간에는 수업을 받고 방과 후에 실시되는 야간자율학습 시간에는 본인의 책상에 칸막이를 설치하여 집중력을 높일 수 있도록 하기 위해 아래와 같은 조건을 만족시킬 수 있도록 연구한다.

생각 Tip 1

학교수업 시간에는 칸막이는 수업진행에 방해가 되고, 야간자율 학습 시에는 집중력을 필요로 하기 때문에 칸막이가 필요하다.

이러한 조건을 만족시켜주고 탈, 부착이 가능하며 휴대하기가 쉬운 작품을 만들고자 연구해보자

라. 적용할 수 있는 과학적 원리 찾기

탈, 부착이 가능한 책상 칸막이를 제작하면서 다음 조건을 만족시키기 위해 노력하였다.

첫째로 휴대하기가 쉬워야 한다.
둘째로 책상위에 설치 하기가 쉬워야 한다.
셋째로 경제성을 가져야 한다.
넷째로 다양한 환경에서도 활용할 수 있게 한다.

서류철	파일박스	종이화일	서류철

마. 활용 방법을 찾는 것도 발명

보통 가정집에는 파일박스 한 개 정도는 준비가 되어있고 도서관에 가서 공부를 할 때 파일박스에 책을 넣고 가서 공부를 하게 되는데 이 파일박스를 이용하여 칸막이를 제작하기로 하였다.

바. 발명품 만들기

파일박스 2개를 이용하여 칸막이를 설계하고 제작한다.
첫째 파일박스를 이용하여 ㄷ 자 형태로 제작한다.
둘째 같은 색상의 파일 박스 3개를 이용하여 칼로 자르로 접착테이프를 이용하여 붙여 휴대용 간이 칸막이를 제작하였다.

파일 박스	자르고 붙여서 제작한 완성품

사. 발명품 탄생 및 활용 방법

휴대용 칸막이 파일 박스를 들고 이동	책상 위에 올려 놓고	펼치고	완전히 펼쳐서
책을 꺼내고	파일 철을 칸막이로 만들고	앉아서 공부를 하면 집중력 최고~	

아. 발명품 분석

발명품의 우수성을 분석해보면

첫째, 들고 다니는 파일박스를 이용하여 휴대용 칸막이를 제작하였다.
둘째, 우리가 사용하는 파일박스를 개량하여 칸막이로도 사용할 수 있어
1석2조의 효과를 얻을 수 있어 경제적이고 실용적이다.

우리가 많이 사용하는 파일박스를 이용하여 휴대가 간편하고 가벼운 소재
의 칸막이를 제작하여 책상에 세워 사용할 수 있는 접이식 칸막이로, 변형이
간단하고 휴대가 쉬우며 독서 및 학습 시에 집중도를 높여 학습능률을 높일
수 있게 하였다.

우리가 사용하는 파일박스를 변형한 휴대용 칸막이로 불편함을 간단하게

해결한 작품으로 학생들에게 집중력을 높여줄 수 있어 좋은 교육효과를 얻
으리라 생각된다.

자. 나의 발명품 만들기

  하나의 물건을 변형시켜 두 가지 이상의 용도로 활용할 수 있는 물건이 내
주위에 무엇이 있는지 찾아 보자.

⑩ 화장실에서의 사례 (모래를 품은 뚜껑)

　작년에 영재가 다니는 학교 가까운 이웃학교에서 화재가 발생하였는데 다행히 인명피해는 없었지만 책걸상은 물론 사물함까지 몽땅 태우고 말았다. 신문기사와 현장에서 들은 이야기를 종합하면 아침 조회를 마치고 1교시 수업을 위해 실습실로 이동하는 과정에서 몇몇 학생이 교실에서 담배를 피우고 발로 밟아 끈 뒤에 꽁초를 휴지통에 넣었는데, 완전히 꺼지지 않아서인지 종이에 점화가 되면서 쓰레기통을 태우고 고무재질로 만들어진 게시판에 옮겨 붙으면서 교실 2칸을 태운 것이었다.

　학교현장에서 어떻게 이런 일이 발생할 수 있을까?

　인터넷에서 화재발생의 원인을 조사해 보니 화장실에서 피우는 담뱃불로 인해 쓰레기통이 발화점이 되어 일어나는 화재가 비일비재하였다. 그래서 쓰레기통에서 불이 발생했을 때 초기진압을 할 수 있는 방법이 없을까를 연구하게 되었다.

가. 불편함의 원인 찾기

무엇 때문에 교실 2칸을 태우는 화재가 발생하였는지 알아보자?

첫째, 학생들의 부주의로 화재가 발생하였다.
둘째, 불씨가 남아 있는 담배꽁초를 쓰레기통에 버렸기 때문이다.
셋째 초기 진압을 하지 못했기 때문이다.

화재를 초기에 진압할 수 있는 장치에 대해 조사해보자.

나. 소화장치 둘러보기

화재 발생 시 초기에 진압할 수 있는 소화 장치를 인터넷 및 가정, 공공시설을 방문하여 찾아보았다.

분말 소화기	소화분말 캡슐이 내장된 투척용 소화기

다. 생각 찾기

화재는 국민의 재산과 생명을 빼앗아가는 재앙으로 사용자의 부주의와 방심으로 발생한다. 특히 무심코 버려진 담배꽁초로 인해 발생

하는 화재를 사전에 예방할 수 있는 방법을 찾으려 노력해야 하겠다.

산불부터 시작해서 화장실 쓰레기통까지 버려진 담배꽁초가 하나의 불씨가 되어 많은 화재를 발생시키고 있다.
화장실 및 교실 쓰레기통에서 발생하는 화재를 초기에 진압할 수 있는 새로운 방법은 없는지 연구해 보자.

라. 적용할 수 있는 과학적 원리 찾기

◈ 연소의 조건	◈ 소화의 조건
첫째, 탈 물질이 있어야 한다. 둘째, 공기(산소)가 공급되어야 한다. 셋째, 발화점 이상으로 온도를 높여야 한다	첫째, 탈 물질 제거 둘째, 산소(공기) 공급 차단 셋째, 발화점 이하의 온도 유지

소방차 물 분사	소화기 분사	가정 스프링 쿨러

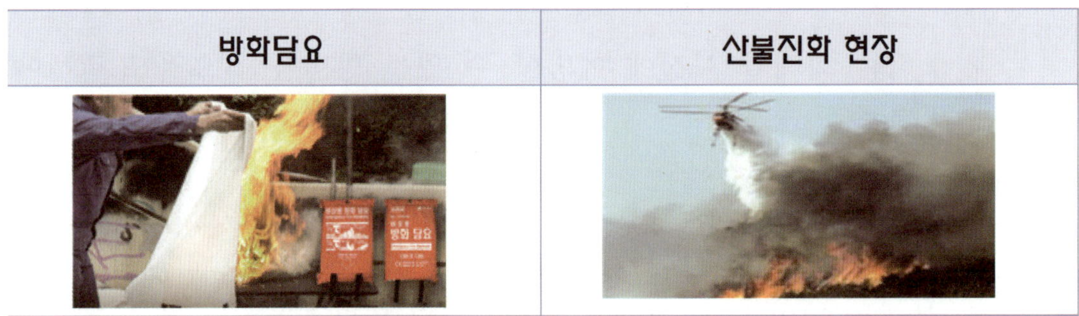

방화담요	산불진화 현장

마. 활용 방법을 찾는 것도 발명

무심코 버린 담배꽁초로 인해 교실 및 화장실 쓰레기통에서 발생한 화재를 초기에 진압할 수 있는 새로운 방법을 찾아보았다. 기존 쓰레기통 뚜껑을 이용하여 모래함을 설치하여 불꽃이 발생하였을 때 보관된 모래가 소화기 역할을 할 수 있도록 제작 하였다.

특히 새로운 장치를 구입하지 않고 현재 사용하는 쓰레기통 뚜껑을 이용하여 소화기 기능을 할 수 있도록 발명을 한 것에 보다 큰 의의가 있다고 할 수 있다.

바. 발명품 만들기

기존 쓰레기통 뚜껑에 있는 빈 공간을 막아 함 같은 형태를 만들어 소화기 역할을 할 수 있도록 모래를 넣는다.

쓰레기통에 무심코 버린 불씨에 의해 불이 발생되면 발생된 불의 열기에 의해 뚜껑에 있는 촛농과 봉지를 녹이게 되고 그와 동시에 가둬둔 모래가 쏟아지면서 불씨를 덮어 공기를 차단시켜 소화기 역할을 할 수 있도록 제작하였다.

쓰레기 통	배출구가 촛농으로 된 알루미늄 모래 보관함	봉지를 넣을 수 있는 모래 보관함

사. 발명품 탄생

화재 시 열기에 의해 봉지가 녹음

가. 기존 뚜껑역할을 할 수 있도록 하면서
나. 열전도율이 좋은 금속관으로 함을 제작하였고
다. 금속관 함 속에 있는 모래가 든 비닐봉지를 넣고

라. 불이 발생했을 때 발생한 열로 비닐봉지가 녹고 터져서 모래가 나올 수
　　있도록 하였다.
마. 보관 시 모래가 터지면 수시로 교체할 수 있도록 하였다.

아. 발명품 분석

　본 발명품은 기존 쓰레기통 뚜껑을 그대로 이용한 것으로 쓰레기통 안에서
불이 발생하면 이때 발생한 열에 의해 뚜껑 속에 있는 비닐봉지가 녹고 동시
에 터짐으로 비닐봉지 속에 보관된 모래가 불꽃을 향해 쏟아져 내려 불씨를
덮게 한 작품으로 산소공급 및 연료차단으로 불을 소화시키는 방식이다.
　화재발생 시 초기에 모래가 소화기 역할을 할 수 있도록 하여 학생들의 무
지와 방심으로 발생하는 화재를 막아 귀중한 인명과 재산을 보호할 수 있다.

자. 나의 발명품 만들기

　화재 발생 시 초기진압을 할 수 있는 새로운 방법을 찾아 보자.

⑪ 위험성 있는 것을 안전하게 제작한 사례 (꼬챙이)

발명반동아리 시간에 새로운 아이디어 창안을 위해 여러 가지 아이디어 창출기법을 활용한다. 특히 발명아이디어를 구안할 때 주로 1, 5, 3기법(하루에 5분씩 3번만 생각하자)인 회상법을 자주 사용한다. 자신이 생활하면서 느끼거나 경험했던 일들을 회상하여 400자 이내로 쓰고 그중에서 발명의 대상과 영역을 스스로 찾고 브레인스토밍법을 이용하여 발명반 학생 전체가 참여해 함께 찾는 방법이다.

"지난 겨울 가족들과 함께 강원도 화천에서 열린 얼음나라 산천어 축제에 갔습니다. 어른들은 얼음낚시를 하고 저는 나이 어린 조카들과 함께 신나게 얼음 썰매를 탔는데 얼음 썰매를 타던 조카가 앞으로 엎어지면서 썰매 꼬챙이의 날카로운 못에 허벅지를 찔린 아찔한 사고가 일어났습니다."

위의 발표 내용에서 현재 사용하는 위험한 '얼음썰매 꼬챙이의 날카로운 못'을 개선해야하는 발명 소재가 창출되었고 어떻게 하면 위험한 꼬챙이로부터 아이들을 안전하게 보호할 수 있을지, 안전한 꼬챙이를 만들기 위해 연구하게 되었다.

가. 불편함의 원인 찾기

(1) 아이디어 설문조사 실시

　① 다음 양식에 제시한 내용의 설문지를 작성하여 설문조사를 하였다.

　② 00 학년도 본교 3학년 3개반 96명의 친구들을 대상으로 설문조사를 하였다.

(2) 설문지 내용

아이디어에 대한 설문 조사

이 설문지는 발명아이디어를 개선하고자 하는 목적을 갖고 실시하는 설문조사입니다. 다음 사항을 읽고 여러분의 경험을 솔직하게 답변 해 주시기를 부탁드립니다.

우리 민족 고유의 겨울철 전통놀이인 얼음 썰매는 우리가 어렸을 적에 많이 즐기던 놀이입니다. 어린이들이 많이 타는 얼음썰매를 안전한 겨울철 놀이 문화로 정착시키기 위해 얼음 썰매를 개선하는 방법을 연구하려 합니다.
다음 설문 내용을 읽어 보시고 답을 적어 주시면 고맙겠습니다.

1. 어렸을 때 얼음 썰매를 타 본 경험이 있습니까?
　① 아주 많이 탔다.　② 가끔 탔다.　③ 탄 경험이 없다.

2. 얼음썰매놀이는 즐겁다고 생각합니까?
　① 즐겁다.　② 보통이다.　③ 즐겁지 않다.

3. 얼음썰매 꼬챙이는 위험성이 있다고 생각합니까?
　① 매우 위험하다.　② 위험하다.　③ 위험하지 않다.

4. 얼음썰매 꼬챙이는 개선이 필요합니까?
　① 즉시 개선이 필요하다.　② 개선이 필요하다.　③ 현 상태에 만족한다.

5. 얼음썰매 꼬챙이의 어느 부분이 위험하고 불편하다고 생각합니까?
　① 못　② 손잡이　③ 잘 모르겠다.

나. 꼬챙이 둘러보기

◆ 얼음썰매 탐색

얼음썰매란?
썰매를 만들어 빙판 위에서 타고 다니는 겨울철 전통 민속놀이다.

(1) 썰매

　나무쪽을 깎아서 한 쪽에 날이 서게 만들고 철사를 입힌 것을 두 쪽 놓고 판을 덮어서 썰매를 만든다. 썰매를 얼음위에 놓고 두발로 올라서서 양손에 긴 막대기 끝에 못을 박은 꼬챙이를 쥐고 이것으로 얼음을 찍어 밀며 탄다.

(2) 꼬챙이

　2~3cm굵기의 나무막대기를 앉은 키 정도로 자르고 얼음에 꽂을 수 있는 뾰족한 못 같은 재료를 박는다.

(3) 놀이방법

　어린아이들이 주로 타는데 양손의 꼬챙이로 얼음을 찍어 썰매가 앞으로 나가게 한다.

다. 생각 찾기

　　3월에 교내발명아이디어경진대회에 참여하기 위해 「안전한 얼음썰매 꼬챙이」 작품을 구상하던 중 볼펜의 스프링 탄성력의 원리로 누르면 심이 나오고 힘을 빼면 다시 몸통으로 숨어버리는 아이디어를 작품에 적용하기로 하였다.

생각 Tip 1

　　집에서 키우는 애완용 고양이가 평소에는 발톱을 숨겨놓고 있다가 뭔가 위급한 상황이라 느껴지면 숨겨진 발톱을 내놓는 습성과 동물의 움직이는 관절을 이용하여 작품에 적용 수 있어 연구하게 되었다..

라. 적용할 수 있는 과학적 원리 찾기

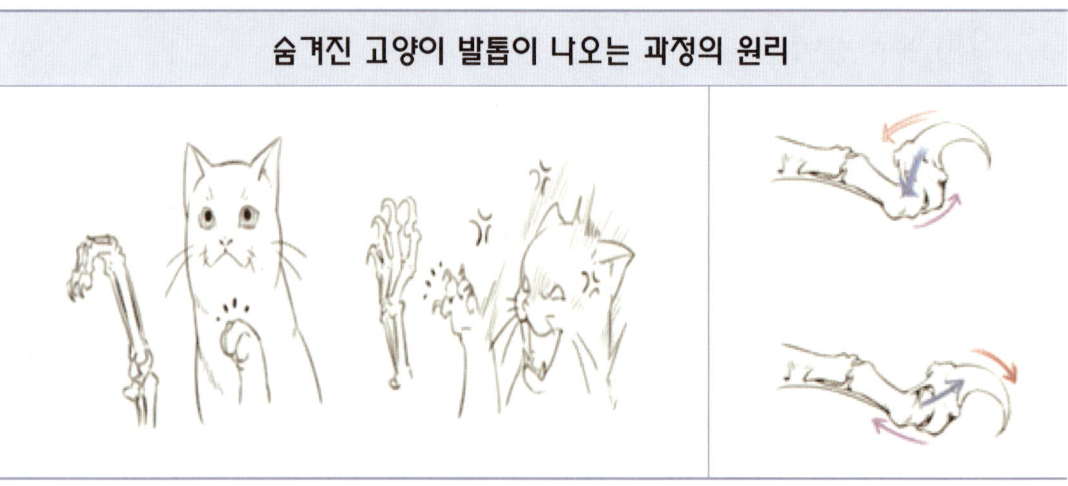

마. 활용방법을 찾는 것도 발명

　　사용할 때는 심이 나오고 사용하지 않을 때는 심이 볼펜 몸체로 들어가 숨어버리는 볼펜의 원리와 고양이의 숨겨진 발톱과 움직이는 동물의 관절의

원리를 작품에 활용하기로 하였다.

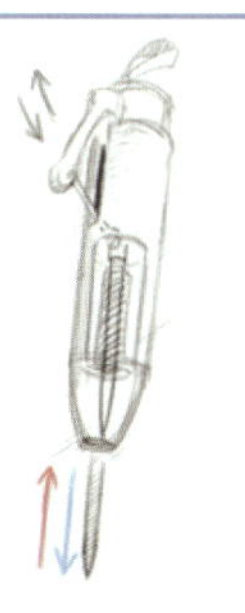

수평방향으로 잡아당기면 힘이 수직 방향으로 전달되는 자전거 브레이크와 고양이 발톱이 움직이는 관절의 원리를 이용하여 힘을 전달할 수 있게 구상하였다.

바. 발명품 만들기

◆ 작품제작

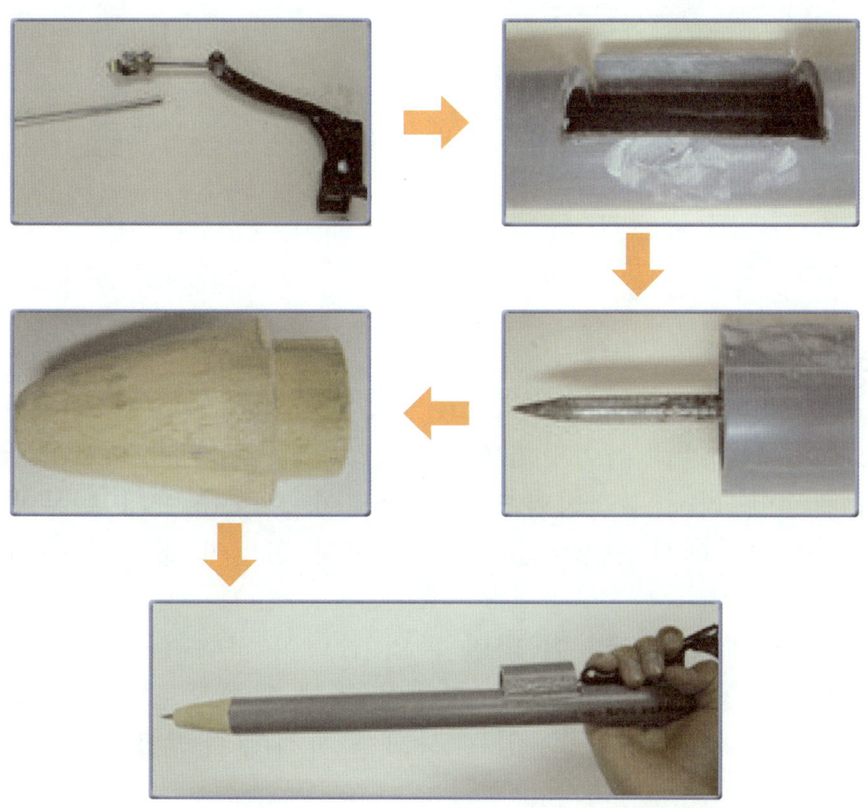

사. 발명품 탄생

완 성 품	
손잡이에 힘을 가하면 나오고	손잡이에 힘을 없애면 들어가고
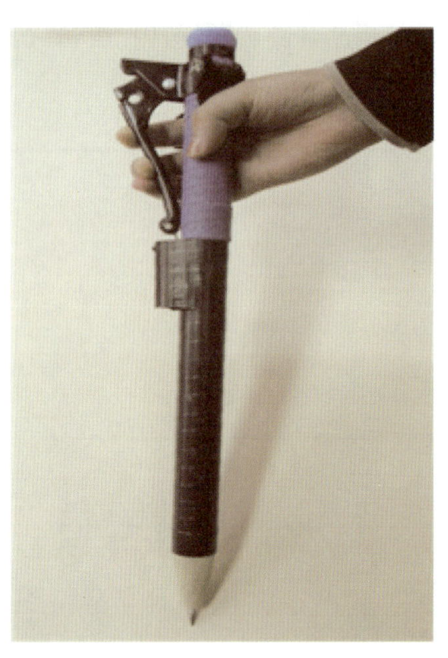	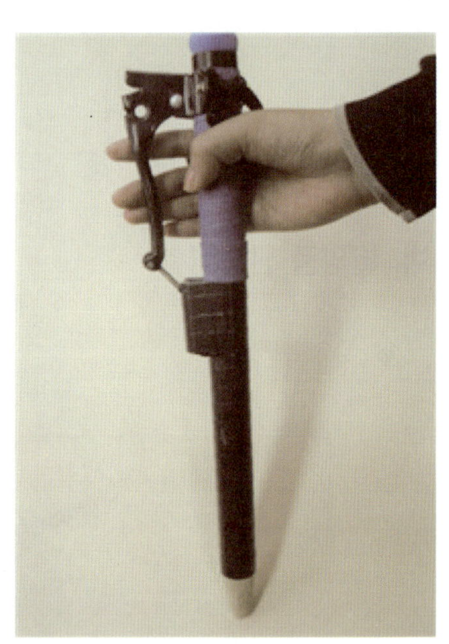

아. 발명품 탄생

- ⊙ 꼬챙이 손잡이를 잡아당기면 손의 압력이 수평방향으로 작용하고 연결된 관절에 의해 수직방향으로 전환되어 꼬챙이 아래 부분에 나온 못이 고정된 상태에서 꼬챙이를 찍으면 힘의 허실이 없이 얼음에 잘 찍히도록 하였다.
- ⊙ 꼬챙이가 손에서 이탈이 되면 손의 압력이 없어져 꼬챙이 속에 있는 스프링의 탄성력에 의해 못이 꼬챙이 몸체 안쪽으로 들어가 보이지 않게 되어 이탈 시 발생할 수 있는 사고를 사전에 예방할 수 있게 하였다.

자. 발명품 과학적 원리 응용하기

안전 스키 폴 대 구상도	제작한 스키 폴 대

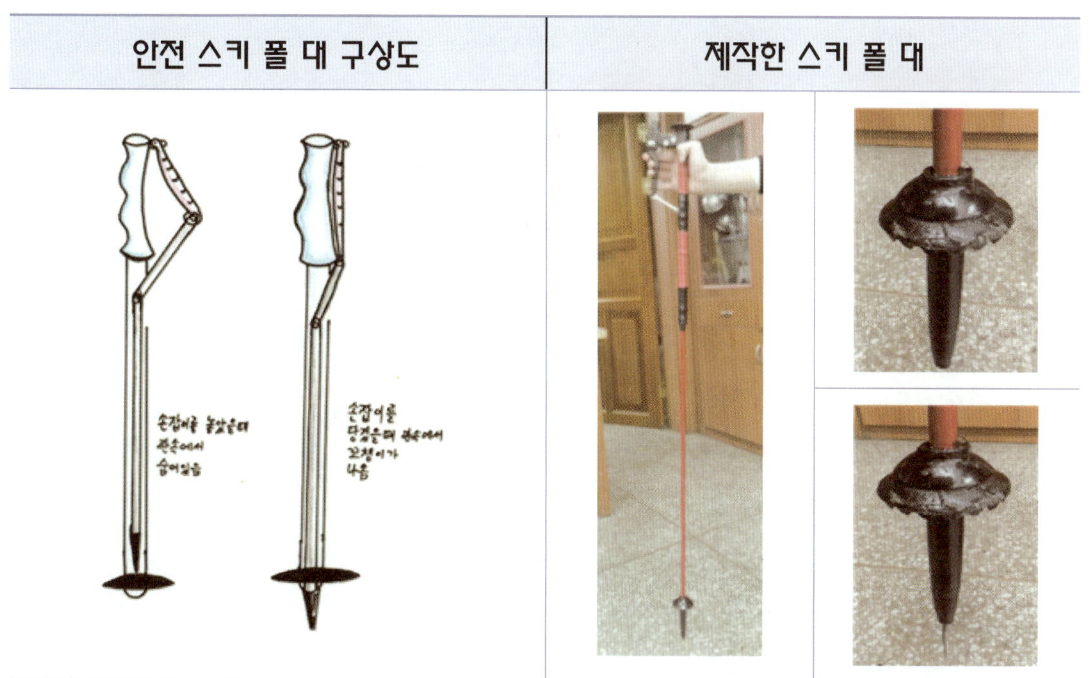

차. 나의 발명품 만들기

위험한 부분을 숨겼다가 사용할 때는 꺼내 사용할 수 있는 새로운 물건을
찾아 보자.

  발명이의 외할아버지는 시골에서 농사를 지으시는데 평소 자주 허리가 아프다고 말씀하신다.

  작년 여름 어느 날 밭에 농약을 뿌리시는데 농약을 뿌릴 때마다 엉덩이와 허리를 이용하여 농약 통을 흔들어 주는 모습을 보고 농약 통을 왜 흔드시냐고 여쭈어보니 가루농약이 일정한 시간이 지나면 가라앉아 농약의 농도가 달라지기 때문에 가라앉은 농약이 섞일 수 있도록 농약 통을 흔들어 주어야 한다고 말씀하셨다.

  농약 통을 흔들게 되면 허리가 더 아파지실 텐데 생각하던 차에 흔들지 않고 가루농약이 잘 희석이 될 수 있는 농약분무기통을 연구하게 되었다.

가. 불편함의 원인 찾기

발명이가 불편했던 이유가 무엇인가?

첫째, 농약성분이 일정한 농도를 유지하면서 분사되도록 한다.
둘째, 농약성분을 희석하기 위해 허리를 흔들거나 나무 막대로 휘
젓지 않게 한다.

이와 같이 두 가지 문제점을 해결할 수 있는 방법을 찾아보았다.

나. 농약통 분무기 제품 찾기

일반 가정과 농촌에서 사용하는 농약 분무기의 종류를 알아보기 위해 시장
조사를 하였다

분무기	압축분무기	농약 살포기
농약분무기	이동식 압축 분무기	엔진식 분무기

다. 생각 찾기

농촌에서는 병·해충으로부터 농작물을 보호하기 위해 농약을 살포하는데 농약 분사과정에서 가루약이 밀도 차이에 의해 농약통 바닥으로 가라앉아 농부들은 나무막대기로 젓든지 혹은 허리를 흔들어 농약통의 액체를 출렁거리게 함으로써 농약의 농도를 유지하려고 하고 있다.

농약 분사를 하는 작업도중에 하는 이런 행동은 불편한 행동이어서, 농약 분사 시 처음부터 끝까지 일정하게 농약의 농도를 유지하는 새로운 방법을 연구하게 되었다.

생각 Tip 1

농약 분무기에 가라 앉은 가루 농약을 흔들지 않고 녹일 수 있는 방법을 찾고자 연구해보자.

라. 적용할 수 있는 과학적 원리 찾기

분무기의 원리

입으로 불면 빨대 속의 압력이 낮아져 물이 빨대 위로 올라오고 바람의 힘 때문에 공기와 물이 혼합되어 반대로 분사되게 된다.

마. 활용방법을 찾는 것도 발명

　농약 분무기 통 안에 설치되어 있는 압축기 하단에 작은 구멍을 뚫고 호스와 연결하여 펌핑으로 만들어진 압축기 압력의 일부를 농약통 안쪽으로 유도하는 방식으로 유도된 유압 일부를 이용하여 물레방아 형태의 희석장치를 지속적으로 회전시켜 가라앉은 농약과 물이 섞이도록 하였다.

바. 발명품 만들기

　일정한 농도가 지속 될 수 있도록 아래와 같이 작품을 제작하였다.

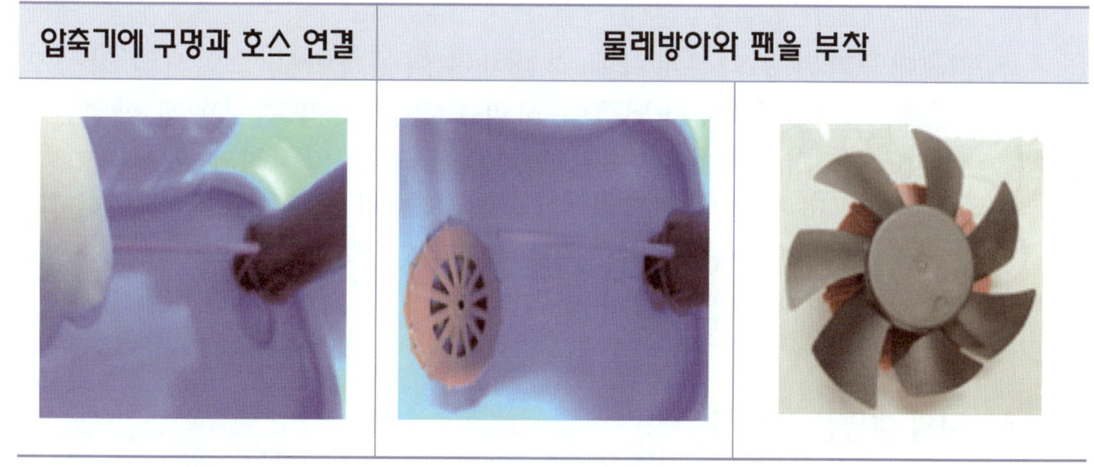

사. 발명품 탄생

　압력의 일부를 농약통 안쪽으로 유도하기 위해 압축기의 하단에 구멍을 내고 호스를 연결하여 물레방아와 팬을 회전시켜 와류가 발생하도록 하였다.

완성된 발명품	압력에의해 회전하는 팬과 물레방아
	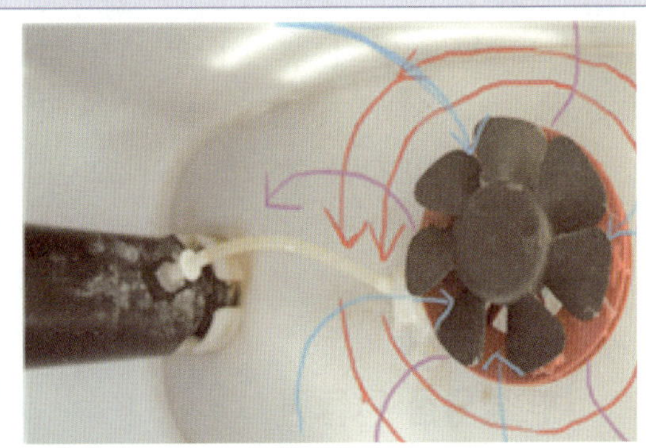

아. 발명품 분석

현재 대중화된 농약분무기에 착안하여 아이디어를 도입시킨 작품으로
첫째, 농약분무 시 농민들이 허리를 흔들지 않고 편하게 작업할 수 있다.
둘째, 물레방아를 회전시켜 농약의 농도를 일정하게 유지하여 살포할 수 있고 간단히 제작할 수 있어서 경제성과 실용성이 있다.
셋째, 본 발명품은 제작이 간단하고 저렴하게 생산할 수 있으며, 작업이 편리하여 시장성이 있다.

자. 나의 발명품 만들기

농기구들의 불편한 점과 개선점을 찾아 보자.

⑬ 식당에서의 사례 (뚝배기)

보통 일반식당이나 가정에서 뚝배기에 맛난 된장국이나 찌개를 끓여서 식사를 한다. 뚝배기에 음식을 끓이면 뜨거운 열이 오래 머물러 빨리 식지 않는다.

어느 날 식당에서 해물 전골을 시켜놓고 식사를 하는데 배가 고팠는지 맛나게 먹은 적이 있었다. 각종 해물이 들어있어서인지 국물이 무척 시원하였다.

평소 국물을 좋아하는 식성으로 남김없이 마지막까지 먹으려는 욕심에 뚝배기를 손으로 들고 앞으로 기울여서 먹은 적이 있었는데 이런 행동이 뭔가 점잖은 자리에서 품위를 지키지 못한 행동을 한 것 같다는 생각이 들었다.

그래서 품위를 지키면서 맛난 국물을 남김없이 끝까지 먹을 수는 없을까 생각하게 되었다.

가. 불편함의 원인 찾기

발명이가 불편했던 이유는 무엇인가?

첫째, 맛난 국물을 끝까지 먹으려고 뚝배기를 앞으로 기울여 먹었다.
둘째, 이러한 행동으로 품위가 떨어졌다는 생각이 들었다.

뚝배기를 손으로 들고 기울이지 않아도 기울임과 같은 효과를 얻을 수
있는 방법이 없을까 조사해보았다.

나. 뚝배기 둘러보기

품위를 유지하면서 뚝배기의 마지막 잔량까지 먹을 수 있는 방법을 찾
기 위해 국립중앙과학관과 전국학생발명대회와 특허정보원(www.kipris.
or.kr)을 방문하여 기울기 있는 뚝배기로 검색을 하였다.

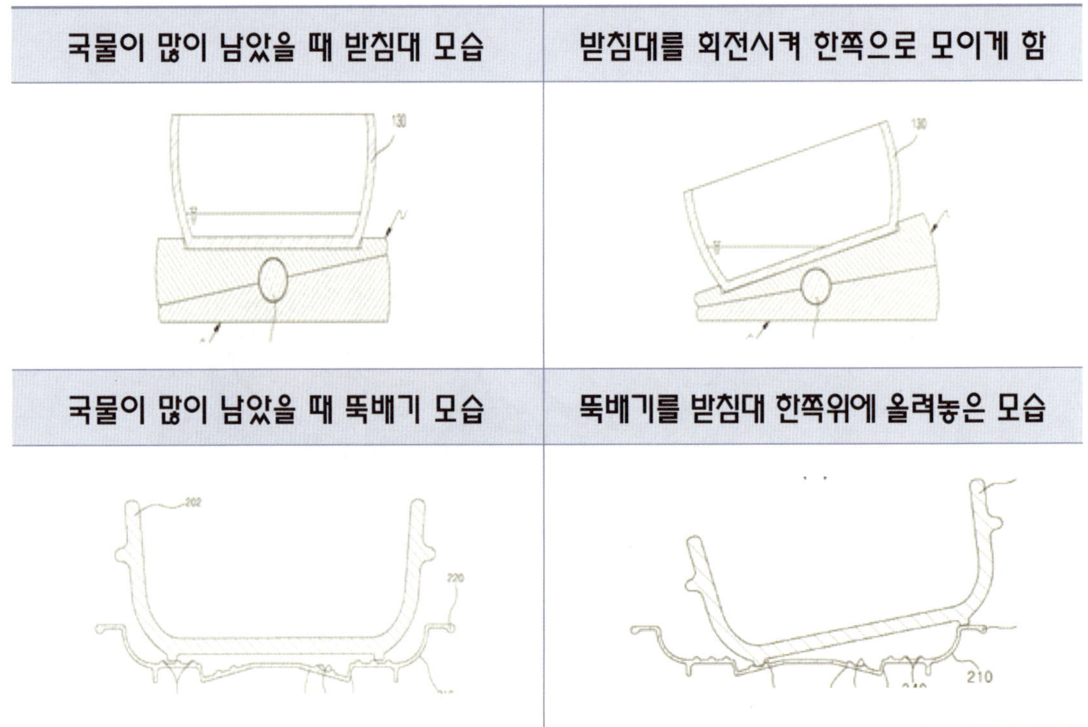

다. 생각 찾기

일반적으로 국밥과 같이 오랜 시간 동안 열기를 유지하기 위해서는 예로부터 뚝배기에 음식물을 담은 후 뚝배기 받침대에 올려놓고 열전도를 막았다.

특히 뚝배기는 최근 들어 다양한 음식소재 개발과 함께 겨울철과 같은 추운 날에 선호하게 된다.

뚝배기에 담긴 음식을 맛있게 먹다보면 양이 줄어들고 양이 줄어들면 보통 받침대위에 뚝배기를 올려놓고 식사를 하게 되는데 이때 받침대 바닥면이 코팅처리가 되어 미끄러운 관계로 작은 진동에도 뚝배기가 받침대에서 떨어지면서 뚝배기에 들어있는 국물이 튀어 옷을 버리게 하는 일이 비일비재하게 발생하고 있다.

생각 Tip 1

보통 뚝배기를 받침대 위에 올려놓거나 받침대를 회전시켜 뚝배기를 기울일 수 있도록 제작한 작품이 대회에 입상을 하였는데, 이런 작품들은 두 번의 동작이 있어야 뚝배기를 기울일 수 있는 작품들이었다. 이런 불편함을 쉽게 해결할 수 있는 방법은 없을까? 연구해보자.

라. 적용할 수 있는 과학적 원리 찾기

첫째, 물은 높은 곳에서 낮은 곳으로 흘러 고인다.
둘째, 바닥에 기울기를 갖는 경사를 준다.

마. 활용방법을 찾는 것도 발명

겨울철에는 따뜻한 뚝배기가 최고의 음식이 된다.
이런 맛난 뚝배기는 받침대를 회전시키거나 혹은 받침대 옆면에 올려 뚝배기가 기울어지게 하는데 이 모두 두 번의 동작으로 기울어지게 하는 작품들이다.
그러나 뚝배기의 바닥면에 경사를 주어 마치 물이 높은 쪽에서 낮은 쪽으로 흐르듯이 한쪽은 높게 반대쪽은 낮게 제작함으로 음식이 자연스럽게 한쪽으로 모일 수 있도록 제작하였다.

바. 발명품 탄생

뚝배기의 바닥면 한쪽을 높게 반대쪽을 낮게 제작함으로써 물이 높은 곳에서 낮은 곳으로 흐르듯 국물이 자연스럽게 한쪽으로 모일 수 있도록 제작하였다.

사. 발명품 분석

  기존 식당이나 가정에서 많이 사용하는 뚝배기의 바닥면을 경사지게 제작하여 잔량의 국물이 한쪽으로 쏠리게 하여 음식물을 남기지 않고 끝까지 먹을 수 있게 되었다.
  이렇게 함으로써 뚝배기를 기울이지 않고, 숟가락으로 바닥을 긁지 않고 사용할 수 있어 품위를 지키며 먹을 수 있게 되었다.

아. 발명품의 과학적 원리 응용하기

  머리를 감을 때 쓰는 샴푸, 화장품, 액체를 담는 모든 용기들을 이렇게 경사지게 제작을 하면 마지막까지 잔량을 사용할 수 있다.

자. 나의 발명품 만들기

내주위에서 아까운 자원이 낭비 되는 것을 막고 물자를 절약할 수 있는 새로운 방법을 찾아 보자.

14 식수를 담는 물통의 사례 (말통)

약수터에서 깨끗한 물을 받아 식수로 사용하는데 보통 식수를 담는 용기로는 사각형 물통을 사용한다.

보통 말통이라고도 불리는 이러한 통은 일반적으로 물, 기름과 같은 액체를 담아 보관하기도 하고 필요시 통을 들어 배출구로 액체를 따라 배출하기도 한다.

하지만 현재 사용하는 말통은 액체를 따를 때 통을 들고 따르면 무겁고 또 통을 기울여 따르다 보면 중심이 흔들리고 안정이 되지 않아 통을 놓치거나 흔들려 출렁거려 따르는 과정에서 바닥에 쏟거나 넘치게 따르는 일이 종종 벌어지고 있다.

이처럼 바닥에 쏟고 흘리는 불편함을 해결하기 위해 들지 않고 통을 기울여 누구나 쉽게 따를 수는 없을까를 생각하게 되었다.

가. 불편함의 원인 찾기

발명이가 불편했던 이유가 무엇인가?

첫째, 액체를 따를 때 말통을 들고 따르면 무겁다.
둘째, 통을 기울여 따르다 보면 통과 바닥의 접촉면이 작아 중심이
불안정하게 되어 통을 놓치거나 흔들려서 액체가 출렁거리
고 따르는 과정에서 바닥에 쏟거나 넘치게 따르게 된다.

그래서, 쏟거나 넘치게 따라 흘려서 버리는 낭비를 막을 수 있는 방
법이 없을까 조사해 보았다.

나. 물통 둘러보기

물통에 들어 있는 액체를 쉽게 따를 수 있는 방법을 찾기 위해 국립중앙과
학관과 전국학생발명대회와 특허정보원(www.kipris.or.kr) 및 가게를 방
문하여 쉽게 따를 수 있는 물통을 검색하였다.

막걸리 통	야전 석유통
접히는 물통	수도꼭지가 있는 물통

다. 생각 찾기

기존 물통은 한 말을 기준으로 해서 물통이 만들어져 있다.

그래서 우리는 말통이라고도 부른다. 이런 말통에 식수와 막걸리 혹은 석유를 담아 사용하는데 들어보면 상당히 무겁다.

이렇게 약수터에서 물통에 식수를 담아 주방에서 사용을 하려고 따르다 보면 따르는 과정에서 무거워 쏟거나 흘리거나 하는 일이 비일비재하게 일어나고 있다. 또 힘이 약한 노약자나 주부 혹은 어린이들은 따르기가 정말 어렵다.

생각 Tip 1

보통 가정집에서는 식수통으로 농촌에서는 막걸리 통으로, 일반 난로에는 석유통으로 사용되는 말통을 힘이 없는 노약자, 가정주부 및 심지어 어린이들도 쉽게 따를 수 있는 방법은 없을까 연구해 보자.

라. 적용할 수 있는 과학적 원리 찾기

첫째, 접촉면적을 넓힘으로 물체를 안정하게 한다.

둘째, 물통을 들고 기울여 따르는 기존방식에서 벗어나 둥글려 따를 수 있도록 제작한다.

마. 활용 방법을 찾는 것도 발명

  위 그림과 같이 물통을 들지 않고 기울이지 않고 둥글려 따를 수 있도록 물통을 제작하였다.

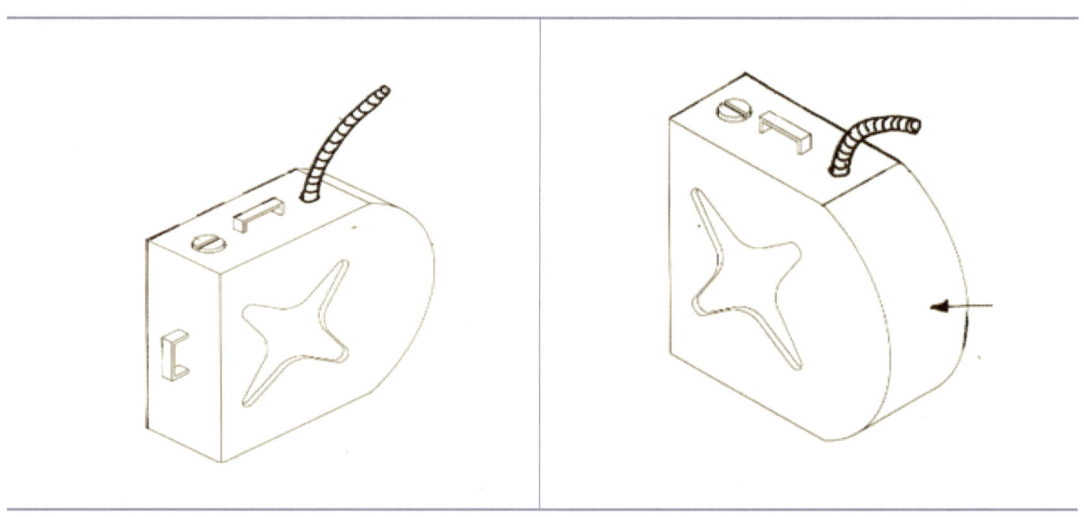

바. 발명품 탄생

  물통을 굴려 액체를 따를 수 있는 발명품이다.

사. 발명품 분석

- 독창성 : 들지 않고 통을 굴려 넣을 수 있는 용기를 제작하였다.
- 실용성 : 힘이 약한 여자나 노인, 아이들도 난로에 기름을 넣을 수 있다.
- 경제성 : 난로에 기름을 넣는 과정에서 기름의 출렁임으로 인한 흘림을 방지할 수 있고 위험성에서 벗어날 수 있다.

통을 굴려 따르는 모습

　물통의 무게와 출렁임으로 인해 발생하는 단점을 보완하여 힘이 약한 여자나 노인, 어린이들도 무거운 기름통과 물통을 들지 않고 기울여 액체를 배출할 수 있어 바닥에 흘리는 것을 막을 수 있다.
　이로 인해 난로에 기름을 넣을 때 발생하는 기름 흘림을 막아 자원 절약과

더불어 위험에서 벗어나 안전하게 따를 수 있고 가정에서 식수를 따를 때도 남녀노소 누구나 쉽게 굴려서 흘리지 않고 따를 수 있게 되었다.

아. 나의 발명품 만들기

내 주위에서 무거운 것을 쉽게 옮길 수 있는 방법과 무거운 액체를 누구나 쉽게 따를 수 있는 새로운 방법을 찾아 보자.

⑮ 목욕탕에서의 사례 (샤워기)

　등을 스스로 밀지 못해 고민하던 신선이가 찾아 왔다. 선생님 저는 혼자서는 집에서 샤워를 할 때 손이 등에 닿지 않아 쉽게 등을 밀 수가 없는데 쉽게 밀 수 있는 방법이 없겠습니까?

　난감한 부탁에 "네 손을 늘릴 수는 없고, 화장실에 있는 물건을 이용해 등을 밀 수 있는 방법을 생각해 보자."고 일렀다.

　그 후 신선이는 막대가 달린 변기 솔과 샤워기를 가지고 찾아와서 화장실에서 이용할 도구는 이것뿐인데 어느 것이 좋겠는지를 물었다. 변기 솔은 청결 문제가 있고 해서 샤워기 이용 방법을 생각해 보았으나 몇 가지의 어려운 문제가 있었다.

　어떤 문제가 있었는지 생각해 보자.

가. 불편함의 원인 찾기

신선이는 샤워기를 이용하여 등의 때를 미는 방법을 생각하고 있다. 샤워기로 등을 밀 때 어떤 문제가 있을까?

첫째, 샤워기의 막대 길이가 짧아 샤워기로 등을 구석구석 밀 수가 없다.

둘째, 샤워기 끝에 때를 밀 수 있는 수건을 달기가 어렵다.

문제를 해결하기 위해 금형을 파서 시제품을 제작하려고 하다 보니 금액이 너무 부담이 크다. 대략 금형비용만 해도 학생 작품 제작으로는 상상할 수 없는 금액이다.

어떻게 하면 좋을지 여러분도 함께 생각해보자.

나. 샤워기 둘러보기

때를 밀 수 있는 샤워기를 개발하기 위해 먼저 어떤 종류의 샤워기들이 있는지 찾아 보자.

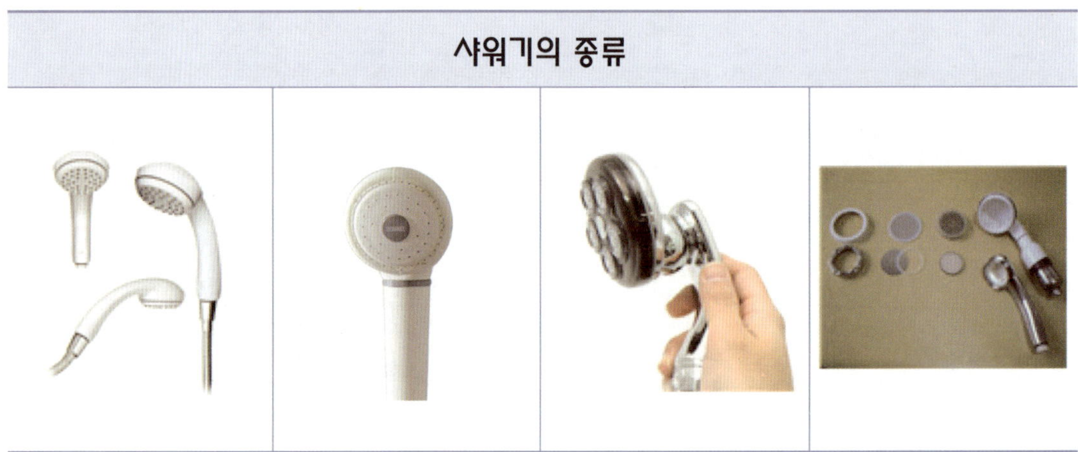

다. 생각 찾기

기존의 샤워기에 때밀이 수건을 연결하여 사용하면 어떨까?
그런데 샤워기에 때밀이 수건을 결합하는데 어려움이 있다.

따라서 기존 샤워기 중 분리가 가능한 것을 찾아 샤워기 일부분을 개선하여 때밀이 수건과 결합이 가능하게 만든다.

생각 Tip 1

기존 샤워기를 최대한 활용하는 방법을 구안한다. 적용(Adapt)의 법칙을 적용하여 발명품을 만들어 보자

생각 Tip 2

때밀이의 형태를 샤워기에 끼울 수 있도록 변형하여 제작한다.

라. 발명품 만들기

기존 스탠드를 변형하여 새로운 발명품을 만들어 본다.(축소(Minify)

분리 가능한 샤워기	때밀이 타월	새롭게 제작한 발명품

마. 나의 발명품 만들기

목욕탕에서 목욕을 할 때 무엇이 불편한지 찾아보고 발명품인 샤워기 손잡이를 길게 한 작품처럼 길게 해서 좋은 것이 무엇이 있는지 찾아보자.

때밀이 샤워기의 발명

"선생님, 저 고민이 있습니다. 이제 저도 다 컸는데, 엄마는 아직도 제가 어린애인 줄 알고 목욕을 할 때마다 등을 밀어 주시겠다고 목욕탕으로 들어오시는데, 창피하고 정말 싫어요."

어느 날, K군이 발명반에 찾아와 투덜거리며 하는 이야기였다.

난 K군의 이야기를 듣고 그럴 수도 있겠다는 생각을 하면서 재미있는 발명품을 만들 수 있겠다는 묘한 기대감으로 해결방안을 찾아보기로 하였다.

그래서 그 학생과 이야기를 시작하였다.

"그래 어찌하면 좋을까? 엄마가 등을 밀어 주지 않아도 간편하게 때를 밀 수 있는 방법을 찾아 봐야 되겠구나. 그런데 너의 손이 등 구석구석까지 닿지 않으니, 무엇인가를 이용하여 때를 밀어야겠구나. 그렇다면 네가 목욕을 하는 목욕탕 안에 있는 물건들을 이용하는 것이 가장 좋을 테니까 먼저 목욕탕 안에 활용할 수 있는 것들이 어떤 것들이 있는지 찾아 써보자."

K군은 자신의 이야기를 들어 주면서 해결방안을 찾기 위해 노력해 주는 내 말을 듣고 차분하게 하얀 종이 위에 하나씩 써내려간다.

'세면기, 수건장, 수건, 비누 타월, 때밀이 타월, 비누, 비누 곽, 샤워기, 샴푸' "더는 없니?" "네! 못 찾겠습니다." "그러면 네가 나열한 것 중에 때밀이 수건을 붙여서 등의 때를 밀 수 있는 것이 있는지 찾아보렴. 주변의 것을 이용하여 필요한 것을 더하는 것 그것이 발명의 기본이니까."

K군은 이것저것 찾아보고 한참 고민을 한 후 찾은 것이 샴퓨통, 샤워기, 변기통 청소 솔, 큰 목욕 수건 이렇게 4가지를 찾아왔다. 그래서 그중에서 사용하기 마땅치 않은 것을 하나씩 빼서 없애고 등을 밀 수 있는 것을 찾아보라고 일렀다.

한참 후 목욕 수건은 현재와 마찬가지로 불편하고, 변기통 청소 솔은 더럽고, 남은 것은 샴푸통과 샤워기뿐이라며 다시 찾아왔기에 다시 과제를 주었다.

"K군, 이제는 샴푸통과 샤워기에 때밀이 수건을 연결하여 등을 밀어 보고 간편한 것이 무엇인지 찾아오게. 직접 해보는 것이 앉아서 고민하는 것보다 몇 배의 효과가 있을 테니까 직접 경험해 보고 찾아오게."

K군은 "네!"라고 대답은 하고 내 앞에서 사라졌지만, 쓸데없는 일만 시킨다고 내심 귀찮아하는 표정이 역력하다. 며칠 뒤 K군은 샤워기와 때밀이 수건을 들고 찾아왔다.

K군은 샤워기에 구멍을 뚫어 때밀이 수건을 철사로 고정시키고 샤워기 뒤에 부착하였다가 보통 때는 샤워기로 사용하고 등을 밀 때는 때밀이 수건을 앞으로 돌려 등의 때를 미는 어설픈 방법을 제시하였다.

그러나 그 방법은 너무 실용성이 부족하고 제대로 만들려면 샤워기의 금형을 떠서 제작해야하는 문제가 있겠다는 생각이 들었다.

그래서 발명반 수업시간에 학생들과 브레인스토밍 법 (Brain storming of law)으로 아이디어 회의를 시킨 후 K군과 발명반 학생들에게 여러 가지의 스케치를 그려보게 하였다. 그리고는 그 중 마음에 드는 몇 개의 스케치를 골라 구상도를 그려 보고 제작도를 그려 현재의 때밀이 샤워기를 만들게 되었다.

발명은 모방에서 시작한다고 했다. 모방을 할 줄 모르는 사람은 발명도 할 줄 모른다고 한다. 중국의 모택동은 "모방하자, 따라가자, 앞서가자"는 구호로 오늘의 중국을 태동하게 하였다고 한다.

K군과 함께 새롭게 발명한 '때밀이 샤워기'는 기존 샤워기의 헤드(head)에 때밀이 수건을 낄 수 있도록 변형시켜, 보통 때는 기존 샤워기로 사용할 수 있게 하였고, 등의 때를 밀 때는 때밀이 수건을 끼워 사용할 수 있게 하였다. 그리고 샤워기의 손잡이를 더 길게 하여 등뿐만 아니라 어느 곳이라도 구석구석 때를 밀 수 있게 하여 장애인들도 손쉽게 사용할 수 있게 하였다.

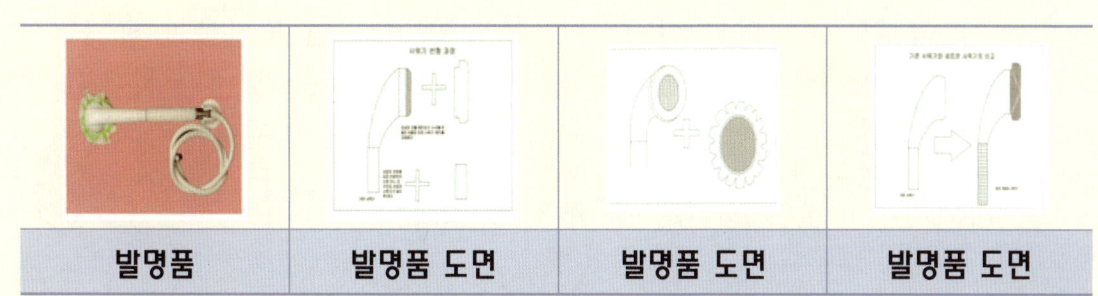

발명품	발명품 도면	발명품 도면	발명품 도면

  또한 때밀이 수건도 변형하여 샤워기에 끼우기 쉽게 만들어 사용하는 데 불편함이 없도록 하였다.

  사춘기 시절 한 학생의 고민으로 시작한 발명은 새로운 샤워기를 탄생하게 하였는데 그 때밀이 샤워기는 만족스러웠다. 그리고 사용하는 데 전혀 불편함이 없었다. K군과 함께 제작한 때밀이 샤워기를 이듬해 대한민국학생발명전에 출품하였고 그 결과 은상인 산업자원부 장관상을 수상하는 영광을 안았고 특허까지 출원하였으며, 그로 인해 특허청 1등급 장학생으로 선발되어 장학금도 1,000,000원을 지급받았다.

(16) 태극기 보관이 쉬워요.

태극기를 보관하고 다시 국기를 달 때가 되면 국기봉과 국기함이 따로 있어 불편할 때가 많았습니다. 그리고 그동안 국기에 대한 발명품이 많이 나왔어도 국기봉과 국기함을 함께 보관할 수 있도록 만든 발명품이 없어 본 발명품을 만들게 되었습니다.

가. 작품 요약

태극기를 국기 대에 말아서 보관하다가 필요 시 국기 대에서 태극기를 꺼내 사용하는 작품으로 국기를 달고 풀고 따로 보관해야 하는 불편을 해결하였다.

나. 작품 내용

1) 태극기 대를 태극기 보관함으로 활용할 수 있게 제작하였다.
2) 태극기를 국기 대에 말아놓고 아래에 있는 국기 대를 밀어 올려 국기를 보관할 수 있게 제작하였다.
3) 본 발명품이 크기가 큰 것은 PVC(국기보관함에 맞는 통을 따로 만드는 데 제작비용이 많이 들어 시중에 나와 있는 PVC를 사용)를 사용하였기 때문이다.

보관된 모습	펼쳐진 모습

다. 제작 결과

국기봉과 국기보관함을 하나로 만들어 국기를 깨끗하게 보관할 수 있고 게양이 쉬워 국경일이나 경축일, 기념일 등에 쉽게 달 수 있어 국민들의 애국심을 기르는 데도 도움이 될 것이라 생각한다.

17 필터 교환 시기를 알려주는 똑똑한 정수기

요즘 가정이나 직장이나 공공장소에 정수기를 많이 사용하고 있다. 환경오염이 심해짐에 따라 사람들이 좀 더 깨끗한 물을 원하기 때문이다.

그런데 사람들은 깨끗한 물을 먹기를 원하면서 정수기의 필터를 잘 갈지 않고, 언제 교체해야 하는지 잘 모르는 사람도 많다. 그래서 정수기 회사에서 코디가 나와 갈아줄 때까지 기다리고 있는데 누구나 언제 필터를 갈아야 하는지 정확히 알 수 있다면 좀 더 깨끗한 물을 마실 수 있을 것이라는 생각에 이 작품을 만들게 되었다.

가. 작품 요약

시간에 따라 필터를 교환해주는 것이 아니라 정수기를 사용하는 만큼 액정화면에 사용 횟수가 기록되어 횟수와 시간을 고려하여 필터 교환 시기를 알 수 있는 발명품이다.

나. 작품 내용

1) 정수기에 카운터를 연결한다.
2) 카운터는 LED로 표시되게 한다..
3) 필터 교환시기를 횟수와 시간에 따라 평가할 수 있도록 한다.

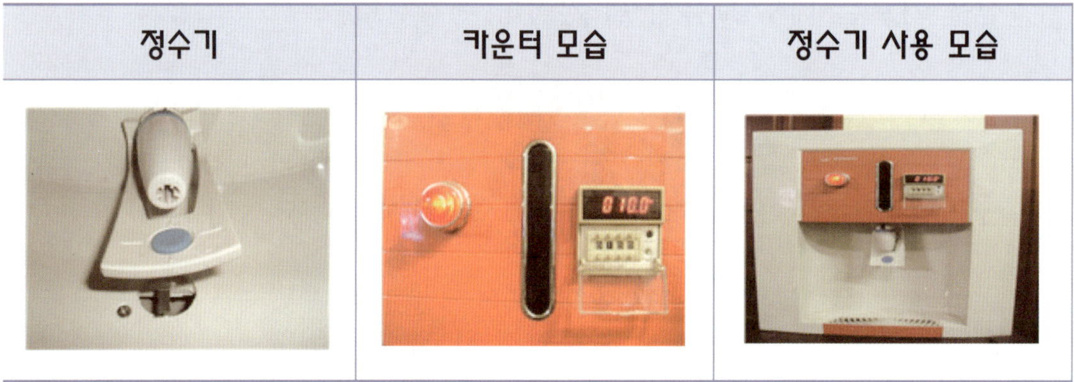

정수기	카운터 모습	정수기 사용 모습

다. 제작 결과

1) 필터 교환 시기를 알려주는 정수기는 교환 시기를 시간이 아니라 횟수에 의해서 알려준다는 점에서 창의적이다.
2) 사용한 양을 물 컵의 횟수로 알려주기 때문에 교환 시기를 정확히 알 수 있다.
3) 기존의 정수기에 사용 물 컵의 수가 찍히는 액정판을 부착시키는 것으로 설치비가 많이 들지 않는다.

⑱ 일정한 두께로 껍질을 벗길 수 있는 과도

과일을 깎을 때 과도에 손을 얹고 과일의 껍질을 누르면서 과일을 돌리며 깎는 것이 불안하고 손을 다치는 사례가 발생하고, 또한 어린 학생들은 과일을 제대로 깎지 못하는 것을 보고 본 발명품을 만들게 되었다.

가. 작품 요약

과일을 깎을 때 깎을 과일의 껍질 두께를 일정하게 깎을 수 있고 동시에 안전하게 깎을 수 있도록 제작한 작품이다.

나. 작품 내용

1) 금속과 플라스틱을 이용하여 거치대를 제작하였다.
2) 거치대의 입구의 크기를 조절할 수 있는 조절 장치를 만들었다.
3) 칼의 종류에 따라 사용이 가능하도록 고정 장치를 달았다.

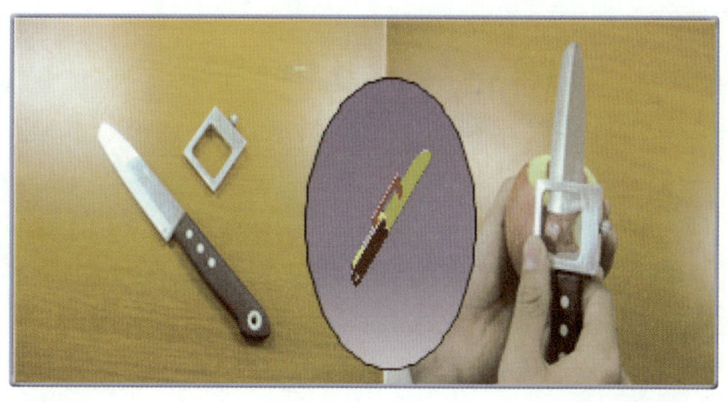

다. 제작 결과

1) 과일 깎는 것이 서투른 사람이 과일 깎다가 칼로 다치는 일이 없게 하였다.
2) 과일의 껍질의 두께를 일정하게 조절하면서 깎을 수 있고, 과일을 깎기가 편리하여 깎는데 낭비하는 시간을 줄일 수 있는 효율성이 높은 발명품이다.
3) 무나 당근, 감자 등을 일정한 두께로(조절 가능) 빚어 찌개나 국을 끓일 때 가열 시간을 줄일 수 있어 에너지를 절약할 수 있으므로 경제적이다.

19 샤워기 고정 장치

손빨래를 주로 하시는 엄마께서 수압 때문에 샤워기가 제멋대로 움직이는 바람에 낭패를 당하는 경우가 종종 있다고 말씀하시는 소리를 들었다. 샤워기를 고정시키면서도 필요한 곳으로 손쉽게 이동하면서 사용할 수 있는 것이 있었으면 좋겠다는 말씀을 듣고 본 발명품을 만들게 되었다.

가. 작품 요약

받침대 위에 샤워기 꽂이를 설치하여 손빨래 시 편하게 빨래를 할 수 있도록 고정 장치를 제작하였다.

나. 작품 내용

1) 받침대 위에 자바라를 설치한다.

2) 샤워기를 꽂을 수 있는 고정 장치를 설치한다.

발명품	발명품 활용모습

다. 제작 결과

1) 샤워기 고정 장치를 어디서나 세워 두고 샤워기를 꽂아 고정시켜 사용할 수 있다.
2) 본 발명품의 샤워기 고정 장치는 자유롭게 이동하면서 사용할 수 있게 만들어 어디서나 사용이 간편하고 자유롭다.
3) 자바라를 이용하여 이동한 상태에서도 방향전환이 자유로워 물이 나오는 방향을 손쉽게 고정시킬 수 있어 물의 낭비도 줄일 수 있고 일도 능률적으로 할 수 있어 경제적이고 효율적인 발명품이라 생각한다.

⑳ 어두운 곳에서도 쉽게 찾을 수 있는 소화기

화재가 발생했다는 보도를 볼 때마다 소화기를 보면 한쪽 구석에 있어 작은 불도 쉽게 잡기가 힘들겠다는 생각을 하게 되었다. 그리고 화재가 발생하면 맨 먼저 발생하는 연기에 의해 더욱 찾기가 힘들겠다는 생각에 어떻게 하면 쉽게 소화기를 찾을 수 있을까 생각하다가 본 발명품을 만들게 되었다.

가. 작품 요약

소화기에 CDS와 발광다이오드를 달아 화재가 발생하였을 때 연기로 인하여 소화기를 못 찾는 일이 없도록 센서에 의하여 소화기를 쉽게 찾을 수 있도록 제작한 작품이다.

나. 작품 내용

본 발명품은 기존의 소화기에 CDS와 발광다이오드를 달아 어두운 곳에서나 화재가 발생하여 연기로 집안을 덮을 때도 쉽게 소화기를 찾을 수 있게 만들었고 또한 배터리의 수명을 길게 하기 위해 CDS센서를 이용하여 어두울 때만 불을 밝힐 수 있게 하였다.

발명품	CDS 장착 모습
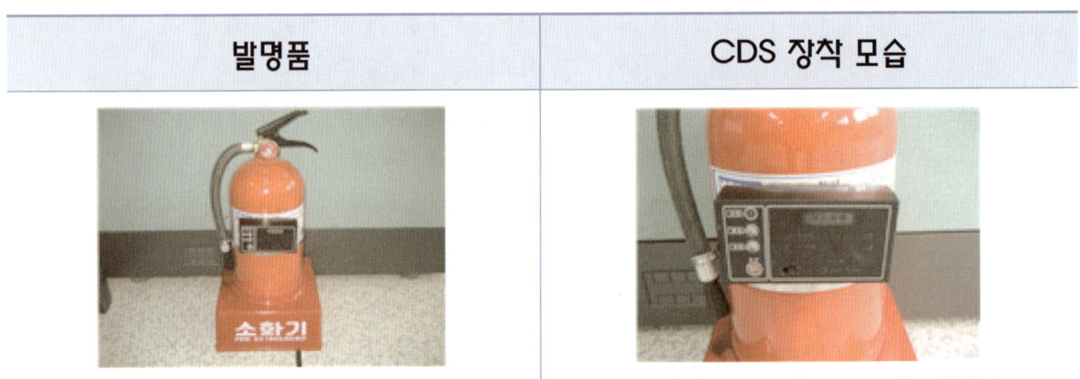	

다. 제작 결과

1) 어두운 곳이나 화재가 발생하여 연기로 전후좌우 분간이 안 될 때도 쉽게 소화기를 찾을 수 있어 초기 화재 진압이 용이하다.
2) 일반적으로 후미진 곳에 놓아두어도 누구나 손쉽게 찾을 수 있고 화재 진압을 빠르게 할 수 있어 경제적 손실이나 인명 피해를 최소화 할 수 있다.

㉑ 경사면의 상태를 알 수 있는 장치

아버지와 함께 골프를 치면서 그린에 나가 홀컵 근처에서 수평 상태를 잘 몰라 퍼팅에 많은 실수를 한 경험이 있었다. 특히 처음 나가는 필드에서는 더욱 심했다. 필드는 실내 골프장처럼 잘 닦여있는 평지가 아니라는 사실을 깨닫게 되었고, 조금의 오차도 엄청난 범실을 불러오는 홀 퍼팅을 '어떻게 하면 보다 안전하게 할 수 있을까?' 생각하게 되었다.

가. 작품 요약

골프채에 수평계를 결합하여 홀퍼팅이나 경사면의 상태를 쉽게 확인할 수 있어 초보자들이 골프에 입문할 때 도움이 되는 작품이다.

나. 작품 내용

1) 골프채 손잡이 부분을 조각한 다음 수평계를 조각한 그립 상부에 결합시켰다.
2) 그린의 경사각을 측정하고자 할 때는 수평계를 뉘어 놓으면 경사면의 상태를 정확하게 알 수 있게 제작하였다.

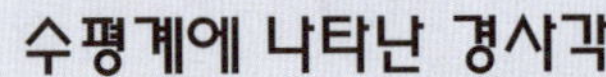

다. 제작 결과

1) 홀 퍼팅 시 수평계를 사용하여 주변 지형의 굴곡을 정확하게 파악할 수 있고, 육안으로는 파악하기 힘든 경사면도 눈금을 통해 어느 정도의 경사면인지를 알 수 있게 하였다.

2) 본 발명품을 사용해 본 결과 홀컵 주위에서 퍼팅의 감각을 정확하게 조절하는 것이 가능하여 타수를 줄이는 데 많은 도움을 받을 수 있다.

22 다치지 않는 허들

허들이 쓰러지거나 움직여 지정된 위치를 이탈하여 경기를 하면서 준비요원이 대기하고 있다가 다시 세우는 불편함이 없게 하였고 한번 설치를 하면 고의로 치우기 전까지는 설치한 위치에서 고정이 될 수 있게 하였다.

가. 작품 요약

본 발명품은 허들 밑 부분에 무거운 추를 달아 쓰러져도 오뚜기처럼 저절로 일어설 수 있도록 제작한 작품이다.

나. 작품 내용

1) 본 발명품은 허들 밑 부분에 무거운 추를 달아 쓰러져도 오뚜기처럼 저절로 일어설 수 있도록 제작하였다.
2) 또한 바닥에 허들을 고정시킬 수 있게 핀을 박아 지정된 위치에서 이탈되지 않고 고정될 수 있게 하였다.

다. 제작 결과

1) 지금까지는 허들 경기를 하면서 허들이 쓰러지거나 지정된 위치를 이탈한 것을 바로 세우고 위치를 바로잡기 위해 진행요원과 준비요원이 많이 필요하였다.
2) 본 발명품은 준비요원이 필요 없어 마음 놓고 운동을 할 수 있도록 제작된 효과적인 운동기구이다.
3) 운동을 하는 사람들이 다치는 사례가 많이 줄어들 것이다.

23 스스로 서 있는 칫솔

우리가 매일 사용하는 칫솔을 그냥 뉘어놓고 방치하면, 입으로 들어가는 칫솔모 부분이 더러워지므로 따로 칫솔을 세워둘 보조 장치를 마련해야 한다는 이야기를 듣고 이 불편함을 없애기 위해 본 발명품을 만들게 되었다.

가. 작품 요약

칫솔의 손잡이 아랫부분을 펀치 볼모양으로 쓰러지지 않을 정도의 알맞은 무게로 제작하여 항상 설수 있도록 한 작품이다.

나. 작품 내용

칫솔 사용 후 그냥 두어도 바닥에 눕혀지지 않고 서 있어서 청결한 상태를 유지할 수 있다.

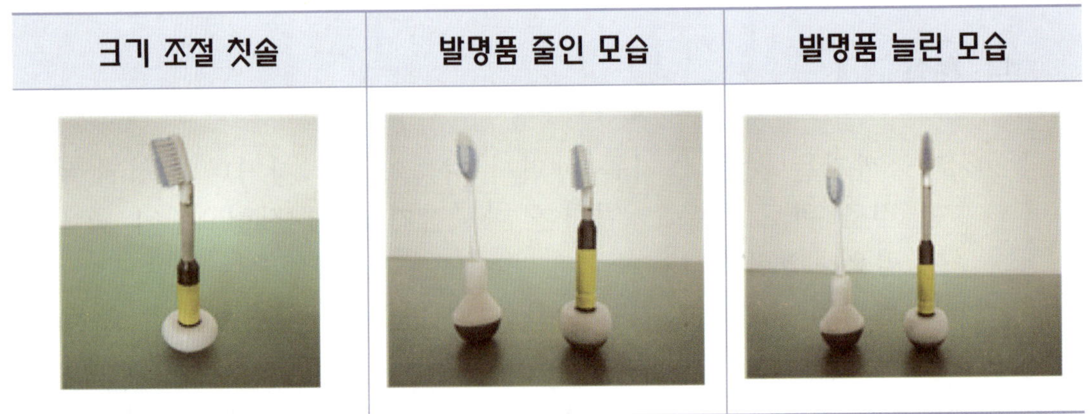

크기 조절 칫솔	발명품 줄인 모습	발명품 늘린 모습

다. 제작 결과

1) 양치를 하고 간편하게 아무 곳에나 놓아도 바닥에 닿지 않아 보다 청결하게 사용할 수 있다.
2) 칫솔을 세워 두어야 하는 보조 장치가 필요 없어 경제적이고 벽에 보조 기구를 걸기 위해 화장실의 타일을 깨거나 붙이거나하는 번거로움이 없다.
3) 어린이들이 재미있게 양치를 자주 많이 할 수 있으므로 국민 보건에도 기여할 수 있다고 생각한다.

24 전기줄을 안전하고 깨끗하게 정리 할 수 있는 장치

전기 작업을 하다가 전선이 짧아 콘센트를 연결하여 사용하려고 보니 보관을 잘못하여 피복선이 벗겨져 사용할 수가 없었다. 그래서 좀 더 오랫동안 보관을 할 수 있는 방법이 없을까 연구하게 되었다.

가. 작품 요약

멀티 탭의 몸통에 절연전선 또는 코드를 감아서 휴대가 편리하고 보관이 간편하도록 한 작품이다.

나. 작품 내용

절연전선 및 코드가 항상 돌아다녀서 발에 걸리므로 멀티 탭의 몸통 안에

감을 수 있게 제작하여 휴대가 간편하고 보관이 편리하게 제작하였다.

발명품 핵심 요소	발명품 핵심 요소	발명품
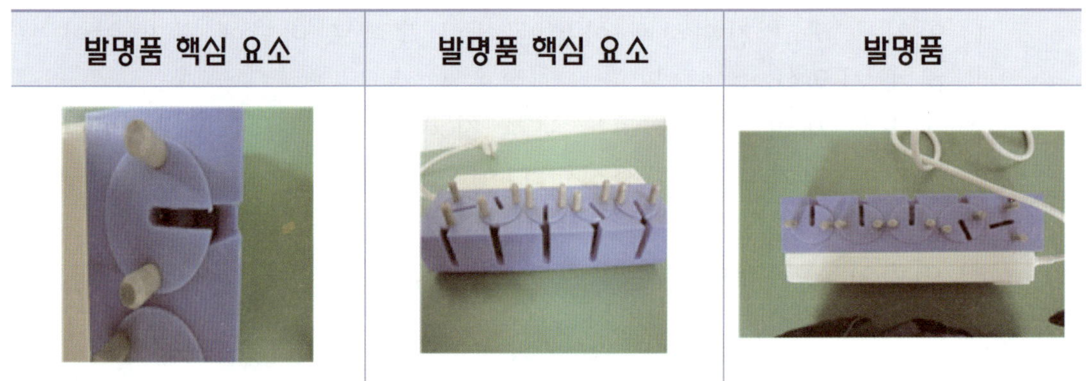		

다. 제작 결과

1) 절연전선을 멀티 탭의 몸통에 감아 들어가게 하여 전선 정리가 깔끔하다.
2) 전선이 엉키고 피복이 벗겨지는 일이 없어 사용하기에 편리하다.
3) 전기 안전사고를 예방할 수 있다.

25 흔들리지 않는 바둑알

아빠에게 바둑을 배우는데 바둑을 두는 과정에서 바둑알을 점 위에 놓아야 하는데 자꾸 점 옆으로 삐뚤빼뚤 튀어나가 오른쪽에 놓았는지 왼쪽에 놓았는지 알 수 없었다. 특히 한참 바둑을 두는데 지나가는 동생의 발에 걸려 바둑알이 한쪽으로 쏠려 다시 바둑을 다시 두어야 하는 일도 벌어졌다. 어떻게 하면 이런 일이 벌어지지 않게 할 수 있을까 연구하게 되었다.

가. 작품 요약

본 발명품은 바둑판 위에 선과 선이 만나는 점 부분을 오목하게 홈을 내어 오목 홈에 바둑알을 놓은 방식으로 오목홈에 들어간 바둑판이 어느 정도의 충격에도 이동하지 않도록 제작한 작품이다.

나. 작품 내용

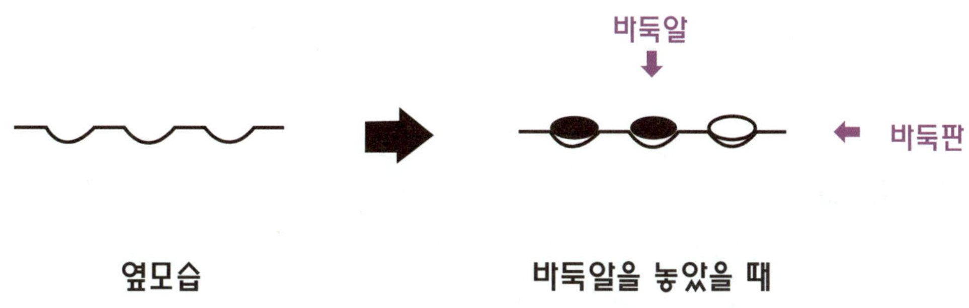

다. 제작 결과

본 발명품은 바둑알이 제작된 오목 홈에 고정되어 잘 움직이지 않아서 보기에도 좋고 작은 충격에도 흩어지지 않았다.

㉖ 베르누이 원리를 이용한 다치지 않는 효율적인 환풍기

갈비집을 운영하고 계시는 작은 아버지께서는 겨울철만 되면 근심 걱정이 많아지십니다. 바람이 심하게 부는 겨울철에는 환풍구를 통해 밖의 차가운 공기가 가게 안으로 역류하여 들어오는 바람에 각종 먼지가 많고 가게 안이 환기가 잘 안 되어 불편함이 이만저만이 아니고 어렵게 덥혀 놓은 실내 온도가 외부 공기의 유입으로 떨어지게 되어 난방비도 많이 든다고 하셨다. 그래서 어떻게 하면 환풍구로 들어오는 바람을 막으면서 쾌적한 식당 안의 공기를 유지할 수 있을까 생각하게 되었다.

가. 작품 요약

겨울철에 팬 쪽으로 역풍이 불 때 본 발명품은 팬의 앞에 큰 반구를 달아 정면의 바람은 와류로, 위에서 부는 바람은 팬 앞의 좁은 공간을 빨리 지나가게 하여 순간적으로 압력을 낮춰 실내의 탁한 공기를 잘 배출할 수 있게 한 "베르누이 환풍기"로 언제나 청정한 실내공기를 유지할 수 있게 한 작품이다.

나. 작품 내용

1) 환풍기 앞에 플라스틱 공 1개와 스틸막대와 너트를 준비한다.
2) 플라스틱 공의 절반을 절단한다..
3) 절단한 절반의 3/4을 잘라내고 테두리만을 활용한다.
4) 스틸막대를 지지대로 하여 절반으로 자른 것은 밖으로 붙인다.
5) 그리고 3/4을 잘라 낸 것은 발명품 쪽으로 달아준다.

6) 3/4을 절단한 발명품과 절반으로 자른 공의 간격을 50㎜정도 두고 설
   치한다.

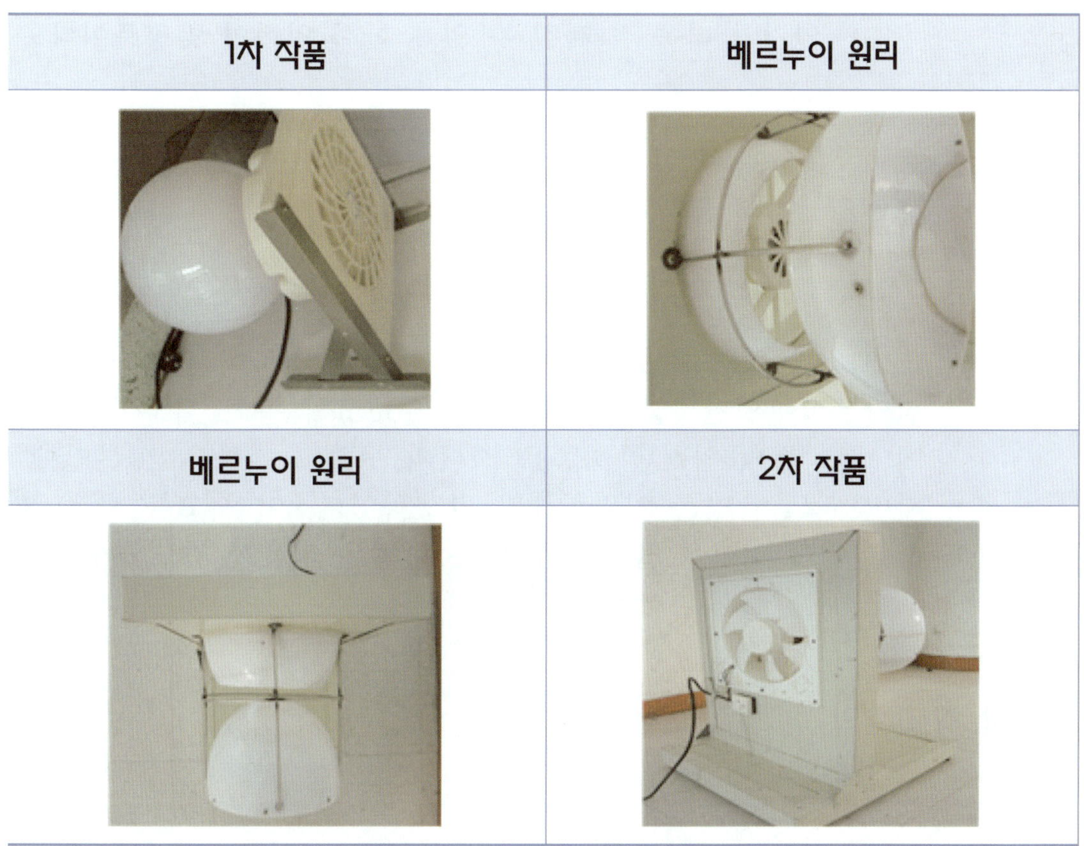

1차 작품	베르누이 원리
베르누이 원리	2차 작품

다. 제작 결과

본 발명품을 만들어 보급한다면
　　첫째, 찬 공기가 실내로 들어오는 것을 차단할 수 있어 에너지를 절감할
　　　　수 있다.
　　둘째, 배출된 연기가 역류되지 않아 항상 쾌적한 상태를 유지할 수 있
　　　　다.
　　셋째, 역류되는 연기와 찬 공기에 신경을 쓰지 않아도 되므로 정신건강
　　　　에 좋다.

넷째,　밖에서 불어오는 직접적인 바람을 막을 수 있어 실용적이다.
다섯째, 그리고 밖에서 안으로 바람이 불어오면 앞에 설치한 공을 타고 휘도는 바람이 빠른 속도로 이동을 해(베르누이 원리) 실내의 연기가 더욱 잘 빠질 수 있게 한 창의적인 발명품이다.

27 폭설로 인한 구조물의 안전 경보장치

2014년 2월 경주 마우나리조트의 강당 건물이 붕괴되었다. 붕괴 원인은 1주일간 경주지역에 내린 50cm의 폭설 때문이었다. 이렇게 내린 눈의 엄청난 하중을 견디지 못하고 건물은 20분만에 완전히 붕괴되어 많은 인명피해가 발생하였다. 이 사고를 보고 붕괴되기 이전에 위험을 알려줄 수 있는 방법은 없을까 연구하게 되었다.

가. 작품 요약

지붕 위에 수분접촉센서형태의 센서를 부착하여 눈이 쌓였을 때 직렬로 연결된 4개의 센서가 눈에 덮여 허용 적설량을 넘는 눈이 쌓이게 되면 건물에 경보음이 울리고 실내외의 조명들이 점멸등으로 바뀌는 작품이다.

나. 작품 내용

지붕의 지지대 위에 작은 기둥(post)을 세우고 수분접촉센서형태의 센서를 기둥의 4방향에 암(arm)형태로 설치한다. 절연재의 봉에 수분접촉센서촉과 센서출력라인을 연결하여 눈이 쌓였을 때 직렬로 연결된 4개의 센서들이 눈

에 덮여 허용 적설량을 넘는 눈이 쌓이면 건물내외에 경보음이 울리고 실내
외의 조명들이 점멸등으로 바뀌도록 하였다.

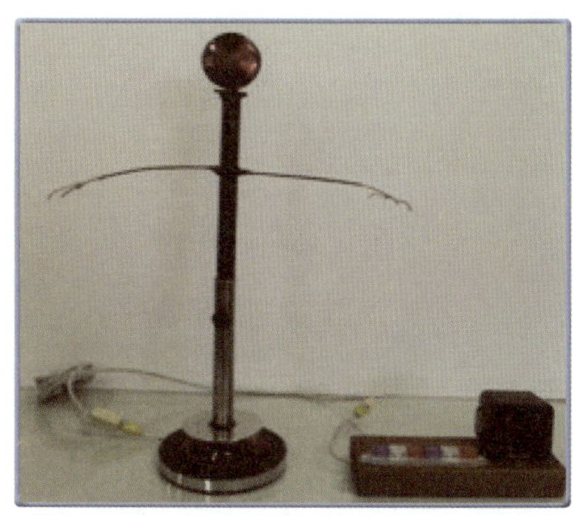

다. 제작 결과

건축물 등의 지붕위에 설치하여 구조물에 허용 적설량만큼 눈이 쌓이면 건
물안전 재해 예방 경보장치가 작동하여 건물관리인 및 경비실에서 경보음을
듣고 즉각 사람들을 대피시키거나 건물관리자가 눈 제거 작업을 할 수 있도
록 작업시간을 벌어주어 사전에 재해를 예방할 수 있는 재해예방 경보장치
이다.

28 시각장애인을 위한 넘치지 않는 컵

우리 주위에 있는 많은 장애인들 중에서도 시각장애인들이 가장
불편한 생활을 하고 있는 것 같다. 보이지 않아서 오는 어려움과 불
편함이 참으로 많으리라 생각이 된다. 장애인의 날에 특집으로 방
영된 시각장애인의 일상생활을 TV를 통해 본 적이 있는데 시각장
애인이 컵에 물을 따르는 과정에서 뜨거운 물이 넘쳐 자칫 손에 화

상을 입을 뻔한 영상을 본 적이 있었다. 이러한 아찔한 상황이 왜 일어났을까? 어떻게 하면 알맞은 양을 정확하게 따를 수 있을까를 연구하게 되었다.

가. 작품 요약

컵에 물을 따를 때 얼마나 따랐는지 알 수 없어서 물이 넘치는 일이 발생하였는데 물탱크의 원리(수위 경보장치)를 이용하여 시각장애인들이 사용할 수 있는 컵을 제작하게 되었다.

나. 작품 내용

위생적인 금속(핀칩 2개)을 컵의 일정한 높이에 부착하여 물이 금속 2개에 다 차오르게 되면 경보음을 울려주는 방식으로 제작을 하였다.
(금속은 녹이 슬 수 있기 때문에 은 칩으로 제작하면 녹 스는 것을 방지할 수 있어 위생적으로 사용할 수 있다.)

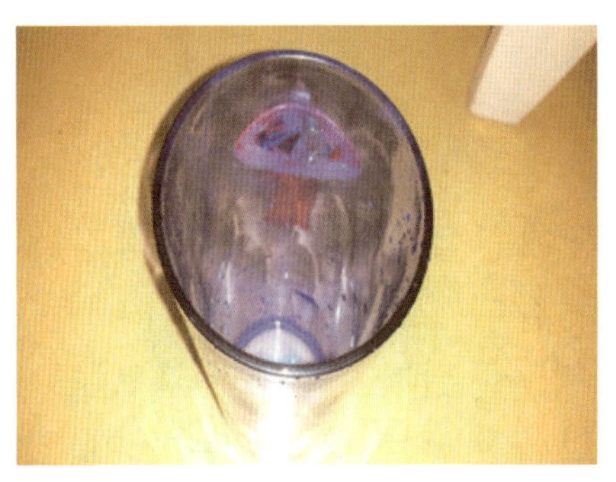 

다. 제작결과

이렇게 물탱크의 원리를 이용하여 제작한 작품은 물을 따를 때 컵 속 일정한 높이에서 경고음이 울려 따르는 것을 멈추어 일정한 양을 따를 수 있었다.

이러한 작품과 원리는 액체가 담긴 모든 그릇에 다 적용할 수 있어 앞이 보이지 않아 항상 넘치고 흘러서 버려지는 낭비를 해결하여 보다 경제적이고 실용적으로 생활할 수 있도록 하였다.

㉙ 조정이 쉬운 파라솔 받침대

어느 무더운 여름 날 풀장에서 수영을 하고 쉬는 시간에 파라솔 그늘에 앉아 준비한 도시락을 먹는데 파라솔 바닥에 뜨거운 빛이 들어와 더웠고 그늘을 찾기 위해 돗자리를 이동시키며 지낸 적이 있었다.

이때 돗자리를 움직이지 않고 햇빛의 방향에 따라 파라솔을 쉽게 옮길 수 있는 방법이 없을까 생각하게 되었다.

가. 작품 요약

간단한 원리로 태양빛 방향에 따라 고정된 파라솔 우산의 방향과 기울기를 수동으로 쉽게 옮길 수 있게 제작한 작품이다.

나. 작품 내용

1) 회전 장치 : 파라솔을 360° 각 방향으로 자유롭게 회전, 이동할 수 있게 제작한 장치로 크기가 다른 2개의 원통을 이용하여 받침과 연결된 고정 원통에다 또 하나의 원통을 연결하여 회전할 수 있게 하였다.
2) 기울기 조작 장치 : 태양의 움직임에 따라 햇빛을 차단하기 위해 파라솔의 각도를 조정할 수 있도록 장치를 제작하였다.

다. 제작결과

1) 기존 파라솔은 고정되어 있어 방향과 기울기를 조절할 수 없었는데 제작한 작품은 원하는 방향과 기울기를 쉽게 조작할 수 있다.
2) 장치의 조작이 간단하고 남녀노소 누구나 쉽게 사용할 수 있다.
3) 제작이 간단하고 영구적으로 사용할 수 있다.

㉚ 깔끔한 개량도마

>   작년 여름 방학에 동생과 할머니 댁에 놀러 간 적이 있다. 중풍에 걸려 거동이 불편하고 오른 쪽 팔을 잘 사용하지 못하는 할머니가 맛난 고기 국을 끓여 주신다면 고기와 파, 마늘을 다지셨다. 파와 마늘을 썰어 칼로 모아 냄비에 넣는 과정에서 다져진 양념이 도마 밑으로 떨어졌는데 할머니는 떨어진 양념을 주워서 집어 넣으셨다. 나는 그 모습이 안쓰러웠다. 그래서 거동이 불편하거나 할머니처럼 한쪽 팔이 불편한 사람들이 김치나 양념을 쉽게 집을 수 있는 방법이 없을까 생각하게 되었다.

가. 작품 요약

>   한손이 불편한 사람들도 김치 및 다진 마늘, 파 등과 같이 썰어놓고 다진 것을 오목 홈 쪽으로 모아 재료와 양념을 옮길 수 있도록 한 작품이다.

나. 작품 내용

도마 윗면을 오목한 홈으로 경사지게 제작하였다.

다. 제작결과

기존의 도마는 면이 평평하여 김치를 썰 때 국물이 도마 밖으로 흘러 내려 지저분하게 되고 썰고 다져놓은 양념은 반드시 한쪽 손으로 받쳐 옮겨야 했다. 이런 불편한 점을 개선하여 만들어진 도마는 오목 홈으로 국물이 모이고 재료를 담는 받침대 역할을 할 수 있다.

이렇게 만들어진 오목 홈으로 넘쳐흐르는 각종 국물을 모이게 하고 한손으로도 채소 양념을 모을 수 있어 청결한 주방을 유지할 수 있게 되었다.

㉛ 양면을 사용할 수 있는 커터 칼

보통 자를 때 많이 사용하는 커터 칼은 사용하다가 칼날이 무뎌지면 칼날을 잘라 버리는데 이때 한쪽면만 사용하고 버리는 칼날이 자원낭비인 것 같아 물자절약 차원에서 보다 더 경제적이고 실용적으로 사용할 수 있는 방법이 없을까 연구하게 되었다.

가. 작품 요약

기존 커터 칼을 개선하여 양쪽 면을 안전하게 다 사용할 수 있고, 동시에 줄자를 부착하여 길이를 재고 자를 수 있도록 제작한 작품이다.

나. 작품 내용

1) 커터 칼 위쪽과 아래쪽에 칼날을 만들어 양쪽을 다 사용할 수 있도록 하였다.
2) 칼날 끝을 오목 타원형으로 제작하여 항상 작은 각을 유지할 수 있도록 하였다.
3) 미끄러짐 방지 돌기부분을 만들어 안전하게 사용할 수 있다.
4) 칼날보호대를 설치하여 사용 시 양면을 사용할 수 있게 하였고 또 힘을 주어 물체를 자를 때 칼날이 휘는 것을 방지하여 안전사고가 발생하지 않도록 하였다.
5) 칼날 후면 공간을 이용하여 일상생활에서 많이 사용하는 줄자를 부착하여 원하는 크기만큼 자를 수 있고, 동시에 길이를 측정할 수 있게 하여 이용범위를 넓혔다.

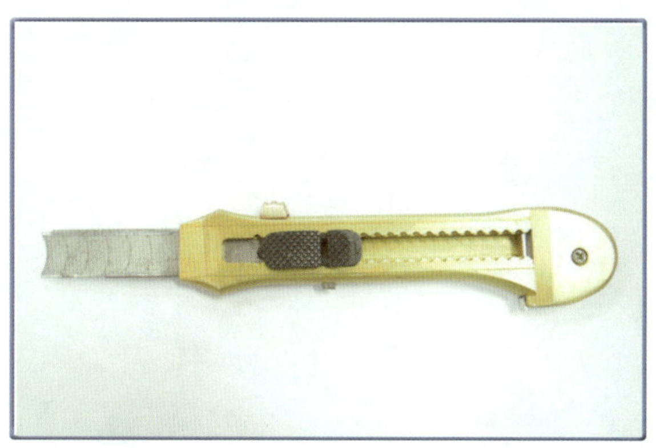

다. 제작결과

　일상생활에서 커터 칼은 어린아이부터 어른들까지 많이 사용하는데, 한 쪽 면만 사용하다가 무뎌지면 잘라 버리는 것을 물자 절약을 하기 위해 칼날 위, 아래 면을 이용하여 2번 사용할 수 있도록 제작하여 경제성을 갖게 하였고 커터 칼의 이용 범위를 넓히고자 칼날 후면 부분 공간에 줄자를 부착하여 일정한 길이만큼 자를 수 있게, 또 길이를 측정할 수 있게 제작하여 실용성을 높인 작품이다.

MEMO

각종 발명대회 참가시 원서 작성 방법

Chapter 03

학생발명대회 준비 지도과정

많은 지식을 갖고 있는 사람들은 넘쳐skwlaks 지혜로운 사람들은 부주의하다는 말이 있다. 여기서 지혜로운 사람이한 창의력을 갖춘 사람이며 우리는 보통 이런 사람을 창의적인 인재라고 말한다.

창의적인 인재는 선천적으로 타고 나는 것이 아니라 교육을 통해 길러지고 만들어진다. 창의적인 인재를 육성하기 위해 정부와 특허청, 각 교육기관 및 단체에서 노력하고 있으며 특히 학교현장에서도 많은 노력을 하고 있다.

　창의적인 인재를 육성하기 위해 교육현장에서 운영하고 있는 다양한 창의성 프로그램 중에서도 가장 우수한 창의성 교육프로그램이 바로 발명교육 즉 발명활동이다.

　내 아이를 창의적인 인재로 양성하여 제2의 스티브 잡스와 같은 발명가이면서 경제인으로 만들기 위해 본 장은 아이디어 창출 과정과 국내에서 실시되는 각종 발명대회와 다양한 경험에서 나오는 자료를 소개하니 참고자료로 활용하기 바란다.

TIP　발명활동에서 갖추어야 할 필요 요건

　첫째, 공동체 인식이다. 즉 함께 살아가는 공동체 시민사회를 구현하는 교육을 실현하는 데 필요한 작은 역할 모색이 중요하다. 자신만 알고 남을 배려하는 마음이 실종된 이 세상에서 실생활에서 느끼는 문제점과 불편함을 자신과 남을 생각하는 마음으로 바꾸어 발명품을 만들고 해결 방안을 모색하는 것이다.

　둘째, 다양한 현장 경험이 필요하다. 즉 학교에서 배울 수 없는 여러 가지 현장 경험을 통하여 다양한 지식을 습득하도록 하고 전문 서적이나 대학 방문 및 현장 전문 기술인을 통한 현장 실습을 통하여 문제 해결 능력과 다양한 각도(주인 의식과 다양한 눈)에서 사물을 보고 해결점을 모색하는 것이다. 또한 실험 정신이 있어야 한다. 실험정신이란, 경험을 통해 얻은 지식을 시험하려는 열의와 고집, 실수에서 배우려는 의지이다.

　셋째, 시대가 필요로 하며 미래지향적인 실용화 해결이다. 즉 학교에서 배운 지식과 실생활의 이론 지식능력을 다양한 원리를 적용하여 실용성과 경제성을 향상시키는 능력을 배양하는 것이다.

　눈에 보이지 않는 현상이나 알고 느끼고는 있으나 설명하기 어려운 사물이나 존재를 보이도록 하고, 생활에서 느끼는 불편이나 문제의 해결 방안이나 미래를 예측하고 대비하고 판단하며 준비하도록 해주고 그 대열에서 주도적인 역할을 감당하도록 하는 것이 중요하다.

① 시대가 요구하는 창의적인 인재상

가을이 되면 나무는 이제까지 축적된 에너지가 가득한 자신의 잎을 떨어뜨린다. 떨어지는 낙엽을 아쉬워하지 않는다. 떨어진 낙엽은 거름이 되어 새 봄에 또 다시 새 생명으로 돌아온다는 극히 자연스러운 섭리를 알고 있기 때문이다

그렇다. 비록 낙엽은 떨어져도 밑거름이 되어 새로운 생명으로 다시 태어난다. 마찬가지로 인생의 중요한 시기에 자신의 잠재 능력을 극대화하는 노력이 있어야 한다.

가정에 돈이 없으면 가난하듯이 나라의 재정이 고갈되어 IMF 경제지도 체제를 체험한 우리나라는 부존자원이 절대 부족하다. 이와 같은 상황에서 새로운 기술 개발과 지적재산권의 확보를 통하여 세계 시장에서 경쟁하는 것만이 유일한 생존방법이라는 것을 모든 국민이 가슴 깊이 알게 되었다.

인류의 문명사는 인간의 발명에 의하여 끊임없이 이어져 왔을 뿐만 아니라, 한 개인의 획기적인 발명이 비약적인 문명의 발전을 가져오기도 하였다. 또한 앞으로의 문명도 발명에 의하여 발전을 거듭할 것이라는 점에 대하여 이의를 제기할 사람은 아무도 없다. 발명은 기술을 낳는 바탕이 되고, 기술 개발은 보다 나은 문명 생활을 가능하게 하며, 산업에 있어서도 보다 경제적이며 실용성이 큰 상품을 생산할 수 있기 때문에 발명이 중요하다는 것은 누구나 잘 알고 있는 사실이며 지금 세계 각국에서는 교육을 통해 21세기를 주도적으로 이끌어 나갈 창의력 있는 인재를 양성하기 위하여 심혈을 기울이고 있다.

세계적으로 가장 유명한 발명가 에디슨이 음악이나 미술 등 모든 분야에서 천재가 아니었듯이, 창의력이 뛰어나다고 해서 모든 분야를 잘하는 만능 인간이 될 수는 없다. 따라서 발명에 소질이 있는 학생에게는 발명 교육을 통해서 개인의 창의력을 최대한 발휘할 수 있는 교육을 실천해야 한다.

추신수, 류현진, 최경주와 같이 해외무대에서 야구나 골프로 국위를 선양하고 외화를 벌어들여 국부를 축적하는 것이 현대판 애국자라 할 수 있다.

　이들은 자기의 잠재능력과 적성을 잘 알고 어릴 때부터 자신의 재능을 계발한 결과 야구라는 재능, 골프라는 재능을 최대한 발휘할 수 있는 삶을 영위하고 있는 것이다. 잘 키운 인재 한명이 수많은 사람을 먹여 살리는 시대가 되었다. 즉, 한 분야의 전문가가 국가의 장래를 선도하는 선각자가 되는 것이다. 그러나 학교 교육은 아직도 학과 공부만을 중요시 하여 시대가 요청하는 창의적인 학생을 배출 못하는 것이 우리의 현실이다.

　이와 같은 문제를 해결하기 위한 대안으로 발명 교육이 매우 중요하다. 발명이란 다양한 영역과 끊임없는 도전, 문제를 해결하기 위한 집착력과 전문능력을 배양하는 좋은 밑거름이 되며 발명교육을 통한 공동체 교육, 실용화 교육, 현장 교육만이 나라의 기둥이 될 인재를 키울 수 있다.

　세상 모든 사람의 얼굴이 다르고 개성이 다르듯이 누구나 타고난 소질과 잠재적 능력을 가지고 있다고 확신하고, 단 한 명의 학생이라도 그들의 적성과 재능을 발견해 주고 삶의 목표와 방향을 찾아 줄 수 있는 여러 방법을 도입하는 학교교육이 필요한 시기되었다.

　물고기가 하늘을 날고 싶다는 야망을 가지면 그것은 죽음이며, 새가 바다를 누비고 싶은 욕구를 갖는다면 그것은 사망이다. 자기가 할 일을 찾아낸 사람은 행복하다. 자신의 꿈대로 자신 있게 전진하고 그것을 성취하기 위해서 노력을 한다면 언젠가는 성공할 수 있다.

상상력을 자극하라. 자신이 하고 싶은 일에 도전하고 문제점을 찾고 해결 방안을 모색하는 모든 일이 발명이다. 발명이 여러분의 삶에 전환점이 될 것이다. 다른 사람과 다른 생각과 새로운 아이디어와 창의적인 행동과 발상으로 시대의 인재가 되고 싶다면 창조적 사고 능력을 바탕으로 계속 새로운 것을 탐구하는 능력과 변화하는 여건에 슬기롭게 능동적으로 대응하면서 새로운 것을 산출하고, 생산하는 능력을 가진 사람이 되어야 한다.

창의적 발명 사고 능력이란, 기본적인 학습능력과 지적능력·독창성·융통성 등을 바탕으로 답습이나 모방에서 벗어나 새로운 아이디어를 구상하는 것을 말하고, 탐구적 능력이란 문제 상황에 직면했을 때 포기하지 않고 해답을 얻고자 계속적으로 사고하고 개척적인 노력을 경주하는 태도와 능력을 말하며, 대응력이란 변화에 직면했을 때 당황하거나 본능적으로 저항하지 않고 적극적이며 긍정적으로 대응하는 자세를 말한다. 생산적 능력이란, 무엇을 만들어 내고 성취하는 데서 희열을 느끼는 이른바 성취동기를 바탕으로, 갖고 있는 지식과 기술을 활용하여 재화와 서비스 또는 정보를 산출해 내는 능력을 말한다. 여기에는 생산적인 노작활동을 높이 평가하는 의식과 있는 것을 이용하고 실천에 옮기는 자세가 필요하며, 생산에 필요한 기본적인 지식과 기술을 구비해야 한다.

이처럼 창의적인 인간으로서 지녀야 할 기본 능력으로 독창성과 융통성, 계속적으로 사고하고 개척하는 태도의 함양, 적극적으로 도전하는 능동적인 태도, 지식과 기술을 활용하여 새로운 것을 창출하려는 태도 등을 들 수 있

으며 이러한 능력을 기르려고 할 때, 학교 현장에서 선택할 수 있는 방안의 하나는 많은 학생들에게 발명교육의 기회를 제공하는 것이다. 왜냐하면, 발명은 본질적으로 인간의 창조적 능력의 산물이며, 생산적 노작 활동의 결과이기 때문에 학생들의 창의성을 신장시키는 데 효과적이며, 발명 학습과 관련된 다른 교과에 대한 흥미와 학습 효과를 높이는 데 매우 유익하기 때문이다.

학교에서 학습하는 여러 교과는 발명과 관련이 있다. 학습을 통해 알게 된 원리를 직접 이용할 수 있는 아이디어를 산출하여 원리 자체에 대한 이해를 깊게 하고 학습에 대한 흥미를 높일 수 있다. 나아가 새로운 것을 만들어 낼 수 있는 창의적 능력을 신장시킬 수 있으며, 또 발명교육은 실생활과 관련이 있기 때문에 아이디어의 창출이 용이하고 노작 교육 - 공작 기구를 비롯하여 각종 기구를 다루는 - 을 통하여 근로 의식을 함양할 수 있다. 일상생활에서 직면하는 문제를 여러 가지 방법으로 해결해 보며, 미적 영감을 얻고 이를 표현하려는 아이디어를 창출한다거나 실제로 표현하는 활동도 인간의 창조적 능력을 바탕으로 하기 때문에 발명교육과 관련이 크다고 할 수 있다.

무한 경쟁 시대를 맞이하여 모든 나라가 지적재산권의 확보를 위해 새로운 기술 개발에 온 힘을 기울이고 있는 지금, 우리는 IMF(국제통화기금) 경제 지도체제를 경험했다. 이런 현상은 자원 부족보다 아이디어의 빈곤에서 비롯된 것이라고 할 수 있으며, 이 어려움에서 벗어나는 방법은 앞으로 우수한 발명 인재를 발굴하여 우리 사회에 꼭 필요한 인재로 길러내는 것이라고 할 수 있다. 발명 인재의 육성은 21세기 무한 경쟁 시대의 지적재산권 확보 운동이라고 할 수 있으며 밝은 미래를 보장받을 수 있는 길이다.

지금까지 창의력 교육은 교과활동에만 역점을 두고 운영되어 정작 소질과 특기 신장을 위한 특별활동은 극히 제한적이고 형식적인 운영에 치우치고 있는 실정이다. 그러나 앞으로는 세계적 발명가인 에디슨이나 빌게이츠와 같은 뛰어난 창의력을 가진 인재를 기르는 것이 시대적 요청으로 대두되었다.

　이러한 맥락에서 창의력을 신장시키는 교육과정의 개발 및 적용이 시급히 요구되고 있으며, 발명교육은 이 같은 목적을 실현하는 한 가지 대안으로 제시되고 있다.

　발명교육은 창의력을 향상시켜 주는 대표적인 교육형태라고 볼 수 있는데, 그 이유로는 연령과 학년에 크게 얽매이지 않고, 개방적이어서 사고력과 창의력이 자유롭게 신장되도록 하는 교육이기 때문이다.

　따라서 학생들의 발명 활동을 활성화시키고, 학생들이 어렵다고 느끼는 발명에 대한 인식 전환과, 미래의 '지식 정보 사회'에 대처할 수 있는 우수 인력의 육성 방안의 일환으로 발명 교육 활성화가 절실히 요구되는 시대이다.

② 학생 발명품 대회 준비 및 지도

　발명품 대회를 처음 준비하는 지도교사와 학생은 발명품 대회에 대한 기본 정보를 수집하고 준비하고 있는 전년도 학생발명대회 입상작을 분석하고 흐름을 파악하여 해당 발명품 대회가 의도하는 특징을 알고 보다 면밀하게 준비해야 한다.

우리나라의 학생발명대회에는 어떤 대회들이 있으며 열리는 시기는 언제이고 이들 대회를 어떻게 준비하고 지도해야 하는지 알아보자.

가. 국내 발명대회 비교

우리나라의 대표적인 학생 발명품 대회의 양두산맥이라 불리는 두 대회가 있다. 교육과학기술부가 주관하는 **전국학생과학발명품경진대회**와 특허청과 한국발명진흥회가 주관하는 **대한민국학생발명전시회**가 그것인데 이 두 대회는 어떻게 준비를 해야 할까?

이 두 개의 대회는 비슷한 시기에 독립적으로 운영된다. 전국학생과학발명품경진대회는 매년 4월 중순경 지역교육청 예선대회와 5월 중순경 시도 교육청 대회를 거쳐 6월 말 대전에 있는 국립중앙과학관에서 전국대회가 개최된다. 지역교육청대회는 참가신청서와 요약서, 발명품과 차트가 필요하며, 시도 교육청 대회에는 여기에 작품일지와 작품설명서가 추가된다. 시도교육청대회는 각 교육청별로 대회요강이 다를 수 있어 자세한 사항은 해당 시도교육청의 학생과학발명품경진대회 요강을 참조한다.

또 대한민국학생발명전시회는 3월에 요강발표와 함께 온라인 접수로 참가할 수 있으며 우수작은 5월에 통보하여 6월 중순경에 최종 현물심사를 진행한다.

이 두 대회는 신학기에 시작되는 접수부터 최종 전국대회까지 장기간에 걸쳐 대회를 준비하고 참가하며 보통 시상식은 7월 말에 한다.

이 두 대회 참가 시 주의할 점은 보통 한 학생이 한 작품을 갖고 두 대회에 참가하는 학생이 종종 발생하는데 중복출품이 밝혀지면 아무리 좋은 우수작이라도 입상 취소와 함께 향후 3년 간 대회에 참가 금지가 됨을 분명이 알아야 한다는 것이다.

무엇보다도 대회 참가 희망 학생들은 대회 특성을 잘 알고 준비하고 참가하여 불이익을 당하지 않게 대회를 잘 선택해야 한다.

그러기 위해 대회의 성격이 조금씩 차이가 나는 두 대회의 성격과 우수 입상작의 특성을 비교·분석해 보자.

전국학생발명대회 분석

흔히 '발명'이라면 발명품이 완성되기까지 탐구과정보다는 독특한 아이디어를 착안하여 경제적이고 실용적으로 일상생활에 활용할 수 있는 작품을 생각할 수 있으나, 전국학생발명대회의 심사 관점은 이와는 조금 거리가 있는 듯하다. 다시 말하면, 본 대회의 심사 관점에서도 나타난 바와 같이 작품이 본인 자신의 창작품인지 확인한 후 작품의 창의성, 실용성, 경제성 등에 중점을 두어 심사하며, 작품 설명서에 의한 서류 심사와 작품 설명 및 질의·답변을 통한 면담 심사를 병행하고, 특히 출품 학생이 작품을 설명할 때는 작품 제작 동기, 탐구 과정 및 제작 과정에서 체험한 내용을 위주로 발표하도록 유도하고 질의응답을 통하여 **작품의 결과보다 탐구 과정에 중점을 두어 심사**하고 있음을 알 수 있다

이 대회에서 금상 이상 입상 작품을 분석하여 보면, 학생과학발명품경진대회는 학생의 수준에 적합한 소재를 발견하여 장기간 관찰과 탐구한 흔적이 나타난 작품들이 좋은 성적으로 입상하였음을 알 수 있다. 이와 같은 사실은 진열된 작품의 내용이 중요하지만, 학생이 직접 작성한 탐구 노트에 의한 평가도 큰 비중을 차지하였을 것이라는 해석을 해볼 수 있다.

창의성을 바탕으로 여러 번의 시행착오를 통한 탐구과정을 통하여 노력한 흔적이 완성된 작품에 나타나야 하며, 과학적 원리에 기반을 둔 이론에 부합하는 작품 제작도 염두에 두어야 할 것이다.

또 수준이 다소 낮은 것처럼 보이는 작품이라도 학생들이 과학적으로 탐구한 노력의 흔적이 뚜렷한 작품의 경우 좋은 성적을 거두는 경우가 있으며, 발명품으로써 아이디어가 매우 좋아 보이는 작품이더라도 학생이 직접 제작하지 않았다고 생각되거나, 탐구 및 제작 과정이 순차적으로 잘 나타나 있지 않으면 좋은 성적을 거두지 못한 경우가 많다.

대한민국 학생 발명 전시회

대한민국 학생 발명 전시회는 특허청과 조선일보가 주최하고 한국발명진흥회가 주관하는 대회로 실용성과 창의성을 중심으로 하는 발명아이디어에 초점을 두어 진행하는 것이 주목할 만한 대회 특징이다.

특히, 온라인으로 접수받은 작품 설명서와 작품도면으로 1차 심사를 하는 것이 특징이며, 선행기술조사 즉 특허검색을 철저히 진행하여 유사한 동일 작품 여부를 가려내 동일 작품으로 판정되면 최종 현물 심사에서 우선 제외시킨다. 2차 심사인 현물심사는 한국발명진흥회에서 초·중·고 학교 급 및 지역별로 일정을 정하여 직접 면담 심사하는 방식으로 진행되는데 실제와 똑같은 현물뿐만 아니라 모형으로도 심사를 받을 수 있어 무엇보다 발명아이디어의 독창성과 실용성에 중점을 두어 심사가 진행된다는 것을 알 수 있다.

따라서, 대한민국 학생발명전시회를 준비하는 학생들이라면 발명품의 과학적 원리나 탐구과정에 우선하여 우리 생활주변에서 쉽게 찾을 수 있는 간단하지만 새롭고 참신한 실용성이 있는 발명아이디어에 관심을 가지고 접근하는 것이 좋으며, 발명교실 지도교사의 발명품 대회지도방향도 본 대회의 특징에 맞는 맞춤식 지도방법이 요구된다. 다시 정리하면 대한민국학생발명전시회는 실용성을 중심으로 하는 창의적 아이디어가 심사의 초점이라고 생각된다.

금상 이상 수상 작품을 분석하여 보면 일상생활에서 대수롭지 않게 지나쳐 버린 평범한 아이디어를 발명으로 연결시킨 작품들이 대부분이며, 비닐하우스처럼 모형으로만 제작하여도 아이디어가 인정되어 상위 입상이 가능하며, 한 가지 포인트만 강조하여도 높은 등급으로 수상하는 경우가 많은 것으로 보아, 대회의 성격이 과학적 원리나 탐구 과정에 역점을 두기보다 주변에서 쉽게 찾을 수 있는 간단하고 참신한 아이디어를 중시하고 **실용적 관점을 높이 평가**하고 있다.

단순한 아이디어지만 실용성을 바탕으로 심사하는 이 대회의 특성에 맞게 작품의 제목을 보는 순간 무슨 내용인지 알 수 있게 준비하는 것이 바람직할 것이다.

나. 발명품대회 준비

각종 발명대회에 참가하기 위해서 공통적으로 준비하는 절차를 알아보면 다음과 순서로 이루어진다.

1) 대회요강 분석
2) 발명아이디어 선정 및 검색
3) 발명품 도면 작성 및 실물 제작
4) 발명품 관련 출품서류 작성
5) 발명대회 서류제출(직접 면담 심사와 함께 온라인 심사)
6) 심사위원이 보는 관점과 질문

1) 대회개최요강분석

🎓 전국학생과학발명경진대회

먼저 발명대회 참가를 위해서는 대회 참가 요강과 출품작 등 사전정보를 알 수 있는 인터넷 홈페이지를 알아두는 것이 중요하다.

이 대회는 4월에 각 시 지역교육청 예선대회와 전국 시·도교육청대회, 대전국립중앙과학관에서 개최되는 전국대회의 과정을 거치기 때문에 각 지역교육청 대회와 시·도교육청 대회 참가를 위한 대회요강을 각 시, 도 교육청 과학교육원 홈페이지를 방문하여 다운로드 받아 참고하는 것이 좋다.

🎓 대한민국학생발명전시회

이 대회는 매년 3월초 한국발명진흥회(http://www.kipa.org) 홈페이지 사업공고 란에 대회개최요강을 탑재한다. 대한민국학생발명전시회는 작품설명서와 작품 도면을 탑재하는 온라인 심사를 거쳐 최종 현물심사 대상자에 한에서만 발명품 심사를 거치는 대회이므로 대회요강에 안내되어있는 온라인 탑재 요령을 자세히 알아두고 참가를 해야 한다.

청소년 발명(과학)아이디어 경진대회

이 대회는 매년 4월 한국대학발명협회(www.invent21.com)에서 대회개최요강을 확인할 수 있다. 이 대회는 대학교 발명교수들이 주관하는 대회로 대통령상까지 수상이 되는 상격이 높은 대회이다.

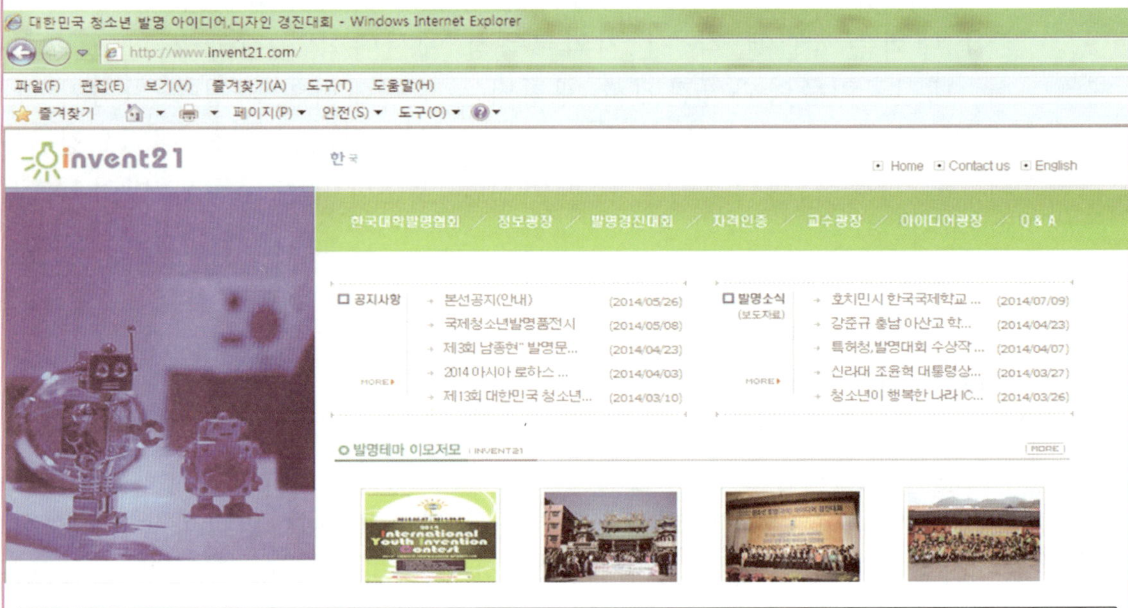

- 참가대상 : 초 · 중 · 고 · 대학생 (청소년, 군인)
- 출품대상 : 창의작품 (아이디어 / 디자인 , 작품, 출원 및 등록여부 불문
    ※ 발명(아이디어) 부문은·설명서와 함께 도면 또는 사진 제출
- 신청서 교부 및 접수
    가. 안내 및 서식다운로드 홈페이지 : www.invent21.com
    나. 접수 이메일 : ▷초등부 : invent5678@ naver.com
                 ▷중 · 고 · 대(군인, 청소년) : inventct@ naver.com
- 구비서류
    가. 신청서 : 1부, 나. 작품설명서 : 1부, 다. 출품작의 도면 또는 사진 : 1부
- 기타
    가. 공동작품은 허용하지 않으며, 1인당 5작품까지 접수 가능
    나. 지도자 표창은 다 출품 학교 또는 기관 지도자(교수, 교사)에게 수여

LG 생활과학아이디어 공모전

　LG 사이언스 홀 홈페이지(www.lgscience.co.kr)를 통해 7월경에 개최 요강이 공지되며 온라인으로 접수한다.

　온라인 접수는 www.lgscience.co.kr 〉 신나는 과학여행 〉 생활과학아이디어에서 한다.

　이 대회 상격은 장관상으로 많은 다수 인원을 수상하며 수여되는 상품은 상당히 수준이 높다.

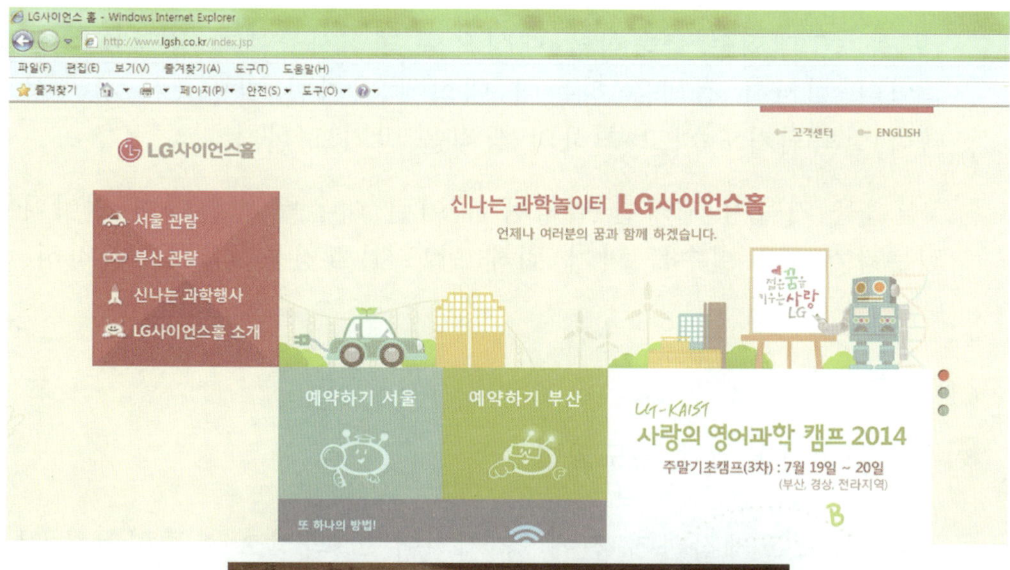

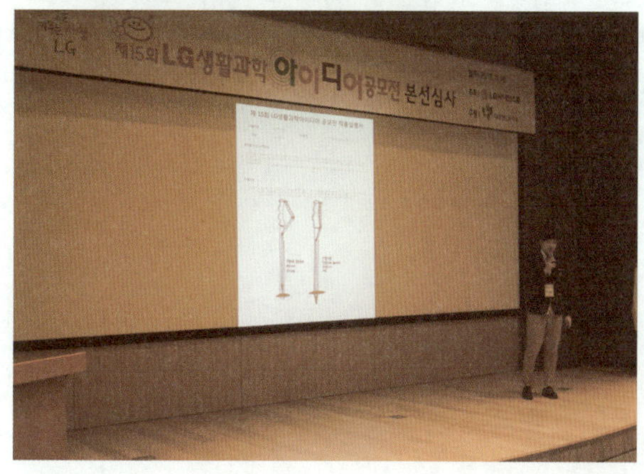

2) 발명아이디어 선정 및 검색

자신의 발명 아이디어가 이미 존재하는지 발명품이 제품화 되거나 또는 누군가에 의해 출원되어 있는지 인터넷 검색을 통하여 반드시 확인을 반드시하고 키프리스 검색사이트(http://www.kipris.or.kr)를 통하여 등록상황을 확인할 수 있다.

공들여 제작한 작품이 이미 존재하는지, 발명품으로 제품화 되거나 또는 출원이 되어 있는지 반드시 확인을 해야 한다. 아무리 잘 만들었다 하더라도 기존 출원한 작품과 유사성이 있다면 발명품으로서의 가치는 전혀 없으며 발명품으로서의 의미도 없다.

보통 큰 대회는 출품작을 대상으로 변리사들에게 용역을 의뢰하여 작품마다 철저히 검색을 하는데 대회에 참가한 발명품은 유사성 정도에 따라 탈락되기도 하고 최하의 상격을 받기도 한다.

심혈을 기울여 제작한 발명품이 이런 대우를 받는다면 얼마나 억울하겠는가? 이런 실수를 막기 위해 반드시 발명품 검색을 철저히 해야 한다.

🎓 발명아이디어 검색 지도방법

발명품으로 제작하기 전에 꼭 거쳐야 할 과정으로 특허전문 정보 검색 사이트나 학생발명품대회 입상작 홈페이지에서 발명품 등록상황을 검색 활동을 할 수 있다.

가) 키프리스(http://www.kipris.or.kr)를 통한 검색

   한국 특허정보원에서 운영하는 특허자료 전문 검색 사이트로서 특허나 실용신안, 디자인, 상표 등 산업재산권 전반에 걸쳐 많은 자료가 구축되어 있으며 일반검색(단어검색, 번호검색 등)과 항목별검색(자유검색, 발명의 명칭, 초록, 청구범위 등)등 쉽고 전문화된 특허정보 검색 서비스를 제공하고 있다

TIP   **각종 발명대회**

   네이버특허(http://academic.naver.com) 검색 서비스는 포털사이트인 네이버의 정보검색용 저장 시스템을 이용하여 빠르고 간편한 특허·실용신안 검색을 통하여 특허와 실용신안으로 등록된 지식재산권의 도면과 관련정보를 쉽게 열람할 수 있다.

   발명품 대회에 참가하고자 하는 학생들은 먼저 위의 키프리스 검색과 네이버특허 검색 등을 이용하여 자신의 발명아이디어가 특허나 실용신안 등 지식재산권으로 이미 등록되어 있는지를 검색하여야 한다.

나) 국립중앙과학관을 통한 검색

> 국립중앙과학관 (http://www.scicence.go.kr) 홈페이지를 방문한다.

국립중앙과학관 (http://www.science.go.kr) 홈페이지의 전국학생
발명품경진대회 메뉴에서 부문을 찾아 자신의 작품과 같은 제목으로 검
색을 하여 검색되어 올라온 작품을 하나 하나 분석하여 자신의 발명아
이디어와 유사한 작품이 있는지를 검색하고, 유사한 작품이 있으면 작
품설명서를 다운로드 받아 무엇이 같고, 어떤 점이 다른지를 자세히 분
석하여, 자신의 발명 아이디어와 입상작의 차별화에 초점을 두고 입상
한 작품을 피해 제작해야 한다.

> 경진대회란 메뉴를 클릭하여 전국학생발명품경진대회를 찾는다.

전국학생발명품경진대회의 아래에 있는 경진대회 통합검색란을 클릭하면
아래와 같이 전개되며 검색하고 싶은 작품을 검색하면 된다.

TIP — 작품부문 분류

▶ 생활용품 I : 실내에서 사용하는 물건(예: 주걱, 형광등, 컴퓨터 등)
▶ 생활용품 II : 실외에서 사용하는 물건(예: 자동차, 가로등, 배수로 등)
▶ 과학완구
▶ 학습용품
▶ 자원재활용

각 부문별로 입상작을 검색할 수 있고, 설명서와 지도교사 논문을 문서
로 다운로드 받을 수 있다.

다) 발명교육 교수·학습지원센터를 통한 검색

　발명교육교수·학습지원센터(http://www.ip-edu.net) 홈페이지에서 [학생발명대회] – 대한민국 학생발명전시회를 클릭하면 대한민국학생발명전시회 홈페이지를 방문하게 되고 역대수상작에서 입상작을 검색할 수 있다.

　특히 이 홈페이지에서 특허청과 한국발명진흥회에서 실시한 학생발명대회부터 교원발명경진대회, 대한민국학생창의력챔피온대회 등에 온라인으로 참가 신청을 할 수 있고 역대 수상작을 통해 출품작을 검색할 수 있으며 각종 발명 교수·학습자료를 비롯하여 각종 발명행사 자료 및 정보를 수집할 수 있다.

확대를 시켜보면 아래와 같다.

역대 수상작 모음에서 해당 발명품의 발명동기와 발명내용 및 특징, 용도 및 효과, 발명의 특성 등의 내용을 볼 수 있어 자신의 발명아이디어와 비교 분석할 수 있다.

3) 발명품 도면 및 실물 제작 지도방법

키프리스(http://www.kipris.or.kr)와 국립중앙과학관(http://www.science.go.kr), 발명교육센터(http://iec.kipo.go.kr)에서 발명아이디어 검색활동을 마친 결과 특허와 입상작 중 유사성이 전혀 없다면 아이디어를 작품으로 제작을 해야 한다.

먼저 자신의 발명아이디어를 발명 동기나 발명내용, 발명품 도면, 발명의 효과 등 보다 구체적이고 상세하게 설명하고, 작품을 도면으로 그리는 과정에서 자신이 생각한 발명품의 구조나 원리 등을 상세하게 표현되도록 하며 누구라도 도면만 보면 자신의 발명품을 쉽게 이해할 수 있도록 구체적으로 설계한다.

컴퓨터로 그림 도면	손으로 그린 도면

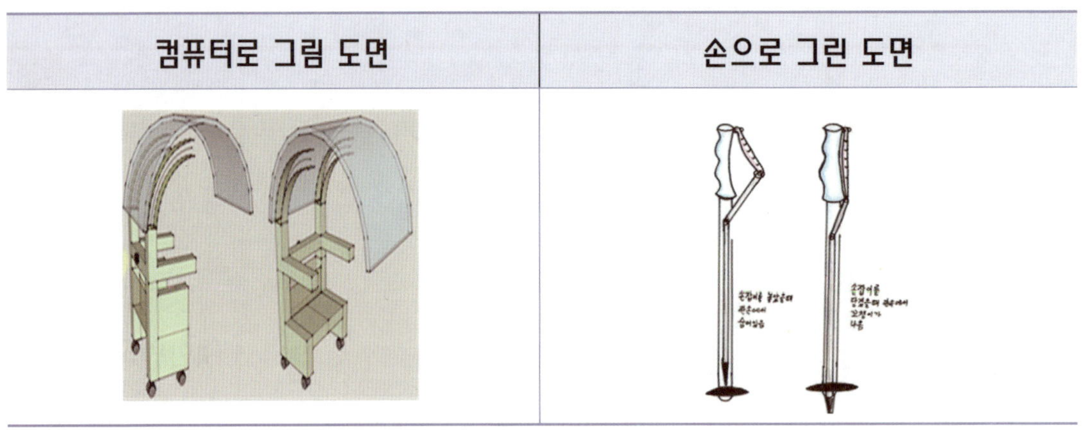

[발명품 도면 작성의 예]

누구나 경험을 했겠지만 절대로 처음부터 완성품이 나올 수 없다. 비용과 시간을 절약하기 위해 공작이 쉬운 종이나 우드락 등 가벼운 재질로 모형을 만들어 보는 것이 중요하다.

도면에 의해 공작을 하는 과정에서 많은 시행착오와 수정 보완 단계를 거쳐 작품이 완성이 되면 실제 작품을 제작하기 위해 작품 난이도에 따라 전문 업체에 의탁할 수 있고 본인이 직접 제작할 수도 있다.

학생발명품 대회는 학생 스스로 아이디어를 내고, 학생 수준에 맞는 발명품을 높이 평가를 해주는 만큼 소재를 잘 잡아야 한다.또 발명품이 진보되는 과정과 구체화 되는 과정에서 제작하는 과정까지 사진자료로 남겨놓아 작품설명서를 작성할 때 증거자료로 활용해도 된다.

4) 발명품 관련 출품 요약서 및 설명서 작성

🎓 전국학생과학발명대회 작품요약서 작성

작품명	안전한 썰매 꼬챙이		분야	자원재활용
구분	성 명	소속(학교)		학년(직위)
출품자	000	00고등학교		0학년
지도교원	000	00고등학교		교사

1. 제작동기

 지난 겨울 가족들과 함께 강원도 화천에서 열린 얼음나라 산천어 축제에 가서 조카들과 함께 얼음 썰매를 탔는데 얼음 썰매를 타던 중 조카가 넘어지면서 썰매 꼬챙이의 날카로운 못에 다리를 찔리는 사고가 발생하여 급히 병원을 찾은 적이 있었다.

 어린이들이 즐겨 타는 날카로운 꼬챙이의 위험성을 개선하여 보다 안전한 꼬챙이로 개선할 수 는 없을까? 생각하게 되었다.

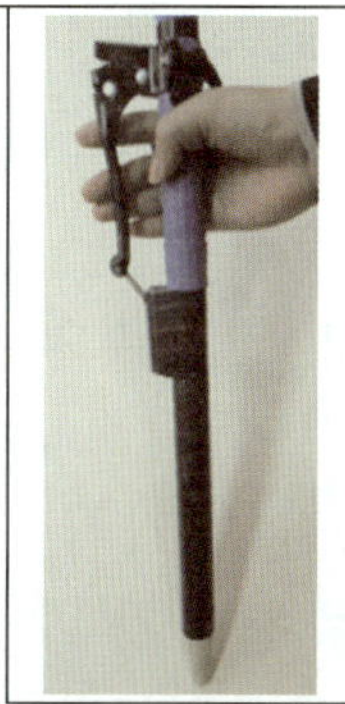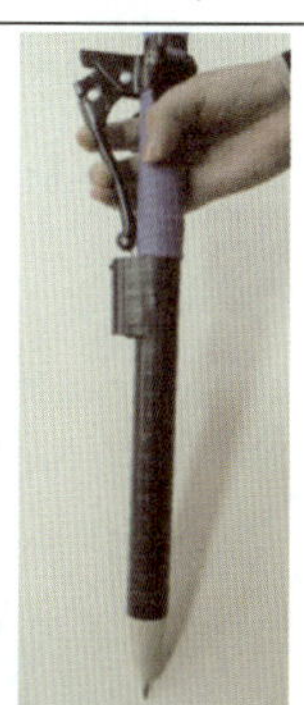

2. 작품요약

 자전거 손잡이를 이용하여 동물의 관절과 고양이의 숨겨진 발톱의 습성을 이용하여 제작한 작품으로 얼음을 찍을 때는 날카로운 못이 나오고, 얼음을 찍지 않을 때는 날카로운 못이 관 속으로 들어가 넘어지면서 꼬챙이에 찔려 다치는 사고가 발생하지 않게 하였다.

3. 작품내용

 가. 손잡이를 잡아당기면 수평방향으로 작용한 힘이 수직방향으로 바뀌어 관속에 들어 있는 못이 밖으로 나오도록 제작하였다.

 나. 스프링의 탄성을 이용하여 관 밖으로 나온 꼬챙이 못을 관속으로 되돌아 가도록 제작하였다.

 다. 꼬챙이 머리 부분에 끈을 달아 놓치더라도 튕겨나가 위험하지 않게 하였다.

4. 제작결과

 누구나 한번쯤은 어린 시절에 얼음썰매를 타며 재미있게 놀았을 것이다. 얼음썰매의 꼬챙이는 날카로운 못을 박아 만들기 때문에 재미있게 얼음썰매를 타는 과정에서 항상 위험성이 도사리고 있다. 이렇게 위험한 꼬챙이를 간단한 원리를 이용하여 힘을 줄 때만 못이 관 밖으로 나와 얼음을 찍을 수 있게 하였고 힘을 풀면 관속으로 다시 들어가도록 제작하여 뾰족한 못에 의해 찔리는 위험성을 없애 넘어질 때 발생하는 위험성을 완전히 개선하였다.

Ⅰ. 작품제작 설계

1. 작품제작 동기

가. 가구 손잡이는 왜 빠지는 걸까?

나는 실내 인테리어를 하시는 아버지를 따라 다니기를 좋아한다. 이유는 아버지의 손길이 닿으면 어느새 멋지게 변신하는 집들을 보는 것이 참 좋기 때문이다. 그런데 가끔 가구 손잡이가 빠져 없어지거나 손잡이가 자꾸 돌아가서 바꿔달라는 전화가 오는 것을 보았다. 손잡이는 종류나 모양이 너무 다양해서 똑 같은 것을 찾기가 쉽지 않다. 피곤하실 테니 좀 쉬셨으면 하는데도 손잡이 때문에 나가시는 아버지의 뒷모습을 보면서 "작은 것이지만 좀 잘 만들 수 없을까? 그런데 손잡이는 왜 자꾸 빠지는 거야?"라고 생각했다.

나. 어떻게 하면 가구 손잡이가 빠지지 않게 할 수 있을까?

자그마한 손잡이가 쉽게, 자주 빠져나갈수록 일손이 더욱 바빠지실 아버지의 번거로움을 해소해 드리고 싶었다. 나는 "손잡이의 불편함을 내가 한번 해결해 봐야지!"하는 결심을 하게 되었고 발명은 그렇게 시작되었다. 그 이후로 여러 번의 시행착오를 겪으면서 손잡이가 돌아가는 기존의 손잡이에서 쇠가시[1] 가 단단하게 고정시켜 빠지지 않는 쇠가시 손잡이를 만들게 되었다.

---

[1] 모양새가 가시 같고 쇠로 만든 것이기에 쇠가시라 이름 붙였다.

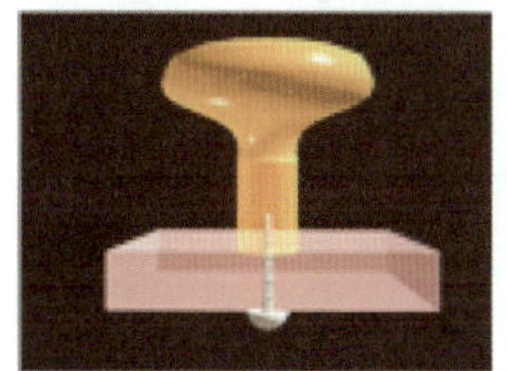
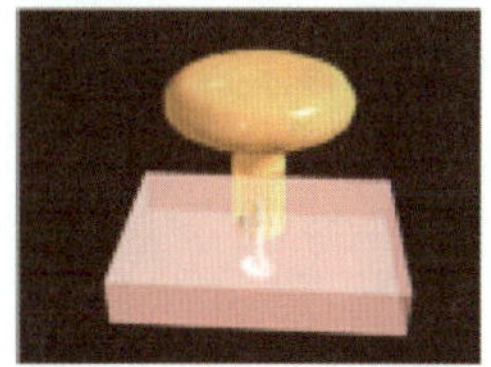

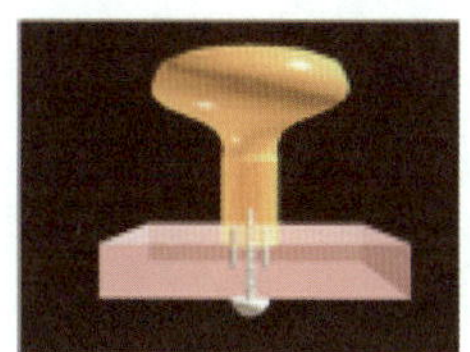
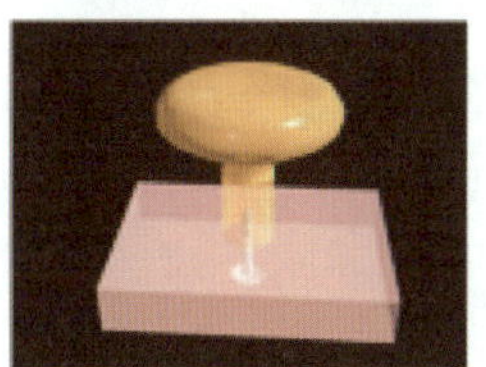

[그림 1] 기존 손잡이와 쇠가시 손잡이의 3차원 입체 투영도 비교

2. 작품제작 목적

가. 가구 손잡이가 돌아가 빠지지 않게 한다.

손잡이를 제작하는 과정에서 가구 손잡이에 나사를 조여주기 때문에 손잡이가 빠지지 않을 거라 생각하고 모든 사람들이 무심코 지나간다. 하지만 손잡이를 여러 번 사용하다 보면 나사가 풀려 있고 결국 손잡이가 빠진다. 손잡이가 빠지는 원인은 힘이 가해질 때 손잡이가 움직이기 때문이다, 서랍을 여닫을 때 손잡이가 좌우로 회전하는 것을 방지할 수 있는 방법을 찾는다.

나. 빠지지 않는 손잡이 제작과정이 간단해서 기존의 어떤 손잡이에도 쉽
  게 적용할 수 있고, 최소 비용으로 대량 생산이 가능하게 한다.

공정과정이 쉽게 이루어져야 하고 재료비가 저렴해야 한다.

다. 생활 속에서 손잡이의 원리와 같게 만들어진 물건들을 찾아서 다양하
  게 적용할 수 있다.

손잡이의 원리와 같게 만들어진 물건들은 주방의 가열기구에서 많이 찾아
볼 수 있다. 예를 들면 냄비, 솥, 주전자 뚜껑 등 . . . .

라. 빠지지 않는 손잡이 사용으로 가구를 오래 사용함으로써 자원을 아낄
  수 있다.

손잡이가 빠져나가고 구멍만 남아 있으면 아무리 좋은 가구라도 볼품이 없
어져 비싼 가격을 주고 구입한 가구도 미련 없이 버려진다. 디구나 없어진 손
잡이와 똑같은 것을 구입하기가 어려우니까, 기존에 있던 손잡이는 모두 빼내
어 버리고 새 것으로 모두 바꾼다. 이것도 얼마나 큰 낭비인가?

3. 작품제작 일정

가. 작품명　　 : 가구 손잡이 이제는 빠지지 않아요.
나. 제작기간　 : 0000. 03. 05 ~ 0000. 06. 30
다. 제작계획 및 절차
　　제작 계획 및 절차는 [표 1]과 같다

[표 1] 작품제작 일정

2. 과　　　정	3. 내 용 및 방 법	4. 기　간
5. 기초 조사	6. 제작계획 수립 7. 이론적 조사	8. 0000. 03 9. 0000. 03
10. 구상 단계	11. 손잡이에 대한 자료수집 12. 손잡이에 대한 설문 13. 과학발명 탐구 일기 쓰기 14. 설계도 작성	15. 0000. 04~ 16. 0000. 04. 06~0000. 04. 19 17. 0000. 04~ 18. 0000. 04. 02 ~ 04. 05
19. 작품 제작	20. 재료 확보 및 작품제작 21. 1차 작품 제작 및 보완 22. 2차 작품 제작 및 보완 23. 3차 작품 제작 및 보완 24. 4차 작품 제작 25. 교내 발명대회 출품 26. 시대회 출품 27. 4차 작품 보완 28. 도대회 출품 29. 실생활 응용 작품	30. 0000. 04. 05~0000. 04. 06 31. 0000. 04. 05~0000. 04. 06 32. 0000. 04. 08~0000. 04. 09 33. 0000. 04. 12~0000. 04. 15 34. 0000. 04. 15~0000. 04. 17 35. 0000. 04. 25 36. 0000. 05. 09 37. 0000. 05. 12~0000. 05. 18 38. 0000. 05. 21 39. 0000. 05. 27~0000. 6. 25
40. 출　　 품	41. 전국 학생 과학 발명품 경진 대회 출품	42. 0000. 06. 27

II. 작품의 제작

1. 아이디어 착안점

손잡이가 돌아가 빠지는 것을 방지할 수 있는 방법을 찾으려고 손잡이를 수집하여 보았다. 분류기준을 정하여 분류하던 중, '다양한 모양의 단추 손잡이와 손잡이가 돌지 않는 일자 손잡이의 장점을 결합해보면 어떨까?' 하는 아이디어가 쇠가시 손잡이를 착안하게 된 결정적 계기가 되었다.

2. 관련 이론 찾기

본 작품을 좀더 보강하기 위하여 고등학교 2학년 때, 물리 II 에서 배웠던 내용을 손잡이와 관련하여 조사하여 보았다.

강체의 평형조건

일반적으로 강체[2] 가 고정되어 어느 쪽으로도 움직이지 않을 조건은 다음과 같다.

$$\vec{F} = 0, \ \vec{\tau} = 0$$

여기서 $\vec{F}$ 는 물체에 작용하는 알짜힘(벡터)이고 $\vec{\tau}$ 는 물체에 작용하는 알짜 토크[3] (torque)이다. 성분으로 나타내면 $F_x = F_y = 0$, $\tau_x = \tau_y = \tau_z = 0$ 이 되어 모두 6개가 된다. [그림 2]처럼 물체가 못으로 결합되는 경우를 보면 알 수 있다.

---

2) 일정한 부피가 있고 모양이 변하지 않는 물체
3) 어떤 점을 중심으로 하여 회전하려는 성질, 힘의 모멘트라고도 한다.

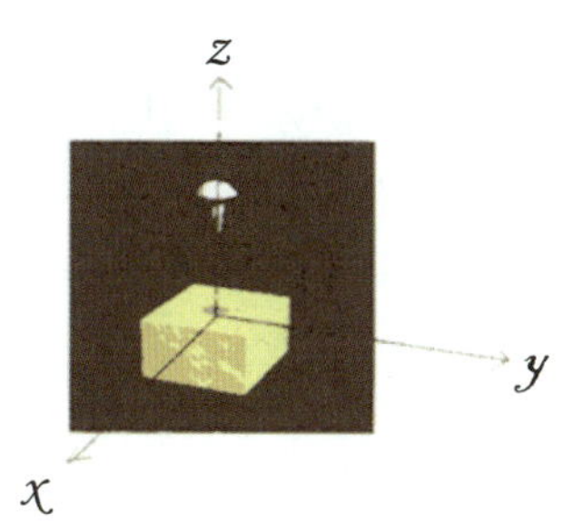

[그림 2] 물체가 못으로 결합되는 경우

못이 박히는 평면(x-y 평면) 상에서는 어느 쪽으로도 움직이기 어려울 것이 므로 $F_x = F_y = 0$ 이다. 그러나 못의 길이 방향으로 잡아당기는 당기는 힘에 대해서는 약하다.(못이 헐거워지는 경우) 즉, $F_z \neq 0$. 이를 보완하는 방법이 보통의 못을 나사못으로 바꾸는 것이다. 나사못의 경우라면 나사 홈이 재료와 꽉 조여지게 되어 $F_z = 0$ 이 되어 단단하게 고정된다. 보통의 못보다 나사못 으로 고정하는 것이 더 튼튼한 이유가 바로 이러한 이유이다.

◐ 손잡이가 빠지는 이론적인 이유

1) 손잡이를 만들 때, 앞으로 당기는 힘만 고려해 나사못으로 고정하 여 $\vec{F} = 0$ 이 되게 했다.
2) 한 번에 가해지는 큰 힘에 의해 빠지는 것이 아니라 여러 번 반복 적으로 서랍을 여닫을 때 무의식적으로 가해지는 회전력에 대해 서는 고려하지 않았기 때문이다.

여기에 토크를 고려하면 못이 가구 판을 파고 들어가기 때문에 손잡이가 돌 아가기 어려우므로 $\tau_x = 0$, $\tau_y = 0$ 이다. 그러나 못의 길이 방향을 축으로 하는 회전에 대해서는 취약하다.($\tau_z \neq 0$) 이 점을 보강하기 위해서는 또 하 나의 못을 더 박거나 본 발명과 같이 쇠가시를 양쪽에 부착하면 $\tau_x = 0$, $\tau_y = 0$, $\tau_z = 0$ 이 되어 쇠가시가 빠지지 않게 된다.

가구 손잡이가 나사못의 길이 방향을 축으로 하는 회전에 대해서는 취약하다($\tau_2 \neq 0$). 이 점을 보강하기 위해서는 너트를 중심으로 양쪽에 못을 더 박아 $\vec{\tau} = 0$ 이 되게 하면 손잡이가 빠지지 않는다.

3. 탐구단계

가. 쇠가시의 개수

[그림 3] 쇠가시 개수에 따른 회전력

[표 2] 쇠가시의 개수와 힘의 모멘트

쇠가시의 개수	1개	2개	3개
특　징	회전력은 감소하나 쇠가시 있는 쪽에 힘을 받아 기우뚱하게 박힌다.	쇠가시 2개를 부착하면 힘의 모멘트(토크)가 0이 되어 손잡이가 돌아가지 않을 것이다.	쇠가시 2개를 부착했을 때와 마찬가지로 손잡이가 돌아가지 않으나 제작 시간이 더 걸릴 것이다.
통제변인	쇠가시의 길이, 쇠가시의 굵기		

1) 중간 못을 8mm로 잘라 쇠가시를 만든 다음, [그림 3]와 같이 손잡이에 1개, 2개, 3개의 쇠가시를 넣어 분석해 보게 한다.
2) 쇠가시의 개수가 많을수록 손잡이가 돌아가는 현상을 막을 수 있으나 제작시간이 길어진다.

나. 쇠가시의 길이

[그림 4] 쇠가시 길이에 따른 회전력

[표 3] 쇠가시 길이와 회전에 대한 저항 힘의 관계

쇠가시의 길이	2 mm	4 mm	6 mm
회전에 대한 저항의 힘	2 F	4 F	6 F
특 징	회전에 대한 저항힘이 가장 작다.	저항 힘은 중간이며 휘지 않는다.	회전에 대한 저항힘은 가장 커서 회전에 가장 강하다. 하지만 너무 길면 박히는데 힘이 많이 들어가거나 휘어진다.
통 제 변 인	쇠가시의 길이, 쇠가시의 굵기		

1) 중간 못을 각각 8, 8, 11mm로 자른 다음, 쇠가시가 밖으로 나오는 길이를 각각 2, 4, 6mm로 한다.
2) 쇠가시의 길이가 길어지면 회전에 저항하는 힘은 커진다.

다. 쇠가시의 굵기

[표 4] 쇠가시 굵기에 따른 특징

쇠가시의 굵기	침 핀	가는못	중간못
특 징	침핀은 너무 가늘어 쇠가시가 박혀 들어갈 때 휘어진다.	가는 못은 휘어지지 않고 잘 박혀 들어간다.	쇠가시가 박혀 들어갈 때 힘이 든다.
통 제 변 인	쇠가시의 길이, 쇠가시의 굵기		

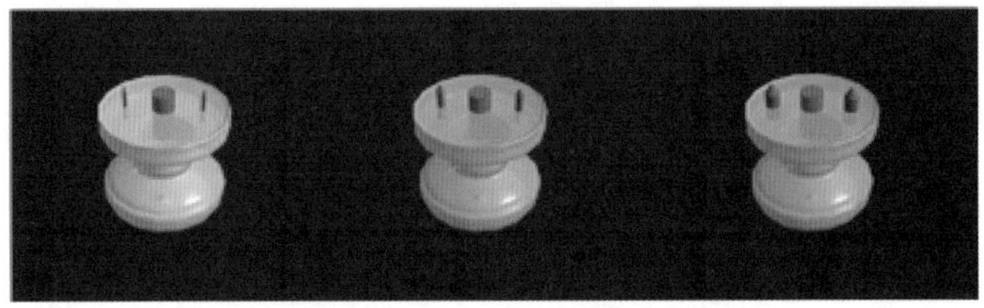

[그림 5] 쇠가시 굵기에 따른 회전력

1) 쇠가시 재료를 침핀, 가는 못, 중간 못을 8mm로 잘라 모두 3mm가 밖으로 나오게 손잡이에 박는다.
2) 쇠가시의 굵기는 너무 가늘면 들어갈 때 힘을 받아 휘어지고 너무 굵으면 나무판에 잘 들어가지 않는다.

4. 구상 단계

⊙ **가구 손잡이 제작을 위한 기초 조사내용**

가. 가구 손잡이에 대한 자료 탐구
나. 가구 손잡이에 대한 설문 조사 및 분석
다. 설문의 응답 내용을 바탕으로 기존 손잡이에 대한 문제점 분석
라. 가구 손잡이 발명 탐구일지 쓰기

가. 손잡이에 대한 자료 탐구

1) 손잡이 수집

　우리 주변에서 볼 수 있는 손잡이를 모두 수집해서 비교해 보기로 했다. 모아 놓고 보니 [사진 1]에서 보는 것처럼 정말 다양한 모양의 예쁜 손잡이들이 우리 주위에 있었다.

[사진 1] 손잡이 분류과정

2) 손잡이 분류

　많은 손잡이들을 모아 놓고 보니 엄두가 나지 않았다. 이 때 선생님께서 분류 기준을 한 번 정해 보라고 하셨다. 그래서 손잡이를 분류하기 위한 관찰은 시작되었다.

가) 분류기준

정말 다양한 모양의 손잡이를 어떻게 분류해야할지 자신이 없었다. 손잡이 관찰 결과 먼저 눈으로 봐서 금방 구분할 수 있는 것은 나사의 개수였고, 손잡이의 재질, 손잡이 모양 등이 있다.

- ■ 나사의 개수 : 1개, 2개
- ■ 손잡이의 재질 : 나무, 금속, 플라스틱, 유리 등
- ■ 손잡이의 모양 : 원형, 고리, 사각형, 타원형, 하트모양 등이 있는 데 이를 크게 단추손잡이[4] 와 일자 손잡이[5] 로 나누었다.

본 발명에서는 3차 작품의 문제점을 보완하기 위해 위의 기준들 중에서 손잡이 모양에 의한 분류[사진2]와, 나사의 개수에 의한 분류 [사진 3]의 두 가지로 나누어서 비교해 보았다.

(a) 단추 손잡이

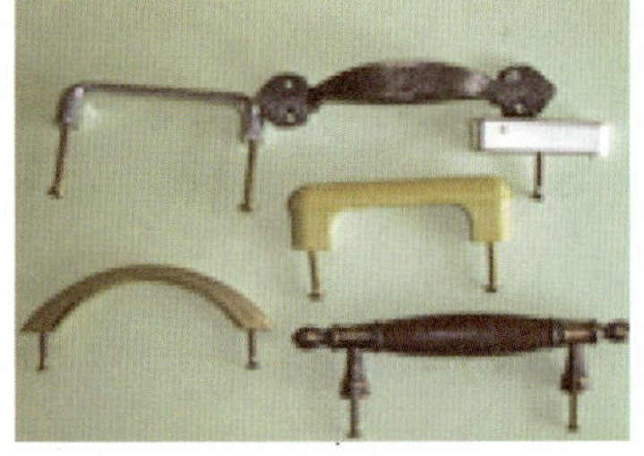
(b) 일자 손잡이

[사진 2] 손잡이 모양에 의한 분류

(a) 나사가 1개인 손잡이

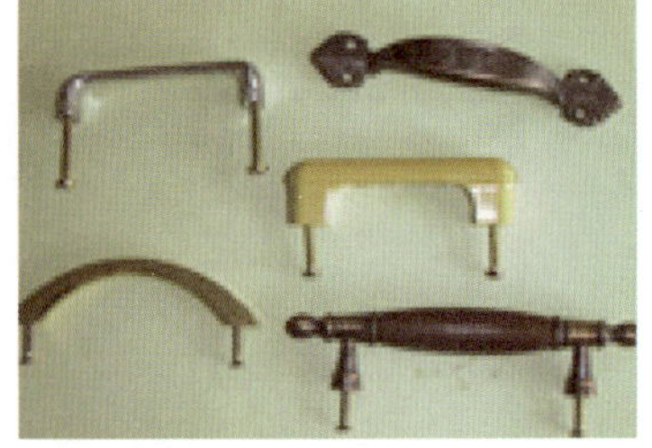
(b) 나사가 2개인 손잡이

[사진 3] 나사의 개수에 의한 분류

---

4) 손잡이를 잡으면 손안에 들어 갈 수 있는 손잡이로 직경이나 가로의 길이가 4cm이하인 손잡이를 총칭하여 단추 손잡이라 이름 붙였다
5) 일반적으로 6cm이상인 긴 모양의 손잡이를 일자 손잡이라 이름 붙였다.

3) 분류기준들과의 관계

　분류기준들은 손잡이 모양과 나사의 개수인데, 즉 단추 손잡이, 일자 손잡이, 나사가 1개인 손잡이, 나사 2개인 손잡이로 나타낼 수 있다. 이들 관계를 알아내기 위해 표로 만들어 비교해 보았다. 손잡이 총 27개 중에서 20개는 단추손잡이였고, 일자 손잡이는 7개였다.

[표 5] 손잡이 모양과 나사 개수와의 관계

나사의 개수 \ 손잡이 모양	단추 손잡이	일자 손잡이
1개	20	1
2개	0	6

　[표 5]를 분석해 본 결과 단추손잡이의 대부분은 나사가 한 개였고, 모양이 긴 일자손잡이는 나사가 두 개인 것을 알 수가 있었다. 따라서 이제부터 나사가 한 개인 것은 단추 손잡이로, 나사가 2개인 손잡이는 일자 손잡이로 한다.

나. 손잡이에 대한 설문 조사 및 분석

1) 설문 조사 기간 : 0000. 04. 06 ~ 0000. 04. 19

　손잡이에 대한 구체적인 자료를 얻기 위하여 1학년 6개 반 179명을 대상으로 [부록 1]에 나와 있는 설문지를 나누어주고 설문 결과를 분석해 보았다. 설문에 응답한 학생의 성별 및 인원은 [표 6]과 같다.

[표 6] 손잡이 설문에 응답한 학생

학년 · 반	남	여	계
1 - 3	12	16	28
1 - 4	13	17	30
1 - 5	16	14	30
1 - 6	14	18	32
1 - 7	14	16	30
1 - 8	12	17	29
계	81	98	179

2) 설문조사 결과 분석

설문지에 대해 문항별로 분석을 해보았다.

※ 각 문항을 읽고 해당되는 부분에 ○표 하여 주십시오.(응답 총 인원 : 179명)

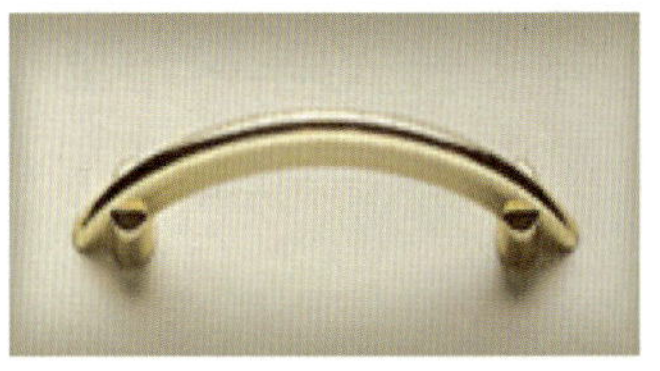

(a) 일자 손잡이

(b) 단추 손잡이

1. 서랍을 열 때 손잡이 때문에 불편한 경험이
   있었습니까?

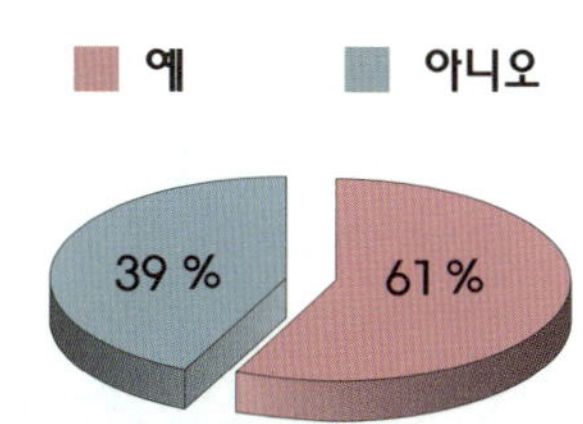

   예   109명(61%)
   아니오   70명(39%)

   ■ 응답자의 61%가 손잡이 때문에 불편한 경험을 가지고 있다.

2. 여러분의 집에서 사용하고 있는 손잡이 중
   흔들거리거나, 빠지고 없는 손잡이가 있나요?

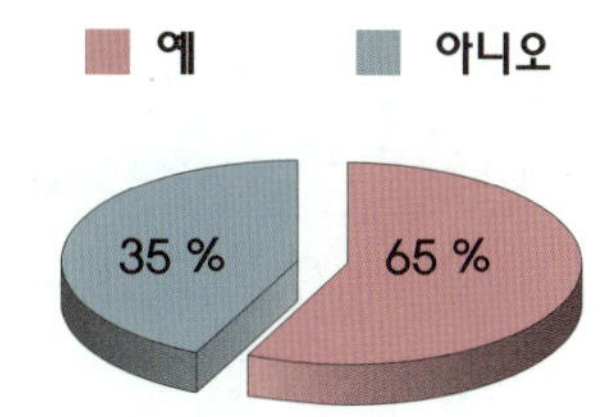

   예   116명(65%)
   아니오   63명(35%)

   ■ 응답자의 65%가 집에서 사용하고 있는
     손잡이 중에서 흔들거리고 빠지고 없는
     손잡이가 있다고 응답했다. 이는 손잡이
     가 생각했던 것보다 잘 빠진다는 것을 알려준다.

2-1. 있다면 손잡이의 모양은 어떤 것
    이었나요?

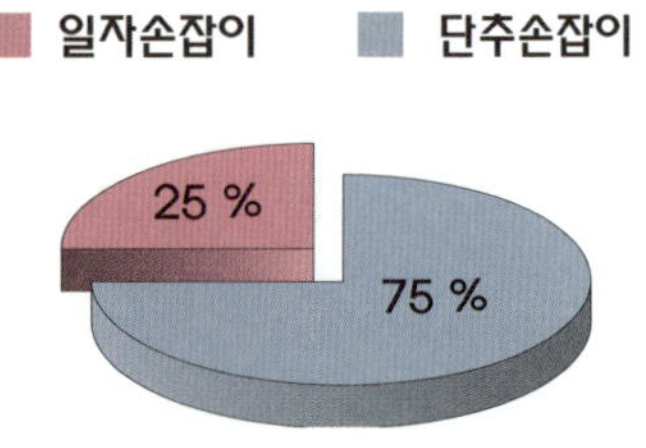

    (a) 일자 손잡이   29명(25%)
    (b) 단추 손잡이   87명(75%)

    ■ 집에서 사용하고 있는 손잡이 중
      에서 일자 손잡이보다는 단추 손잡이가 잘 돌아가 빠진다는 것을 보여준다.

3. 여러분의 가정에는 위 손잡이 중 어느
   종류의 손잡이가 더 많은가요?

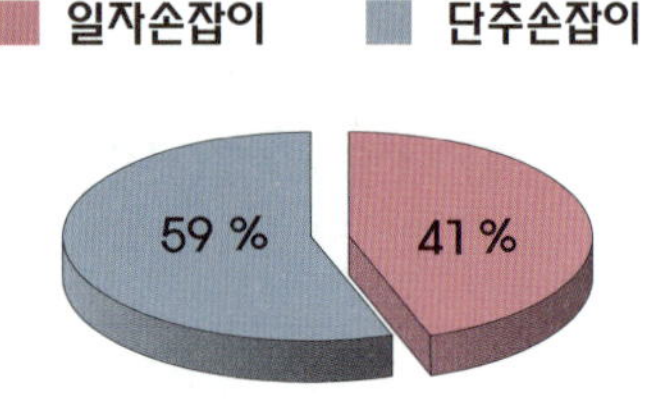

    (a) 일자 손잡이   74명(41%)
    (b) 단추 손잡이   105명(59%)

    ■ 가정에서 사용하는 손잡이는 일자 손
      잡이보다 단추손잡이(59%)를 부착한 가구가 더 많다는 것을 의미한다.
      이런 이유에서도 단추 손잡이가 잘 빠지는 것을 보완해야 한다

4. 만약 손잡이를 바꾼다면 어떤 손잡이로
   바꾸시겠습니까?

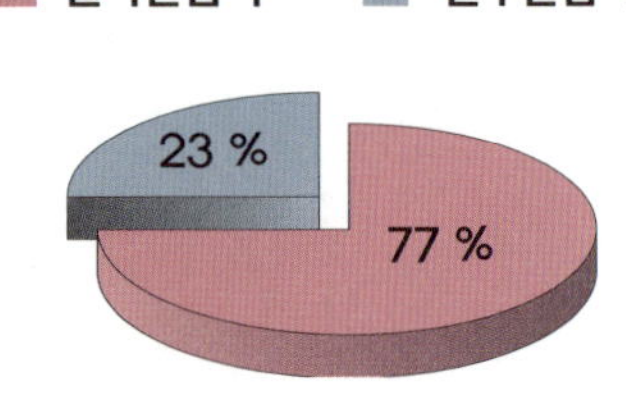

    (a) 일자 손잡이   137명(77%)
    (b) 단추 손잡이   42명(23%)

    ■ 단추 손잡이가 모양도 다양하고 예쁘
      지만 잘 빠지기 때문에 단추 손잡이보다는 일자 손잡이를 선호한다.

5. 큰 서랍에는 주로 어떤 종류의 손잡이
   를 많이 씁니까?

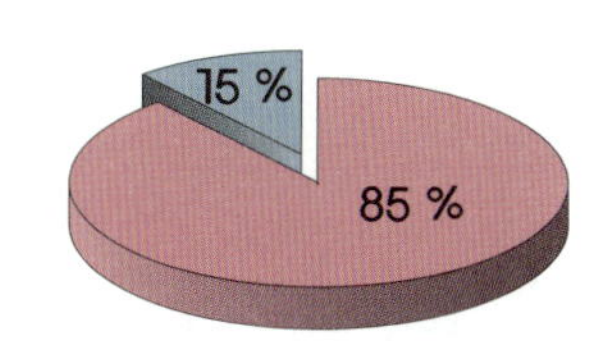

   (a) 일자 손잡이   153명(85%)
   (b) 단추 손잡이   26명(15%)

■ 큰 서랍에는 주로 일자 손잡이를 사
   용한다고 85%의 학생들이 응답했다.

6. 작은 서랍에는 주로 어떤 손잡이를 많이
   씁니까?

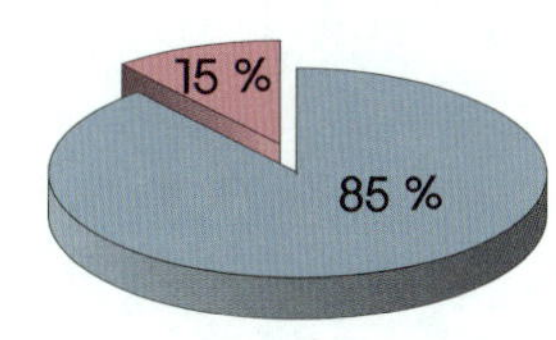

   (a) 일자 손잡이   27명(15%)
   (b) 단추 손잡이   152명(85%)

■ 작은 서랍에는 주로 단추 손잡이를 주로 사용한다고 85%의 학생들이 응
   답했다.

7. 서랍에서 손잡이의 역할은 어떻다고
   생각하십니까?

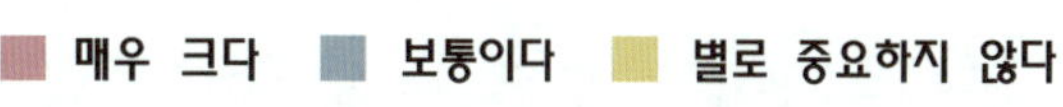

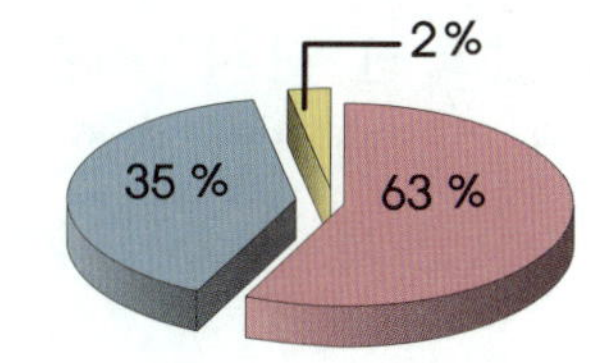

   (a) 매우 크다   112명(63%)
   (b) 보통이다   63명(35%)
   (c) 별로 중요하지 않다   4명(2%)

■ 많은 학생들이 가구의 손잡이의 역할은 아주 크다고 생각하고 있었다.

다. 단추 손잡이와 일자 손잡이의 장·단점

단추 손잡이와 일자 손잡이의 장·단점을 비교한 결과는 [표7]과 같다.

[표 7] 단추 손잡이와 일자 손잡이의 장·단점 비교

장·단점＼손잡이	단추 손잡이	일자 손잡이
장 점	• 모양이 다양하고 많아서 선택의 폭이 넓다. • 잡기 편하다 • 공정과정이 쉽고, 부착하기 쉽다	• 공정과정이 쉽고, 부착하기 쉽다 • 손잡이가 돌아가지 않아 빠지지 않는다. • 폭이 길거나 넓은 서랍에도 부착할 수 있다. • 두 나사로 인해 튼튼하게 부착되어 오래 사용 가능하다.
단 점	• 손잡이가 쉽게 돌아가고 잘 빠진다. • 큰 서랍에 부착하기 어렵다	• 모양이 다양하지 않다. • 작은 서랍에는 적합하지 않다.

5. 작품 제작의 실제

가구 손잡이를 모두 수집하여 분석한 사실을 바탕으로, 처음에 손잡이가 돌아가지 않으면 나사도 풀리지 않을 거라는 생각으로 발전하면서 잠정적으로 내린 결론은 "손잡이가 좌우로 돌아가는 것이 손잡이가 빠지는 주된 원인이다"라는 것이었다. 그래서 손잡이가 돌아가는 것을 방지하기 위한 손잡이 여행은 시작되었다.

먼저 간단하게 양면 테이프를 이용해서 제작해 보고 제작 후 문제가 있으면 문제점을 보안하여 작품을 제작하기로 했다.

가. 1차 작품

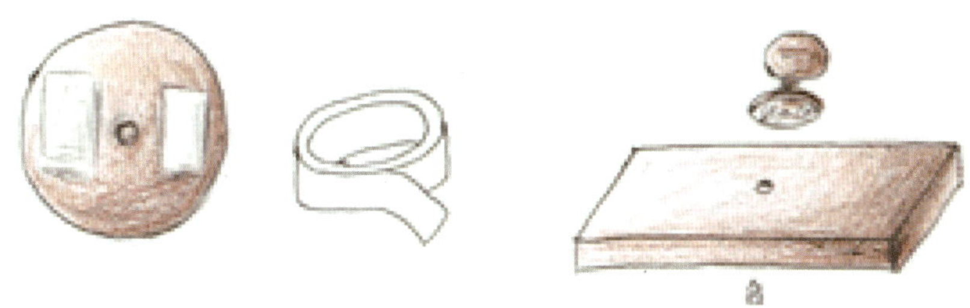

[그림 6] 양면테이프를 이용한 손잡이 부착

1) 1차 작품 제작 방법
　■ 제작에 필요한 준비물 : 가구 손잡이, 양면테이프, 드라이버
　가) [그림 6]과 같이 양면 테이프를 이용하여 손잡이를 붙인다.
　나) 나무판에 드라이버를 이용하여 손잡이를 부착한다.

2) 1차 작품의 적용 및 수정 보완
　1차 작품의 장점과 개선할 점은 [표8]과 같다.

[표 8] 1차 작품의 장점과 개선할 점

구　분	장　　점	개선할 점
기능상 문제	제작은 쉽고, 자주 사용하지 않는 서랍이라면 어느 정도 효과는 있다.	힘을 세게 주니까 손잡이가 돌아갔다. 힘의 세기에 영향을 받는 것은 개선할 점이다.
미관상 문제	손잡이 안쪽에 양면테이프를 붙이기 때문에 표가 나지 않는다.	손잡이가 떨어져 나갔을 경우 양면 테이프가 가구에 남아 있어 지저분했다.

나. 2차 작품

　1차 작품의 보완점인 강한 힘을 주어도 돌아가지 않을 방법을 생각하던 중 본드가 눈에 띄었다. 본드를 이용하면 좀 더 강한 힘을 받지 않을까?

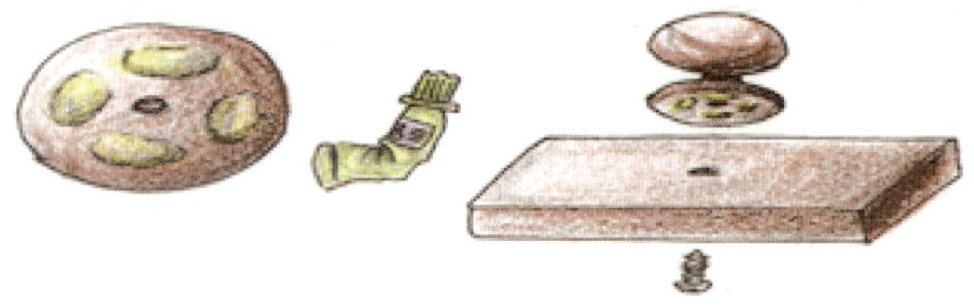

[그림 7] 본드를 이용한 손잡이 부착

1) 2차 작품 제작 방법
　　■ 제작에 필요한 준비물 : 가구 손잡이, 본드, 드라이버
　　가) [그림 7]과 같이 본드를 이용하여 손잡이를 붙인다.
　　나) 드라이버를 이용하여 나사를 조여준다.

2) 2차 작품의 적용 및 수정 · 보완
　　2차 작품의 장점과 개선할 점은 [표 9]와 같으며, 2차 작품에서 나타난 문제점을 보완, 개선하여 4차 작품에 반영했다.

[표 9] 2차 작품의 장점과 개선점

구 분	장 점	개선할 점
기능상 문제	제작이 쉽고, 제작비가 거의 들어가지 않는다. 손잡이를 돌려보니까 양면 테이프를 사용했을 때보다 강한 힘을 받았다.	힘을 세게 주어도 움직이지 않았지만 계속 사용하다 보면 접착력이 떨어질 것이다. 실험은 해보지 않았지만, 온도가 높아지면 접착력이 떨어질 가능성도 크다.
미관상 문제	손잡이 안쪽에 본드를 붙이기 때문에 표가 나지 않는다.	손잡이가 떨어져 나갔을 경우 접착제 흔적이 남아 있어 가구가 지저분했다.

다. 3차 작품

2차 작품의 보완점인 온도에 의해 쉽게 떨어지지 않고 계속적인 힘을 받아도 손잡이가 돌아가지 않을 방법을 찾기 위해 고심하던 중, 메모 칠판에 압정으로 종이를 고정시켜 놓은 것이 눈에 띄었다. 압정을 빼서 어떻게 하면 손잡이에도 적용할 수 있을까 생각한 끝에, [그림 8]과 같은 과정으로 손잡이를 만들었다.

[그림 8] 3차 작품의 제작 과정

1) 3차 작품 제작 방법
　■ 제작에 필요한 준비물 : 손잡이, 압정 1개, 펜치, 송곳, 드라이버, 니퍼

　　가) 압정의 핀 부분을 펜치로 자른다. 본 발명에서는 압정 핀을 자른 것을 쇠로 만든 가시라 해서 쇠가시라 이름을 붙였다.
　　나) 송곳으로 가구 손잡이의 너트 주변에 압정 핀을 넣을 구멍을 낸다.
　　다) 니퍼를 이용하여 구멍에 압정 핀을 넣는다.
　　라) 쇠가시 하나를 부착한 다음, 손잡이를 나무판에 대고 반대편에서 나사를 조인다.

2) 3차 작품의 적용 및 수정 보완
3차 작품의 장점과 개선할 점은 [표10]과 같다.

[표 10] 3차 작품의 장점과 개선할 점

구　분	장　점	개선할 점
기능상 문제	힘을 가해도 손잡이가 돌아가지 않았고, 재료를 주변에서 쉽게 구할 수 있고 부착과정도 간단하다.	송곳으로 구멍을 뚫고 나서 쇠가시를 넣으니까, 구멍이 쇠가시 지름보다 커서 쇠가시가 쉽게 빠지거나 흔들렸다.
미관상 문제	쇠가시를 안쪽에 부착하기 때문에 외관상으로는 표가 나지 않는다.	쇠가시 한 개를 손잡이에 부착하고 나사를 조이니까, 박혀 들어가는 과정에서 쇠가시가 있는 쪽이 힘을 받아 쇠가시 반대쪽은 약간 들려서 기우뚱하게 들어갔다.

라. 4차 작품

3차 작품에서 쇠가시가 헐거워 빠져나가는 것도 문제였지만, 기우뚱하게

박히는 것에 대한 해결방안을 찾고 있던 중에 선생님께서 좀더 많은 손잡이를 모아서 관찰을 해 보자고 하셨다. 그래서 손잡이를 수집하여 분류해 보았다.

◑ 손잡이에 구멍을 내는 방법

3차 작품에서 쇠가시 두 개를 넣으니까 박혀 들어갈 때 기울어지는 현상은 막았는데 나무에 구멍을 내는 일도 힘들었고 특히 쇠로 만들어진 손잡이는 송곳으로는 아예 구멍을 낼 수가 없었다. 손잡이에 구멍을 손쉽게 뚫을 방법을 발명반 학생들과 여러 가지로 생각하고 있을 때, 어떤 친구가 **드릴을 사용하자는 제안**을 했다. 그래서 드릴로 해보니까 송곳으로 할 때보다 훨씬 빨리 구멍을 뚫을 수가 있었고, 구멍의 크기를 원하는 대로 낼 수가 있어서 더 좋았다.

◑ 단추 손잡이와 일자 손잡이의 교묘한 결합

선생님께서 단추 손잡이와 일자 손잡이의 장점을 모두 살릴 수 있는 방법을 찾아보라고 하셨다. 단추 손잡이의 돌아가기 쉬운 점을 일자손잡이가 보완하고, 회전력이 없는 일자 손잡이의 공정 과정의 복잡함을 단추 손잡이가 보완하는 방법을 생각해 봤는데, 그 때 "단추 손잡이와 일자 손잡이의 장점을 결합하면 어떨까?"하는 생각이 들었다.

[그림 9] 두 손잡이의 합체

단추 손잡이와 일자 손잡이의 장점을 생각하며 두 손잡이를 [그림 9]에서 보는 것처럼 합체를 해보았다.

　잡기 편리하고 부착하기 편리한 단추 손잡이의 장점과 돌아가지 않는 일자 손잡이의 특징을 합체해 보니까, "정말 이거구나"하는 생각이 들었다. 일자 손잡이의 나사부분이 하는 역할을 쇠가시가 하게 되니까, 단추 손잡이와 일자 손잡이의 장점을 교묘하게 결합시킨 '쇠가시 손잡이'가 탄생한 것이다.

1) 4차 작품 제작 방법

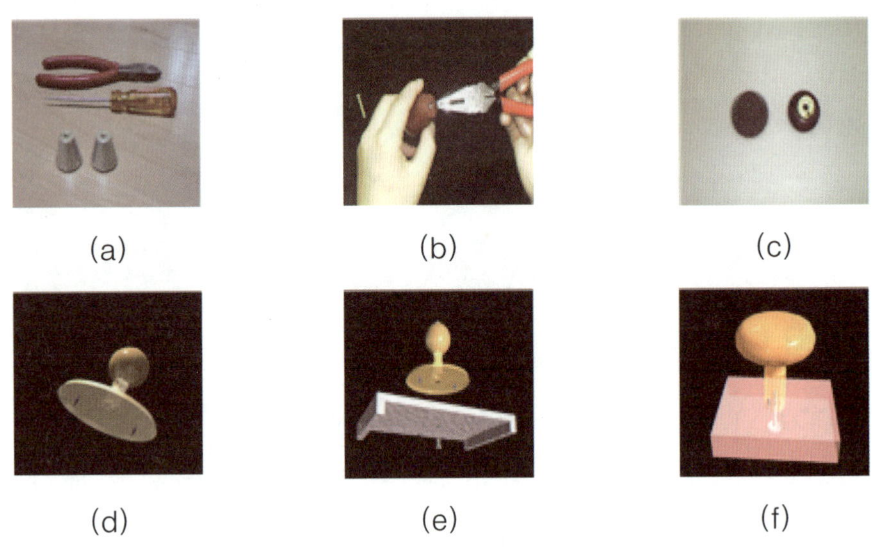

(a) (b) (c)

(d) (e) (f)

[그림 10] 쇠가시 단추 손잡이의 제작 과정

■ 제작에 필요한 준비물 : 가구 손잡이, 압정 2개, 펜치, 송곳, 드라이버, 니퍼
가) 펜치로 압정 핀 두 개를 자른다.
나) 쇠가시의 지름에 따라 알맞은 크기를 선택해서 드릴로 나사구멍을 중심으로 양쪽에 구멍을 뚫는다.
다) 구멍에 쇠가시를 니퍼를 이용하여 세게 넣는다.
라) 쇠가시 2개가 부착된 손잡이를 나무판에 대고 [그림 10]의 (e)와 같이 반대쪽에서 나사를 조여주면, [그림 10]의 (f)와 같이 쇠가시가 나무에 박혀 들어가면서 손잡이가 돌아가는 것을 막아준다.

2) 4차 작품의 적용 및 개선할 점

4차 작품의 방점과 개선할 점은 [표11]과 같다.

[표 11] 4차 작품의 장점과 개선점

구 분	장 점	개선할 점
미관상 문제	외부적으로 표시가 나지 않고도 손잡이가 돌아가는 현상을 막을 수가 있었다.	나무로 된 손잡이는 쇠가시를 부착하여 나사를 조여주면 돌아가지 않았지만, 손잡이를 분리할 때, 쇠가시가 손잡이에서 빠져나가 나무에 박혀 있었다.
기능상 문제	• 손잡이의 재질에 관계없이 드릴을 이용하면 다양한 크기의 구멍을 뚫을 수 있다. • 손잡이에 쇠가시 두 개를 꽂으니까 힘이 균형을 이루어 손잡이가 기울어지는 현상이 없어졌다.	• 나무로 된 손잡이에 꽂혀 있는 쇠가시는 여러 번 실험을 하니까 구멍이 헐거워져 쇠가시가 빠져 나갔다. – 손잡이 재질이 나무인 경우의 문제점 • 금속으로 된 손잡이에 쇠가시를 부착할 때 압정 핀이 박혀 들어가면서 휘어졌다. • 나사가 하나인 단추 손잡이에는 쇠가시가 효과적이었지만, 나사가 두 개인 일자 손잡이에는 쇠가시가 별 효과가 없었다.

3) 4차 작품의 최종 수정 · 보완

나무손잡이에서 쇠가시의 흔들거림과 모든 손잡이에 쇠가시가 다 적용되는 것이 아니라 회전력에 약한 단추 손잡이에만 사용해야 하는 점을 보완하고자 일자손잡이와 단추손잡이의 구조를 분석하고 선생님과 해결 방법을 생각해 보기 시작했다. 또한 4차 작품에서 해결하지 못한, 나무 손잡이에서 쇠가시가 흔들거려 빠져나가는 것에 대한 대책을 발명반 친구들과 함께 협의했다. 회의 결과를 수정·보완한 내용은 [표 12]와 같다.

4차 작품의 문제점	보 완
• 여러 번 실험을 하자 나무로 된 손잡이에 꽂혀 있는 쇠가시는 구멍이 헐거워져 쇠가시가 빠져나갔다.	나무에 박히는 쇠가시의 밑 부분에 본드를 살짝 묻혀서 구멍에 넣으니까 흔들림이 감쪽같이 사라졌다.
• 금속으로 된 손잡이에 쇠가시를 부착할 때 압정 핀이 박혀 들어가면서 휘어졌다.	압정 핀 대신에 압정보다 굵은 쇠못으로 바꿔 부착하니까 힘을 받아도 휘어지지 않았다. 이 부분은 앞으로 대량생산 시 공정과정에서 손잡이에 약간의 돌출부위를 첨가하면 간단하게 해결된다.

6. 최종 창안품 및 활용품

가. 최종 창안품

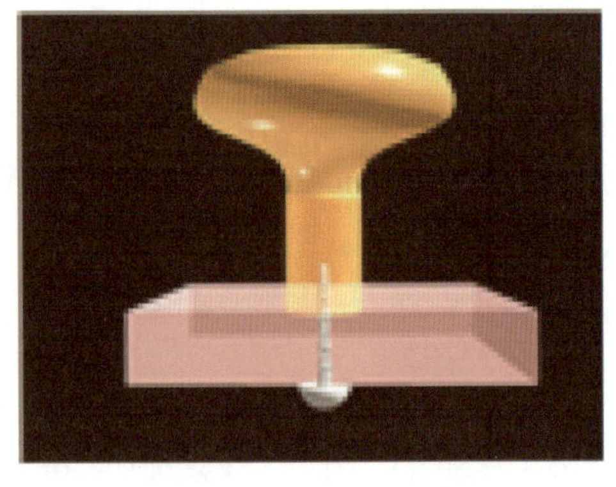 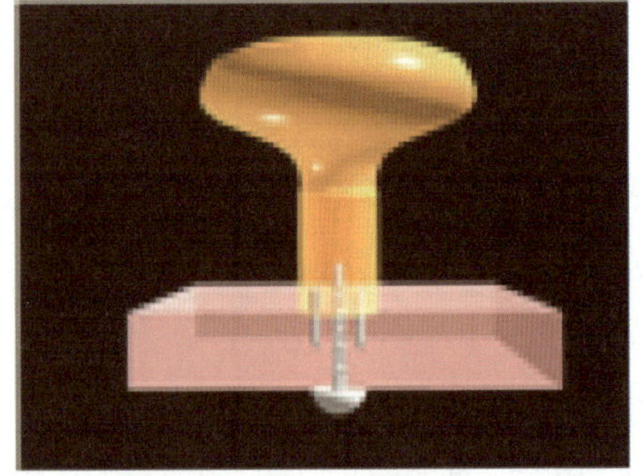

(a) 기존 손잡이 투영도   (b) 쇠가시가 부착 된 손잡이 투영도

[그림 11] 기존 손잡이와 쇠가시 손잡이의 3차원 투영도 비교

(a) 기존 손잡이　　　　　　　(b) 쇠가시 손잡이

[사진 4] 기존 손잡이와 쇠가시 손잡이의 실물 비교

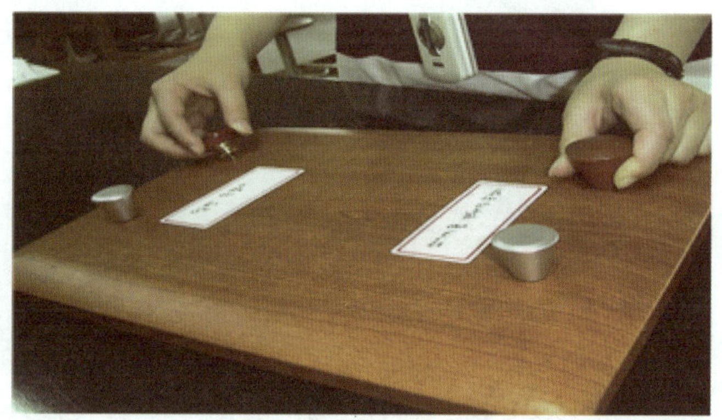

[사진 5] 일반 손잡이와 쇠가시 손잡이의 회전력 비교 실험

나. 쇠가시 원리를 이용한 활용품

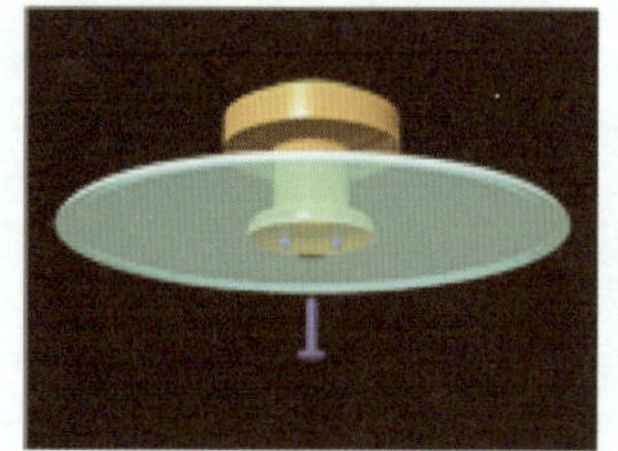
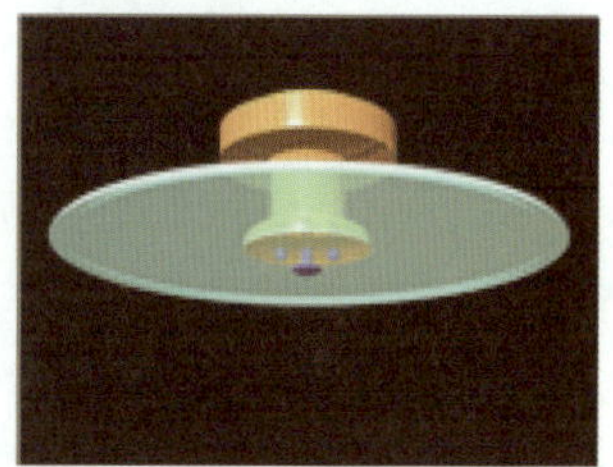

[그림 12] 쇠가시의 원리로 만들어진 냄비 뚜껑의 3차원 투영도

[그림 12]에서 보는 것처럼 더 나아가 생활 속에서 손잡이 원리와 같게 만들어
진 주전자, 냄비, 솥 등 손잡이가 달린 모든 뚜껑 달린 물건들을 찾아서 다양하게
적용 활용할 수 있다. 냄비 뚜껑의 경우 공정과정에서 손잡이에 돌출부분을 만들
고 유리나 금속 부분에 구멍을 뚫어 놓으면 손잡이가 돌아가거나 빠질 염려가 없
어 안전하게 사용할 수 있다.

[사진 6] 쇠가시 원리를 이용한 뚜껑과 일반 냄비 뚜껑

[사진 6]은 [그림 12]와 같이 쇠가시 원리로 만들어진 냄비 뚜껑이다. 기존 냄
비 뚜껑은 손잡이가 돌아갔지만 쇠가시 원리를 이용한 냄비 뚜껑은 손잡이가 돌
아가지 않는 것을 확인할 수 있었다.

Ⅲ. 결론 및 활용 전망

1. 결론 및 활용방안

기존 손잡이의 경우, 손잡이가 빠지는 원인은 앞으로 잡아당길 때의 힘만 고려해서 나사못으로 고정을 했기 때문에 손잡이가 자주 빠졌다.
본 발명에서는 손잡이를 열고 닫을 때, 손잡이가 좌우로 돌아가는 것을 방지하기 위하여 손잡이 안쪽에 쇠가시 2개를 부착했다. 그 결과 힘의 모멘트(토크)가 $\vec{\tau} = 0$이 되어 손잡이가 돌아가지 않았다.

공정과정이 쉽고 재료가 간단하다. 만약 대량 생산을 원한다면 가구 손잡이 공정과정에서 약간의 돌기를 만들면 저렴한 비용으로 쇠가시 손잡이를 만들어 낼 수 있다.

손잡이 원리와 같게 만들어진 물건들은 주방의 가열기구에서 많이 찾아 볼 수 있었다. 가열기구의 뚜껑이 흔들리면 불안하고 손잡이가 빠지면 안전에도 문제가 있다. 냄비 뚜껑을 쇠가시 원리로 만든 결과 손잡이가 돌아가지 않았다.

라. 빠지지 않는 손잡이 사용으로 가구를 오래 사용함으로써 자원을 아낄
　　수 있다.

손잡이가 빠져나가고 구멍만 남아 있으면 아무리 좋은 가구라도 볼품이 없
어져 비싼 가격을 주고 구입한 가구도 버린다. 더구나 없어진 손잡이와 똑같
은 것을 구입하기가 어려우니까, 기존에 있던 손잡이는 모두 빼내어 버리고
새 것으로 모두 바꾼다, 이것도 얼마나 낭비인가? 처음부터 손잡이가 빠지지
않게 만들면 경제적 이득은 매우 크다고 본다.

2. 제작 후기

이 발명품은 일단 우리 아버지의 고충에서 비롯되었다. 고단한 하루 일과
를 마치고도 아버지는 집으로 걸려 오는 전화 때문에 자주 일을 다시 나가셨
는데 그 중의 대부분은 손잡이 고장으로 인한 것이었다. 고장나지 않는 손잡
이, 쉽게 빠지지 않고 오래 고정될 수 있는 손잡이에 대한 고민은 이렇게 시
작되었고 그 결과가 지금까지 이르게 된 것이다.

물론 쉽지만은 않은 과정이었고 고 3이라는 시간적인 제약 때문에 걱정도
많이 되었지만 동시에 많은 깨달음을 주기도 한 과정이었다고 생각한다. 토
요일, 일요일이면 어김없이 선생님과 학교에 남아 시간을 보냈고 공부할 시
간조차 없어 밤을 새운 적도 많았다. 그래서 지금의 작은 결실이 더더욱 소
중하게 느껴지는 것 같다.

그리고 무엇보다도 가장 큰 성과는 문제를 해결할 수 있는 능력과 자신감
이 생겼고, 작은 아이디어를 소중하게 생각하는 계기가 되었다는 점이다.
그냥 지나칠 수 있는 사소한 것들에서도 커다란 변화와 발전을 이끌어 낼
수 있다는 점을 절실하게 깨달을 수 있었기 때문이다. 하지만 아쉬움도 남는
다.

쇠가시 원리를 좀 더 다양한 제품들에 응용해 보지 못했다는 점, 탈착 시,
목재와의 접합 부분에 흠집이 남는다는 점 등은 앞으로도 보완해야 할 사항
이라고 생각한다. 이번 경험을 바탕으로 삼아 더욱 더 창의적이고 실용적인
작품들을 발명하고 싶다.

안녕하세요.

○○학교　（　）학년　（　）반　이름（　　　　　　　）

저는 3학년 5반 000입니다. 이번에 손잡이와 관련된 발명을 하려고 합니다.　여러분 가정에서 사용하고 있는 가구 손잡이에 관한 여러분의 경험을 조사하고자 하니 성의껏 응답해주시기 바랍니다.

※ 문항 읽어보시고 해당되는 부분에 ○표 하여 주십시오.

가구에는 문이나 서랍을 열기 위하여 크게 (a)와 (b)와 같은 종류의 손잡이가 있습니다.

(a) 일자 손잡이

(b) 단추 손잡이

1. 서랍을 열 때 손잡이 때문에 불편한 경험이 있었습니까?

예______　아니오______

2. 여러분의 집에서 사용하고 있는 손잡이 중 흔들거리거나, 빠지고 없는 손잡이가 있나요?

예______　아니오______

2-1. 있다면 손잡이의 모양은 어떤 것이었나요?　　(a)______　　(b)______

3. 여러분의 가정에는 위 손잡이 중 어느 종류의 손잡이가 더 많은가요?

(a)______　　(b)______

4. 만약 손잡이를 바꾼다면 어떤 손잡이로 바꾸시겠습니까?

(a)______　　(b)______

5. 큰 서랍에는 주로 어떤 종류의 손잡이를 많이 씁니까?

(a)______　　(b)______

6. 작은 서랍에는 주로 어떤 손잡이를 많이 씁니까?

(a)______　　(b)______

7. 서랍에서 손잡이의 역할은 어떻다고 생각하십니까?

매우 크다______　　보통 이다______　　별로 중요하지 않다______

♥응답해 주셔서 사합니다. 좋은 자료로 사용하겠습니다.♥

대한민국학생발명전시회 작품설명서 작성

대한민국 학생발명 전시회는 특허청이 주최하고 한국발명진흥회에서 주관하는 대회로 전반적인 대회 일정은 아래 〈표〉와 같다

가. 일정

구분	예비심사	1차 심사	선행기술조사	2차 심사	3차 심사
시기	4월초순	4월중순	5월중	6월중	7월초순
목적	요건심사	전시대상후보작 선정	2차심사작품 선정	시상대상작품 선정	상위수상작 최종선정
방법	서류심사	서류심사	한국특허정보원 IPC 분류 후 특허청 심사	작품설명 및 현물심사	상위 추천작에 대한 정밀검색
기준	신청요건에 위배되는 작품 선별 /심사제외	아이디어독창성(40) 실현가능성(30) 실생활적용가능성(30)	극히 유사 동일 작품 판정시 현물심사 제외	독창성(30)실용성(30) 경세성(20) 작품완성도(20)	동일성, 모방성, 유사성 등 종합 심사

- 우수 평가 발명품은 기술적, 과학적 원리를 바탕으로 탐구활동과 연구과정이 얼마나 심도 있는지를 확인한다.
- 시대적 흐름과 방향에 맞고 사회적 문제나 환경, 에너지 등 지구환경 관련한 참신한 아이디어가 좋은 평가를 받고 있다.
- 발명품을 만든 학생의 열정과 지적 수준 및 탐구능력, 지적재산권 재산의 활용과 연계성이 중요하다.

발명소재를 구상할 때 이 3가지 조건을 고려한다면 좋은 성적을 기대할 수 있을 것이다. 서류를 작성하기 전에 발명 소재를 충분히 생각한 뒤에 지도선생님과 상담을 통해 더욱 발전시켜 제출하는 것이 우수 입상의 지름길이다.

나. 작품설명서 작성방법

 우선 가장 중요한 시기는 예비심사라고 기재되어 있는 서류 심사이다. 서류 심사를 통과하지 못하면 현물심사에 참가하지 못하기 때문에 가장 중요하다고 볼 수 있다. 이 서류 심사가 이 대회의 50%를 차지한다고 해도 과언이 아닐 것이다.

 대한민국학생발명전시회 서류는 크게 작품을 설명하는 부분과 도면을 그리는 부분으로 나누어지는데 온라인 작품 설명서는 서류심사로 진행되는 1차 심사에서 아주 중요한 비중을 차지한다. 해당 발명품에 대한 간결하면서도 명확한 작품설명서 작성으로 심사위원들에게 본 발명품의 우수성을 알려야 한다.

 작품설명서와 도면 작성방법에 대하여 알아보면 다음과 같다.

1) 작품설명서 작성

작품설명 및 도면

발명의 명칭	– 발명품의 명칭은 그 발명품의 내용을 집약적으로 표현할 수 있 는 것이 좋다. 즉 한눈에 알아볼 수 있는 것이 좋다.			
출품자	성 명	○ ○ ○	소 속	○○○○학교 ○ 학년
지도교사	성 명	○ ○ ○	소 속	○○○○학교

■발명의 내용 (간략하게 작성한다)

발명동기	발명 동기는 전체서류에서 그리 큰 비중을 차지하지 않는 부분으로 간략하게 적는 것이 좋다. 그렇다고 너무 간단하게 적어서도 안 된다. 자신이 어떻게 이 발명품을 생각하게 되었는지를 명확하게 써 주어야 한다.
발명의 내용 및 특징	이 부분은 발명품의 내용을 써 주는 란이다. 간단하게 말해 발명품의 요지를 작성하면 된다. 발명품의 핵심적인 내용을 번호 표기로 제시해 주는 것이 발명품에 대해 간결하고 확실하게 전달할 수 있다. 또한 각 부분에서 핵심적인 내용들은 굵은 글씨나 밑줄 표기를 해 준다면 조금 더 명확히 전달이 될 것이다.

용도 및 효과	발명품을 사용하는 곳의 예를 들어 작성하고 그 파급효과 등을 작성한다. 또 사회적 가치나 기존 제품과 비교해서 얻는 이득도 작성한다. 이것 역시 번호를 써서 한눈에 알아 볼 수 있도록 한다.
창작성 (아이디어)	이 부분은 기존에 있는 비슷한 물건과 작품을 비교하여 작성하면서 자신의 발명품이 기존 제품보다 나은 점을 명확하게 기술하면 될 것이다. 또한 선행기술 조사를 통해 선행기술이 있는 제품과 비교하여 기술하는 방법도 좋은 방법 중의 하나이다.
실용성 (생활적용)	이 부분은 발명품을 실생활에 적용시킬 때 얻을 수 있는 효과를 기술하는 란이다. 실생활에 적용하였을 때 얻을 수 있는 기존 제품보다 나은 효과를 기술하면 된다.

2) 대한민국학생발명전시회 원서작성

[예시자료 1]

발명의 명칭	음식물이 상하면 색이 변하는 팩
발명 동기	음식물이 상했음에도 불구하고 음식물이 상한지 모르고 먹게 되는 경우가 자주 있습니다. 이러한 불편한 점을 생각하다가 김에 들어있는 방습제처럼 음식물 주변에 팩을 두어서 상한지 알 수 있도록 하고 싶었습니다.
발명의 내용 및 특징	음식이 상할 때는 부패성 미생물이 음식을 부패시키며 여러 종류의 가스를 배출합니다. 이때 이산화탄소가 발생하는데 BTB용액은 이산화탄소와 만나 농도가 변합니다. 중성일 때는 초록색이었던 BTB용액이 이산화탄소와 만나면 산성이 되어 노란색이 되는 것입니다. 이 팩은 셀로판지로 되어있고 안에 중성상태의 BTB용액이 들어있습니다. 셀로판지는 반투막으로 기체만이 통과할 수 있습니다. 따라서 이 팩을 음식물과 함께 두고 그 음식물이 상하게 되면 이산화탄소가 발생되어 팩 안에 있는 BTB용액을 노랗게 변화시킴으로써 음식물이 상했는지 여부를 알 수 있게 됩니다.
용도 및 효과	주변에 있는 음식물이 상했는지 상하지 않았는지 여부를 색깔 변화를 통해 쉽게 알 수 있으므로 부패한 음식을 먹어서 걸리는 설사, 식중독 같은 질병을 예방할 수 있습니다.
특허정보조사 및 기술 동향 분석	발명의 명칭 : 날짜표시 기능을 갖는 용기 뚜껑 공개번호 : 2020100002304 특징 : 뚜껑의 상단에 형성된 날짜 표시부가 간단한 구조로 이루어지고 날짜의 조작이 용이하다. 본 발명과 다른 점 : 이러한 문제를 해결하기 위하여 종래에도 밀폐용기의 상단에 날짜표시기능을 갖는 용기뚜껑이 제시되었지만, 이러한 것들도 그 구조가 매우 복잡하여 제작이 어렵고 원가가 비싸서 결국엔 상품가격이 상승되므로 상품으로서의 효율성이 매우 저하된다는 문제가 있습니다.

발명의 독창성	지금까지 음식이 상했는지 여부를 알 수 있도록 하는 발명은 있었지만 색의 변화를 통해 음식이 상했는지를 알려주는 발명은 없었습니다. 또한 음식이 상했을 때, 부패성 미생물이 음식을 부패시킬 때의 과정을 이용하여 음식이 상했다는 것을 감지하는 발명도 없었습니다.
발명의 실용성	일반적으로 가정에서 식품을 보관 할 때 음식물이 변질되는 것을 방지하고 장기간 보관하기 위하여 밀폐용기를 사용하고 있지만, 식품을 최초 보관한 날짜를 확인할 수가 없어서 보관기간이 경과하여 변질된 음식물, 상한 음식물을 먹게 되는 등의 문제가 있었습니다. 본 발명을 통해 그러한 사고를 예방할 수 있습니다.
발명의 경제성	본 발명은 BTB용액과 널리 쓰이는 셀로판지를 이용하여 만들었기 때문에 제작비용에 비해 좋은 효과를 얻을 수 있어 경제적입니다.

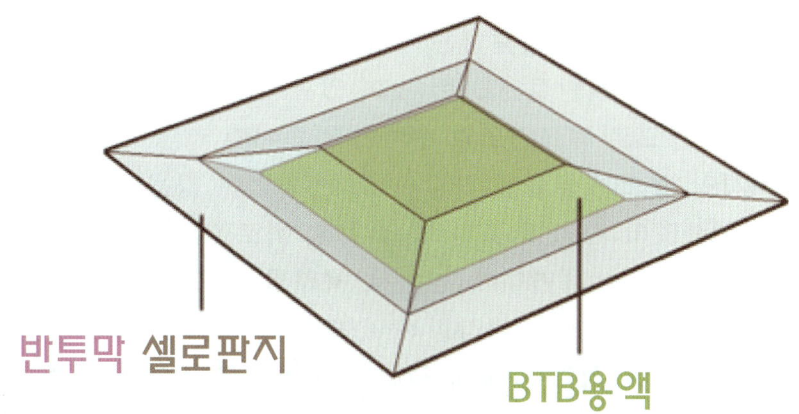

음식물이 상하면 색이 변하는 팩
반투막 셀로판지
BTB용액

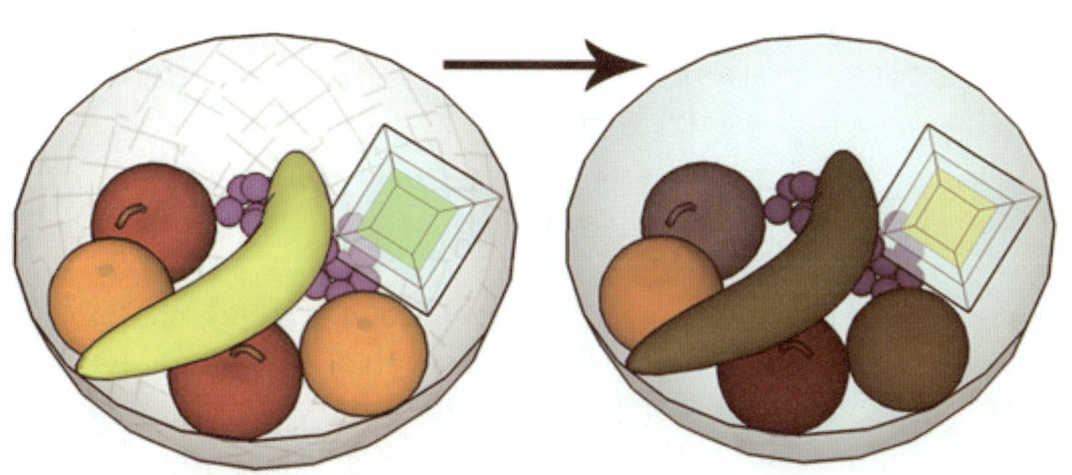

음식물이 상하면 BTB용액의 색도 변합니다.

[예시 자료 2]

발명의 명칭	공압의 원리를 이용한 물 절약 샤워기
발명 동기	우리나라는 물 부족 국가입니다. 하지만 한 뉴스기사를 보면 우리나라는 물 부족 국가가 아니라 물 관리 부족 국가라고 합니다. 우리 정부에서 지표로 삼고 있는 일인당 하루 물 사용량은 350ℓ로 독일(130ℓ)에 비하면 2~3배 많이 사용하는 수준입니다. 절수형 기기는 생산이나 유통이 되지 않고 시민들은 그런 것이 있는지도 모릅니다. 물 절약정책은 단지 구호뿐으로 목표연도와 수치가 없습니다. 하지만 평소에 물을 절약할 수 있는 방법이 있음에도 여러 단점이 있어서 물을 많이 사용할 때가 있습니다. 바로 머리를 감을 때입니다. 물을 세숫대야 또는 세면대에 받아서 머리를 감으면 샤워기로 감을 때보다 훨씬 많은 양의 물을 절약할 수 있습니다. 하지만 세면대에 받아서 머리를 감을 때는 시간도 오래 걸리고 뒷머리를 감기가 어려워서 대부분의 사람들은 샤워기로 머리를 감습니다. 이러한 문제점을 극복하고 물을 절약할 수 있는 샤워기를 생각해보았습니다.

발명의 내용 및 특징	본 발명은 구부러진 파이프로 되어있습니다. 파이프의 아래 부분은 소방호스로 사용되고 있는 고무내장 호스가 연결되어 있습니다. 파이프 안에는 수중모터가 있습니다.
	① 모터를 작동시키면 팬이 위를 향하여 돌아가게 되고
	② 파이프 아래 부분은 저기압이 생깁니다. 저기압이 생기면 공압의 원리로
	③ 아래에 있던 공기가 위로 빨려 들어가게 됩니다. 이때 파이프 아래에 연결되어 있는 소방호스를 세면대의 물에 담그게 되면
	④ 물이 빨려 들어가 파이프의 반대 부분으로 나오게 됩니다.
	  파이프 안에는 워터필터가 내장되어 있어 아래에 있던 물을 정화시켜 배출합니다.
	  샤워기의 전원을 켠 후 밑의 호스 부분을 세면대의 물 속에 담그면 물을 빨아들여서 그 위의 구멍을 통해 물이 쏟아져 나옵니다. 이 물은 중력에 의해 다시 세면대로 떨어지게 되고, 그 물을 다시 샤워기가 빨아들이게 됩니다.

용도 및 효과	본 발명은 머리를 감을 때 물을 절약해 주는 샤워기입니다. 이 샤워기는 호스 밑 부분을 통해 물을 빨아 들여서 그 위의 구멍을 통해서 물을 쏟아내고, 세면대에 쏟아진 물을 다시 빨아들입니다. 따라서 물의 양은 전혀 변화가 없이 같은 물을 여러 번 반복해서 사용하는 효과가 나타납니다. 이는 물을 받아서 머리를 감을 때와 같이 물을 절약하는 효과를 갖는 동시에 샤워기로 머리를 감을 때의 효과까지 줍니다. 또한 샴푸로 머리를 씻은 물로 다시 머리를 씻는 것은 사람들이 꺼려할 수도 있기 때문에 파이프 내에 워터필터를 넣었습니다.
특허정보조사 및 기술 동향 분석	발명의 명칭 : 절수 및 사용이 편리한 샤워기 등록번호 : 1004740910000 특징 : 샤워기에 구비되어 있는 버튼을 누를 경우에만 샤워헤드에서 물을 내보내고, 버튼을 누르지 않을 경우 샤워헤드에서 물을 내보내기 않도록 하여 물을 절약할 수 있도록 한다. 본 발명과 다른 점 : 샤워기를 통해 절수한다는 점은 비슷합니다. 하지만 이 특허는 샤워기를 사용하지 않을 때 낭비되는 물을 절약하는 반면, 본 발명은 샤워기에서 나오는 물을 끌어올려 반복해서 사용하기 때문에 절수의 방식의 확연히 다릅니다. 또한 이 특허는 샤워기에서 계속해서 새로운 물이 나오지만 본 발명은 사용했던 물을 다시 사용함으로써 훨씬 많은 양의 물을 절약할 수 있습니다. 기술 동향 분석 : 샤워기를 통해서 절수를 하는 기술은 많았지만, 사용했던 물을 끌어올려 다시 사용하는 방식의 절수기능은 없었습니다. 또한 절수라 하면 낭비되는 물을 아끼는 방식일 뿐 물을 재사용하는 방식의 절수는 없었습니다.
발명의 독창성	특허정보조사 및 기술 동향 분석 결과, 샤워기를 통해서 절수를 하는 기술은 많았습니다. 하지만 사용했던 물을 끌어올려 다시 사용하는 방식의 절수 방법은 없었습니다. 또한 낭비되는 물을 아끼는 다른 발명에 비해 썼던 물을 재사용한 본 발명이 훨씬 더 많은 물을 절약할 수 있으므로 다른 발명과는 차별됩니다.

발명의 실용성	최근 화석에너지를 절약하기 위해 전기 자동차가 나오고 있습니다. 이는 화석에너지의 대체 에너지로 전기 에너지를 사용한 것입니다. 비슷하게 본 발명은 물을 아끼기 위해 전기를 에너지원으로 했습니다. 따라서 미래의 물 부족을 대비하면 매우 실용적입니다.
경제적 효과	또한 보통 샤워기를 사용하여 머리를 감을 때에는 물이 머리를 씻겨 내려가며 버려지지만, 본 발명은 머리를 씻은 물을 재사용함으로써 보다 많은 양의 물을 절약할 수 있으므로 굉장히 경제적입니다.

공압의 원리를 이용한 물 절약 샤워기

- 원리설명

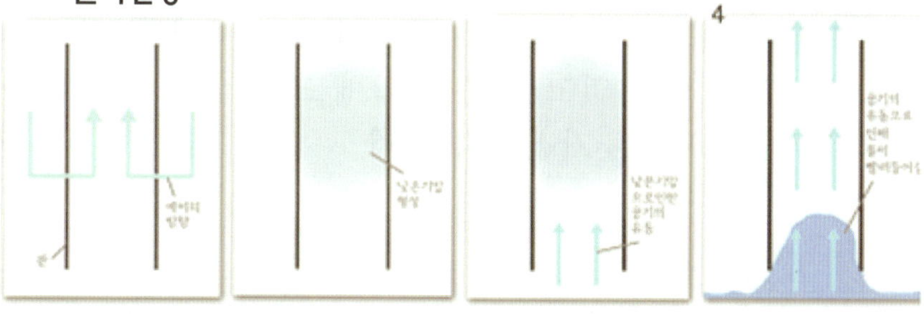

- 전체모습
- 부분모습

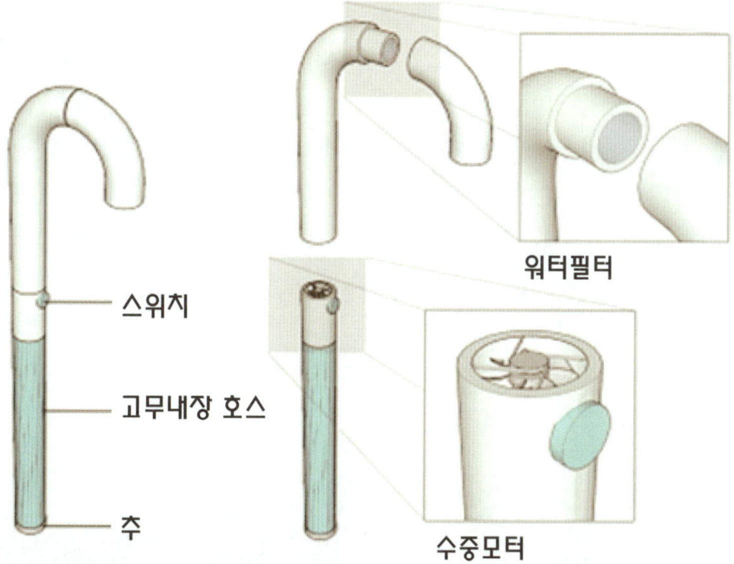

- 작동설명

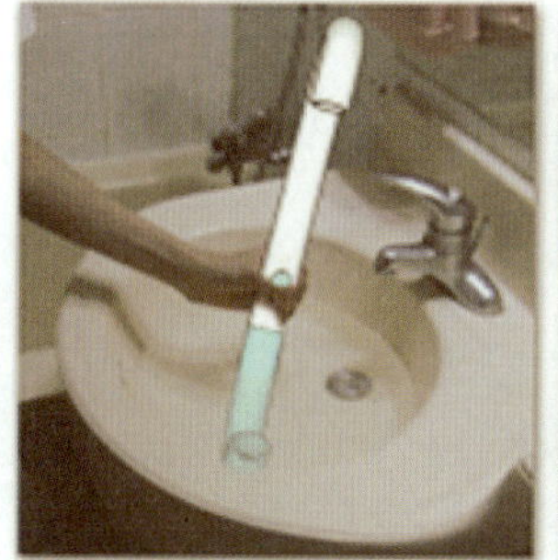

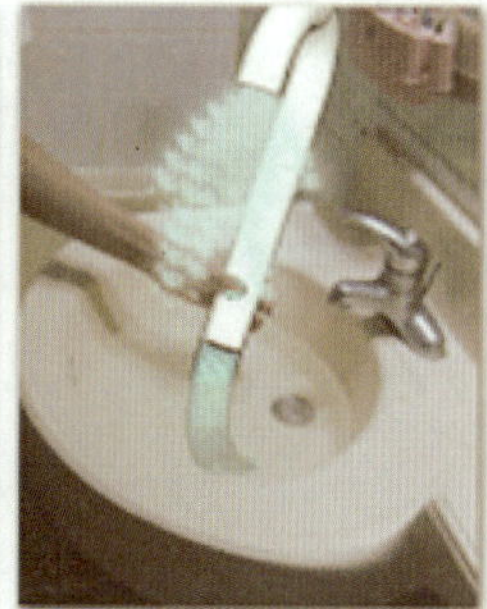

1. 샤워기를 물에 담급니다.　2. 전원을 켭니다.　3. 머리를 감습니다.

다. 작품 제작

　서류 제출 후 1차 서류심사 결과는 매년 5월 중순경 한국발명진흥회 홈페이지에 발표된다. 일단 서류 심사를 통과하면 보통 6월 중순경 현물심사를 받게 된다. 그러나 이 기간은 1학기말 고사가 실시되므로 시간 사용 계획을 잘 해야 내신에도 지장이 없고 작품 제작에도 차질이 없게 된다. 20일 이라는 시간이 어떻게 보면 긴 기간일지 몰라도 작품 제작을 하는 데 결코 길지 않은 시간이다.

　일단 서류 심사 결과가 발표되면 하루 이틀 내로 발명품 제작을 계획해야 한다. 개인별로 발명품의 내용과 원리를 구체적으로 알고 현물심사에서 자신이 계획한 구상대로 발명품이 제작되도록 한다. 현물 심사 시 독창성(30) 실용성(30) 경제성(20)에 작품완성도(20)가 추가되므로 발명품의 완성도가 매우 중요하다. 따라서 발명품 제작시 전문 지식 분야는 가까운 대학의 전공 교수의 도움을 받는 것도 중요하고, 현물 제작에 경험이 많은 전문 업체을 찾아 상담을 하면 많은 도움을 받을 수 있으며, 본인이 생각하지 못한 내용도 얻을 수 있으므로 여러 가지 방법을 연구해 본다. 발명품 제작에 관한 도움을 받을 수 있는 장소는 다음 장의 〈표〉를 참고하자.

<표> 발명품 제작 업체 위치

종 류	내 용	지 역
플라스틱	아크릴 제작 PET 필름 진공성형 PVC BOX 원통 TAPE 포장자재 PVC 연 경질	종로구 장사동 중구 방산동시장 중구 을지로5가
종이	각종 종이 인쇄 종이박스 색종이, 카탈로그, 표지, 라벨	중구 인현동
목 재	인테리어 목재소 목재류	각 지역 인테리어 및 목공소 왕십리 신당동
금 속	선반밀링, 스프링, 철물, 판금제작, 스테인리스 케이스, 자석, 통신기, 정류기, 콘솔, 베어링, 계측기(속도계, 습도, 자동곡선 풍속 기록계) 공구, 나사 볼트	중구 입정동 150번지 구로구 구로동 공구상가
섬 유	섬유류, 지퍼, 단추, 칼, 가죽, 액세서리	동대문 상가
잡 화	페인트, 사포, 등산 장비 주방기기 및 세면기기	동대문 을지로2가
목형,금형	제품 목형, 금형	왕십리 신당동
소방기구	소방 장비 및 호스 공구	을지로 4,5가
컴퓨터센서	컴퓨터부속, 쎈서 소프트 · 하드웨어 부분, 전화기, 전자, 망원경, 사진재료	용산 전자상가 청계천 상가 2층
학 용 품	펜, 볼펜, 판촉물, 자, 컴퍼스, 완구류	종로구 창신동 영등포 시장
앵글 화공약품	앵글류 제작 구입 과학 화공 약품 유리제작	을지로 2, 3가 종로 3가

　발명품이 제대로 제작되어 현물 심사를 받기 전에 준비해야 할 사항이 있다. 우선 자신이 발명품을 구상 및 보완하는 과정을 적은 발명노트를 스크랩으로 준비해야 한다. 2006년부터 초, 중학생들은 발명의 구상과 과정 작품 보완 및 제작과정 일지를 첨부한 발명노트 형식의 제출 서류가 점수에 반영된다. 따라서 오랜 기간 동안의 창의적인 아이디어 구상과 발명 원리 적용, 과학적 지식과 원리 적용 과정, 발명품 제작 구상 및 과정에서의 어려움, 문제 해결, 지도교사의 조언과 해결책 모색, 발명품 제작 1, 2, 3차 내용을 글, 그림, 도면 등으로 상세하고 체계적으로 작성하면 좋은 평가를 받을 수 있다.

　학생 스스로 얼마나 창의적인 생각과 사고를 했는가는 물론 어떠한 노력을 경주했는지가 학생발명전시회의 가장 중요한 취지임을 명심해야 한다. 자료를 준비하고 현물 심사장에 참가하면 자신이 발표할 내용을 정리하고 최종적으로 발명품을 점검해야 한다.

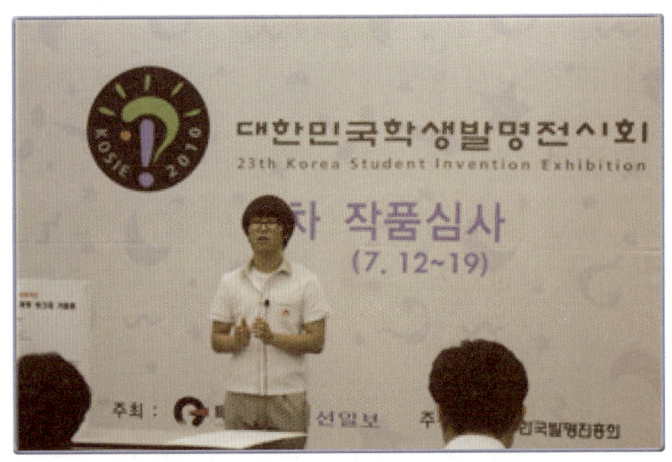

　심사장에 들어가면 작년의 경우 3명의 심사위원이었는데 먼저 발명품의 구상 동기, 내용(실용성, 활용성, 경제성, 창의성)과 경제적 가치 및 사회적 파급 효과, 기대 및 결과를 자세하고 차분히 설명하고 발표가 끝나면 현물 심사위원들이 발명품에 대해 질문을 하는 형식으로 진행된다. 따라서 사전에 예상되는 질문과 문제점 해결 방법, 기존 제품과의 차이점과 활용 가치등에 대하여 준비하고 독창성을 증명할 수 있도록 명확하게 심사위원들에게 전달하는 것이 중요하다.

라. 1차 심사 선정 확인

한국발명진흥회 홈페이지에서 로그인을 한 후 내 정보에서 확인한다.

- ◉ 한국발명진흥회(www.kipa.org) → 로그인 후 내 정보(신청접수 확인)
- ◉ 한국발명진흥회(www.kipa.org) → 알림마당(사업공고)
- ◉ 대한민국학생발명전시회(www.kosie.net) → 공지사항

1. 한국발명진흥회 홈페이지 [www.kipa.org] 접속 후 '로그인' 클릭

2. 홈페이지 우측 상단 '내정보' 클릭 후 '사업신청 ➡ 신청접수 확인'을 검색

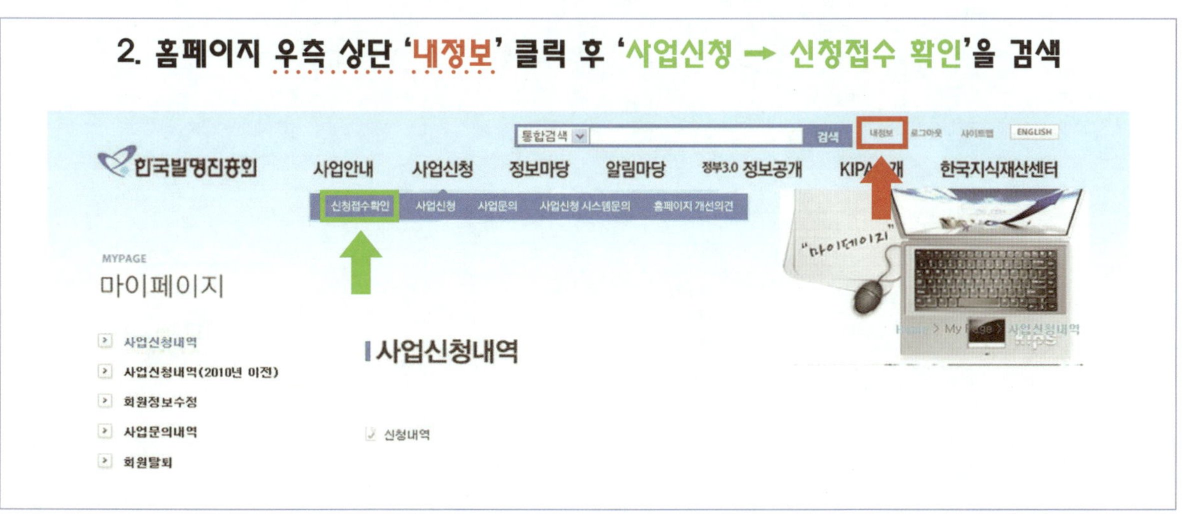

3. 사업신청 내역서에 1차 심사 선정 확인 후 '제27회 대한민국학생발명전시회' 클릭

TIP 발명 노트 작성

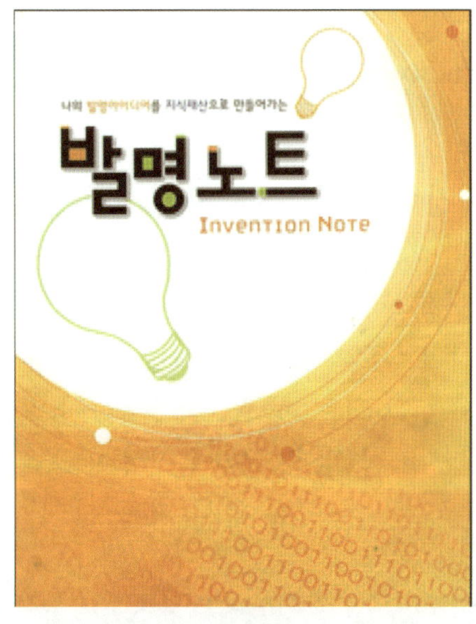

　발명대회 면담 심사 참가 시 작품과 발명탐구일지를 함께 제출하도록 한다.
　발명탐구일지는 일정한 양식이나 형식 없이 자신의 발명품을 제작하면서 탐구한 내용 일체를 자유롭게 기술하면 된다. 자신이 구상한 아이디어를 진보시키고 구체화하고 시행착오를 거쳐 완성될 때까지의 과정을 기록하고 또 탐구과정에서의 성공 사례뿐만 아니라 실패 사례도 여과 없이 나타나도록 일기를 쓰는 마음으로 기록한다.
　탐구일지 기록 시 컴퓨터 워드로 발명노트를 작성하는 것은 절대 금물이며, 볼펜이 아닌 연필로 도면을 그리거나 내용을 쓰다가 틀리면 지우개로 지워 고민한 흔적이 나타나는 노트가 좋은 평가를 받을 수 있다.
　지도교사는 정기적으로 작품계획에서 진행되는 모든 과정을 점검하고 학생과 면담을 통하여 해결할 수 있도록 안내를 하고 작품을 보완 수정한 것이 기록되어 있는지 확인해야 한다.

마. 발명대회 출품 지도의 실제

1) 작품 설명표 (차트 작성)

가) 규격화된 종이와 우드락을 이용하여 규격에 맞게 작성한다.
  (전국대회는 정해진 차트에 작성해야 한다.)
나) 출품한 작품의 개요를 확실히 나타낼 수 있도록 작성한다.
다) 명시성이 있도록 작성한다.
라) 글씨는 정자체로 또박또박 쓴다.
마) 사진이나 도표, 그래프 등을 적절히 사용한다.
바) 출품하는 학생이 직접 작성하는 것이 좋다.
사) 전시 작품 번호는 주최 측에서 제공한다.

2) 작품 출품 요령

가) 규격에 맞는 크기로 제작한다.
나) 전시장과 조화를 이루면서 눈에 잘 띄도록 전시한다.

다) 작동에 필요한 기구는 본인이 직접 준비한다.
라) 작품 전시 일정과 시간을 준수한다.
마) 운반과 전시 시 작품이 훼손되지 않도록 주의한다.
바) 분실 우려가 있는 물품 등은 당일 지참 전시해도 된다.

3) 발명품 설명 요령
가) 직접 작동하면서 설명한다.
나) 강조할 부분에서는 소리를 크게 하거나
다) 아주 작게 하거나 동작을 크게 한다.
라) 결과를 중점적으로 설명한다.
마) 침착하고 자연스럽게 설명한다.
바) 밝은 표정과 단정한 교복 복장을 한다.
사) 심사위원의 반응을 의식하여 주의를 집중시킨다.
아) 내 발명품이 이 세상에서 최고라는 자신감을 갖고 설명한다.
자) 실험결과나 인증 받은 자료나 증빙서류가 있으면 제시한다.

1) 판넬 (작품설명서) 제작

- 2차 작품심사 대상자는 본인이 직접 제작한 작품설명서(판넬)를 반드시 직접 제작하여야 하며 2차 작품(현물)심사 시 필히 지참하여야 한다.
- 판넬 규격 : 심사대상자는 3단 전시판넬(90×60 폼보드 또는 우드락)을 제작해야 하며 아래와 같은 규격을 지켜야 한다.

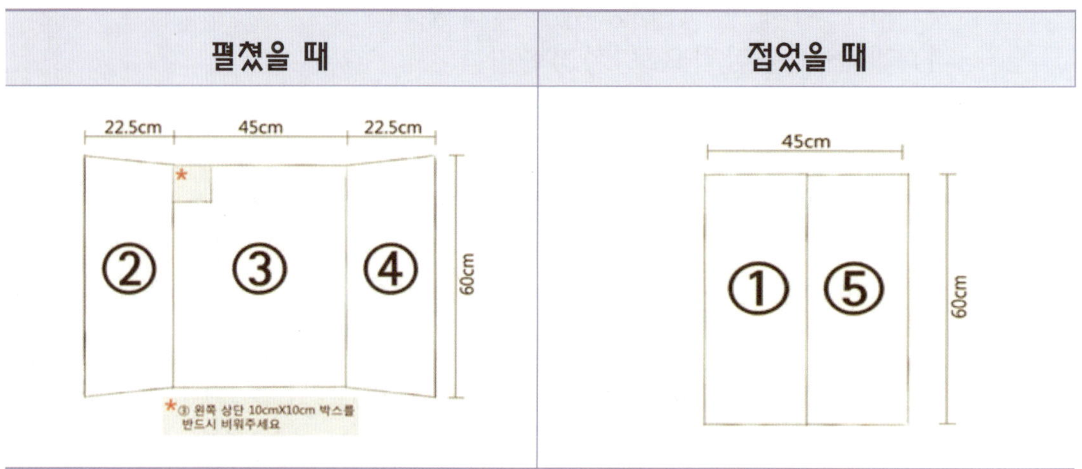

- 판넬 재료 : 5mm 두께, 900mm×600mm 크기의 폼보드 또는 우드락, 넓은 테이프, 기타 자유로운 내용 표현방법에 따른 필요 재료

- 사진으로 본 예시 (형식만 참고)

- 제작방법

  가) 폼보드 한 장을 제시한 사이즈로 재단하여 절단 부분이 접혀질 수 있도록 넓은 테이프를 이용하여 고정시킵니다. (사진 참고)

  나) 판넬의 ①, ⑤면 (접었을 때 바깥 면)에는 아래 표를 출력하여 기입하고 붙여주세요. [표1], [표2], [표3]

  다) ③면 왼쪽 상부에는 10cm×10cm 크기의 사각형을 반드시 비워두세요. (※상격이 들어갈 자리입니다.) 비워두신 10cm×10cm 옆쪽으로 높이 10cm를 넘지 않도록 학교와 이름을 작성하세요. ([표2]와는 별도로 전시되었을 때 관람객들이 소속과 이름을 알 수 있도록 표시)

  라) '발명의 명칭'은 ③면에 알아볼 수 있는 크기로 꼭 들어가야 합니다.

  마) ②, ③, ④면을 사용하여 '발명의 동기, 목적, 어떻게 만들었는가, 재료, 사용방법, 내용, 도면, 스케치, 사진 등' 본인의 발명품에 대하여 설명하고자 하는 내용을 창의적으로 표현하세요. 단, 글씨크기는 읽을 수 있는 적당한 크기를 유지하세요. (판넬만 읽어도 작품에 대하여 알 수 있도록 해 주세요.)

○ [표1] ① 상단

접 수 번 호	

학 　 교	
학 　 년	
이 　 름	

○ [표2] ① 하단
○ [표3] ⑤ 하단

지 도 교 사	

바. 심사위원이 보는 관점과 질문

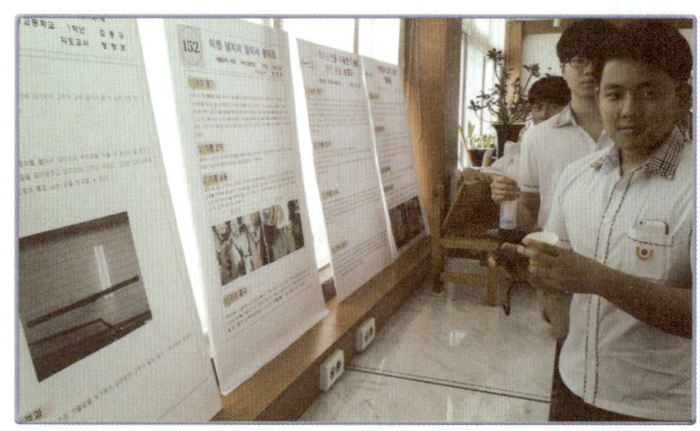

    아래의 심사기준을 읽고 심사위원의 질문에 대비하기 위해 발명품을 만드는 과정에서 지속적으로 확인한다. 심사는 아래와 같은 기준에 의해 이루어지며 점수는 동등하게 부여된다.

심사위원이 보는 관점

1) 발명품의 독창성 : 발명품에 대한 전체적인 면에 관한 노력
   가) 발명품이 진짜 새로운 아이디어인가?
   나) 발명자가 문제해결에 대해서 새롭고 현명한 방법으로 해결했는가?
   다) 발명자가 문제에 대해 어려움을 인식하고 선택했는가?
   라) 어렵고 힘든 문제가 해결되었는가?
   마) 학생이 문제에 대한 아이디어를 창출하고 발전시켰는가?

2) 발명과정 : 발명자가 발명품을 만드는 과정에 대한 노력
   가) 발명과정을 얼마나 잘 작성했는가?
   나) 어떤 물적 인적자료 및 재료가 사용되었는가? 도움을 준 사람이 있었는가?
   다) 아이디어 발상에서부터 완성된 발명품을 만들 때까지 단계가 잘 설

명되어 있는가?

라) 발명과정에서 어려움과 실패한 경험, 재료선택 이유, 최종디자인, 그리고 발명품 시험에 대한 설명이 구체적으로 제시되어 있는가?

마) 아이디어가 참신한가? 처음 발명한 것이라면 그것을 찾아내기 위해 어떻게 했는가?

3) 발명품의 효과성

가) 발명하는 과정에서 최초의 문제를 얼마나 잘 해결했는가?

나) 발명이 처음에 계획했던 것대로 잘 되는가?

다) 발명품이 작동이 잘 되는가? 처음에 예상했던 것보다 더 잘 작동되는가?

라) 그 발명품이 다른 문제를 해결하는가?

마) 실제 크기의 발명품인가 아니면 축소 또는 확대한 발명품인가?

4) 발명품의 실효성 : 발명품의 장점과 제한점 분석

가) 발명품이 기존의 제품과 얼마나 잘 비교되는가?

나) 발명자가 제품을 개선하기 위해 다른 제품과 비교해서 잘 알고 있는가?

다) 발명품이 효율성이 있는가? 제품이 오히려 더 귀찮고 방해되는 것이 아닌가?

라) 전체적인 디자인에 사용의 용이성과 적절한 재료의 선택과 같은 생각이 포함되어 있는가?

5) 발명의 필요성 : 왜 특정 문제를 찾아 선택했는지 이해하는 것

가) 발명자가 왜 이 발명품으로 결정했는가?

나) 이 발명품의 좋은 점은 무엇인가?

다) 발명품이 필요를 만족시키거나 수요자를 만족시키는가?

- 발명자에 의해 중요한 문제가 해결되었는가?
- 발명품의 혜택을 누가 받는가?(일반대중, 장애인, 고령자, 어린이 또는 발명자 자신)
- 발명품이 장애인, 고령자, 동물을 편리하게 하는가?

- 발명품이 현재의 제품보다 더 친환경적인가?

6) 기록일지와 발표 내용
　가) 기록 내용이 발명의 목적을 잘 표현하고 있고 그 목적을 어떻게 달
　　　성했는지 잘 기술하고 있는가?
　나) 기록 내용이 발명 학생의 수준에 맞게 잘 완성되어 있는가?
　다) 발표할 때 명확하게 설명하는가?

7) 발명품 제작 및 설명
　다) 발명품에 대한 그림이 실제 발명과 비슷하고 작동되는 원리, 부품에
　　　대한 명칭이 부착되어 있는가?
　라) 발표 판넬이 깔끔하고 시각적으로 잘 설명이 되어 있는가?

8) 조사연구 수행여부
　시간과 노력을 들여 이 발명품이 이미 발명된 것인지 알아봤는가?

심사위원이 자주 하는 질문

1) 일반적인 질문

   가) 발명에 대한 아이디어를 어디에서 얻게 되었는가?

   나) 처음에 생각한 아이디어를 가지고 계속하였는가?

   다) 발명일지를 기록했는가?

   라) 발명을 하는 동안 가장 큰 문제점은 무엇이었는가?

   마) 발명을 하면서 가장 어려웠던 것은 무엇인가?

   바) 어떤 방식으로든 원래의 아이디어나 발명품을 변화시켰는가?

   사) 특허 검색은 해보았는가?

2) 발명품에 대한 질문

   가) 발명품의 명칭이 주는 의미는 무엇인가?

   나) 재료 및 발명도구를 어디에서 구하였는가?

   다) 발명품이 어떻게 작동되는가?

   라) 발명품이 완성된 후 시험을 했는가? 어떻게 하였는가?

   마) 발명품이 누구에게 도움을 줄 수 있는 것인가?

   바) 발명품이 왜 새롭고 독특하다고 생각하는가?

   사) 계속 작동시켰을 때 어떤 다른 점을 발견하였는가?

   아) 발명품에 대해 어떤 문제점은 없었는가?

   자) 더 나은 발명품을 만들기 위한 방법을 생각하였는가?

대만 국제 청소년발명전시회 참가

이지수 학생의 발표하는 모습

이재원 학생의 발표하는 모습

정의강 학생의 발표하는 모습

한성민 학생의 발표하는 모습

윤진혁 학생의 발표하는 모습

지도교사와 함께

창의성과 문제 발견하기

Chapter 04

 ① 창의성과 행복은 동의어

왜 사람들은 자신의 무한한 천연자원, 즉 엄청난 잠재능력을 계발하지 못할까. 바로 도전정신과 창의성이 결여되었기 때문이다.

하고자 하는 의지와 살아가야 할 존재가치와 사랑받고 있다는 행복감을 느낀다면 누구나 삶을 아름답고 멋지게 살 수 있다. 비록 부족하더라도 가능성을 발견하고 잠재능력을 발굴하여 꾸준히 동기를 유발하면 주면 위대한 삶을 살아갈 수 있다.

우리나라의 대표적인 기업인 현대그룹의 고(故) 아산 정주영 회장은 인간의 가능성에 대해 다음과 같이 말했다.

"나는 인간이 스스로 한계라고 규정짓는 일에 도전해 그것을 이루어내는 기쁨을 보람으로 여기고 오늘까지 기업을 해왔고, 오늘도 여일하게 도전을 계속하고 있다. 인간의 잠재력은 무한하다. 이 무한한 잠재력은 누구에게나 무한한 가능성을 약속하고 있다. 나는 주어진 잠재력을 열심히 활용해서 '가능성'을 '가능'으로 만들었던 것이다."

창의적인 발상과 끊임없는 도전정신, 불굴의 의지, 문제의 핵심을 찾아 집중하는 능력을 갖추면 우리는 잠재적 가능성을 현실로 바꿀 수 있다. 가능성이 현실이 될 때 우리의 행복지수도 높아진다. 지금 우리나라 사람들은 공부를 잘하면 출세가 보장되고 행복을 가져다 줄 것이라는 막연히 믿고 있다. 그러나 현실을 보면 많은 사람들이 대학을 들어가고 졸업을 하지만 자신이 원하는 일을 찾아가고 성취하며 보람 있게 사는 사람은 많지 않다. 기업에서는 사람이 없다고 한다. 수없는 시간을 투자하며 많은 지식을 습득하고 노력했지만 인생은 노노지 않다.

왜 우리는 행복하지 않을까?

행복한 사람들의 특징은 무엇일까. 그들은 항상 개방적이고 자신을 업그레이드하려는 성향이 높다고 한다. 모든 일에 적극적이고 도전적이다. 진취적인 사람은 어린 아이에게도 배우려는 자세가 되어 있다. 행복한 사람들은 자신의 고정된 틀을 지키려고 하지 않는다. 언제나 변할 마음의 준비를 하고 있다. 이것이 창의적인 사람의 모습이다.

창의적인 사람은 끊임 없이 배우고 흡수하고 소통하며 자신의 것으로 승화시킨다. 따라서 마음의 벽이 없고 자신을 발전시킬 수 있는 거라면 어떤 것이든 받아들이는 흡입력이 대단하다.

행복한 사람, 창의적인 생각들이 원래 적극적이고 진취적인 DNA 유전자를 가지고 태어나서 행복해지는 걸까. 아니면 모든 일에 긍정적이고 오픈 마인드라서 그 행동의 결과로 행복해지는 걸까. 보는 관점에 따라 다르겠지만, 분명한 건 주어진 환경에 순응하고 틀에 매여있는 사람에게는 오지 않는 기회가 창의성의 발로라는 것이다.

우리가 설사 창의적인 DNA를 타고나지 못했다하더라도 이 행복해지는 열쇠를 이제 알았다면 후천적으로라도 행복 유전자를 자기 속에 심어놓고 기르는 건 어떨까. 행복은 마음속에 있다는 말이 단순히 사람들을 위로하는 말이 아니다. 우리가 세상일에 대해 어떤 마음의 자세로 대처하느냐에 따라 인생은 달라진다.

무한 경쟁시대를 맞이하면서 모든 나라가 지적재산권의 확보를 위해 새로운 기술 개발에 온 힘을 기울이고 있다. 앞으로 자원 부족에서 오는 문제보다 아이디어의 빈곤에서 오는 문제가 더 심각한 결과를 초래할 것이라는 위기의식이 전 세계에 팽배해 있으며, 나라마다 절실한 문제를 해결하는 방안은 창의적인 인재를 발굴하여 우리 사회에 꼭 필요한 인재로 길러내는 것이라 할 수 있다. 창의적인 인재의 육성은 21세기 무한경쟁시대의 지적재산권 확보 운동이라고 할 수 있으며 밝은 미래를 보장받을 수 있는 길이다.

인류의 문명사는 인간의 발명에 의하여 끊임없이 이어져 왔을 뿐만 아니라, 한 개인의 획기적인 발명이 비약적인 문명의 발전을 가져오기도 하였다. 또한 앞으로의 문명도 또 다른 발명에 의하여 발전을 거듭할 것이라는 점에 대하여 의문을 제기할 사람은 아무도 없을 것이다. 발명은 기술을 낳는 바탕이 되고, 기술의 개발은 보다 나은 문명 생활을 가능하게 하며, 산업에 있어서도 보다 경제적이며 실용성이 큰 상품을 생산할 수 있기에 발명이 중요하다는 것은 누구나 잘 알고 있는 사실이며 지금 세계 각국에서는 교육을 통해 21세기를 주도적으로 이끌어 나갈 창의력 있는 인재를 양성하기 위하여 심혈을 기울이고 있다.

창의력은 "새롭고, 적절한 것을 생성해 낼 수 있는 능력" 또는 "누군가 어떤 일을 할 때 독창적이되 그 목적이나 의도에 적절하게 하는 것"으로 정의되는데, 창의력 교육은 구체적인 방법으로 교과를 통해 수행되어야 할 것이다. 왜냐하면 창의력은 여러 과제들에 있어서 동등하지 않기 때문이다. Renzulli(1978)는 영재의 특성을 '보통 이상의 지적능력, 창의력, 과제집착력'으로 보았으며, 그 외 여러 학자들의 영재 개념을 비교해 보아도 공통적으로 높은 수준의 지적 능력과 창의력을 영재개념에 포함시키고 있다. 이로 미루어 창의력이 영재의 핵심을 이룬다는 것을 알 수 있다. 인간의 지적능력은 선천적으로 타고나는 것으로 볼 수 있으나 창의력은 후천적 교육을 통해서 조장함으로써 개발·신장시킬 수 있음에 창의력 교육을 바탕으로 영재교육도 가능하리라 본다.

세계적으로 가장 유명한 발명가 에디슨이 음악이나 미술 등 모든 분야에서 천재가 아니었듯이, 창의력이 뛰어나다고 해서 모든 분야를 잘하는 만능인간이 될 수는 없다. 따라서 발명에 소질이 있는 학생에게는 발명교육을 통해서 개인의 창의력을 최대한 발휘할 수 있는 기회가 최대한 주어져야 한다.

　지금까지 창의력 교육은 교과활동에만 역점을 두고 운영되어 정작 소질과 특기 신장을 위한 특별활동은 극히 제한적이고 형식적인 운영에 치우치고 있는 실정이다. 그러나 앞으로는 세계적 발명가인 에디슨이나 빌게이츠와 같은 뛰어난 창의력을 가진 인재를 기르는 것이 시대적 요청으로 대두되었다.
　이러한 맥락에서 창의력을 신장시키는 교육과정의 개발 및 적용이 시급히 요구되고 있으며, 창의성교육은 이 같은 목적을 실현하는 한 가지 대안으로서 제시되고 있다.

　창의성교육은 창의력을 향상시켜 주는 대표적인 교육 형태라고 볼 수 있는데, 그 이유로는 연령과 학년에 크게 얽매이지 않고, 개방적이어서 사고력과 창의력이 자유롭게 신장되도록 하는 교육이기 때문이다. 따라서 학생들의 발명활동을 활성화시키고, 학생들이 어렵다고 느끼는 발명에 대한 인식 전환과, 미래의 '지식정보사회'에 대처할 수 있는 우수 인력 육성방안의 일환으로 창의성교육 활성화가 절실히 요구되는 실정이다.

에디슨이나, 베토벤과 같은 사람도 갑작스런 창의적 아이디어로 위대한 발견과 영원한 걸작을 남긴 것이 아니라 수차례의 시행착오를 극복하고 과제집착력, 은 근과 끈기의 소산으로 창의적인 산물을 만들었다는 사실을 우리는 인식해야 할 것이다. 아울러 교사들도 창의력 교육을 위하여 자유롭게 사고할 수 있는 분위기 를 조성해 준다거나, 다양한 경험을 할 수 있도록 여건을 마련해 준다거나, 일상 생활에서 많은 대화를 갖는다거나 등의 창의력 향상을 위한 구체적인 노력이 필 요하리라고 본다.

③ 시대가 찾는 창의적 사고 능력

현대는 소량 다품종 시대이다. 또 국경이 없어지면서 세계는 바야흐로 무한경 쟁의 시대로 접어들었다. 나라 안의 몇몇 경쟁자들을 상대로 하는 것이 아니라 전 세계의 모든 경쟁자들을 상대로 경쟁해야 한다. 그러기 위해서는 무엇이든 '베스트'가 되어야 한다. 어느 분야이든 그 분야에서 최고로 잘 하는 사람을 쓰 고 그런 사람들을 모아야 한다. 그런데 문제는 평균적인 사람, 즉, 모든 분야를 조금씩 잘 하는 사람은 어느 한 분야의 천재가 되기가 어렵다는 것이다.

그래서 세계는 지금 천재를 찾는, 천재를 키우는 경쟁을 하고 있다. 평균적인 인간이 아니라 무엇이든 특별히 잘 하는 사람을 찾고 있다. 그것이 바로 나라의 경쟁력이라는 것이다.

우리나라는 현재 부존자원이 미약하고 국토는 좁으며 주변 강대국에 둘러싸여 있다. 우리는 정치, 경제, 사회 등 복잡하고 어려운 시대에 인재를 절실히 요구 하고 있다. 그중에서도 경제를 회생시키고 잘 사는 나라를 만들기 위해서는 지적 재산권(특허, 실용신안 등)을 많이 소유하여 신기술과 발명품으로 외화를 벌어들 이는 인재를 양성해야 한다.

오늘날의 시대는 창조적 사고 능력을 바탕으로 계속적으로 새로운 것을 탐구하 는 능력과 변화하는 여건에 슬기롭고 능동적으로 대응하면서 새로운 것을 산출하 고, 생산하는 능력을 가진 사람을 요구하고 있다.

　창의적 사고 능력이란, 기본적인 학습능력
과 지적능력·독창성·융통성 등을 바탕으
로 답습이나 모방에서 벗어나 새로운 아이
디어를 구상하는 것을 말하고, 탐구적 능력
이란 문제 상황에 직면했을 때 포기하지 않
고 해답을 얻고자 계속적으로 사고하고 개
척적인 노력을 경주하는 태도와 능력을 말
하며, 대응력이란 변화에 직면했을 때 당황
하거나 본능적으로 저항하지 않고 적극적이
며 긍정적으로 대응하는 자세를 말한다. 생
산적 능력이란, 무엇을 만들어내고 성취하
는 데서 희열을 느끼는 이른바 성취동기를

바탕으로, 갖고 있는 지식과 기술을 활용하여 재화와 서비스 또는 정보를 산출해
내는 능력을 말한다. 여기에는 생산적인 노작활동을 높이 평가하는 의식과 있는
것을 이용하고 실천에 옮기는 자세가 필요하며, 생산에 필요한 기본적인 지식과
기술을 구비해야 한다.

　이처럼 창의적인 사람으로서 지녀야 할 기본 능력으로 독창성과 융통성, 계속
적으로 사고하고 개척하는 태도의 함양, 적극적으로 도전하는 능동적인 태도, 지
식과 기술을 활용하여 새로운 것을 창출하려는 태도 등을 들 수 있으며 이러한
능력을 기르려고 할 때, 학교 현장에서 선택할 수 있는 방안의 하나는 많은 학생
들에게 발명교육의 기회를 제공하는 것이다.

　인류의 역사의 산물은 인간의 창조적 능력의 산물이며, 생산적 노작 활동의 결
과인데, 발명교육은 학생들의 창의성을 신장시키는 데 효과적이며, 발명학습과
관련된 다른 교과에 대한 흥미와 학습 효과를 높이는 데 매우 유익하기 때문이
다.

　21세기가 추구하는 지식기반사회에서 요구하는 인재는 공동의 목표를 위해 협
력하여 팀 플레이를 주도할 수 있으며, 더불어 사는 사회 구성원으로서의 역할과
책임을 다하는 사람으로, 인간의 모든 생산 활동으로, 같이 사는 공동체의 희망
을 주는 사람이다.

① 창의력의 시작, 남과 다른 나

할 수 있으며 당면한 문제들에 대해 대안적 해결을 생각하고 친숙한 물체를 새로운 방식으로 사용할 것을 생각하며 색다른 개념을 만들어 내는 능력을 말한다. 즉 아이디어를 생각해내는 창조적인 발상은 확산사고를 의미하며 마치 물뿌리개에서 물이 뿌려져 나오듯이 하나의 테마에서 여러 가지 생각을 해내는 것이 중요하며 참신한 아이디어의 복합체인

다양한 정보와 사물과 관심사를 도출하여 생각이나 경험으로부터 얻은 지식을 새로운 것으로 조직하거나 창안해 내는 것을 의미한다.

말콤 글래드웰이 쓴 "다윗과 골리앗"(부제: 약자가 강자를 이기는 기술)이라는 책에서 지은이는 항상 승승장구하던 골리앗이 연약해 보이는 다윗에게 처참히 무너진것은 다윗만의 방법으로 싸운 결과라고 본다. 골리앗이 항상 이긴 까닭은 골리앗의 싸움 방식 즉, 골리앗이 가장 잘하는 방법에 똑같이 상대했기 때문이다. 엄청난 키에 힘이 장사이며 칼과 창을 자유자재로 쓸 줄 아는 골리앗과 같은 방법으로 칼과 창을 들고 가까이 붙어서 싸움을 하니 골리앗을 이길 수가 없었다. 이런 싸움은 백전백패가 될 수밖에 없다. 이에 비해 다윗은 강자인 골리앗의 규칙을 따르지 않고 자신의 방법으로 싸우는 것이다. 그것은 멀리서 물맷돌을 던지는 것이었다. 이것이 약자가 강자를 이기는 방법이다. 남의 방식이 아닌 자신의 방법으로 싸우는 것이다. 그래야 언더 독(사회적 약자나 실패자의 의미)이 안되고 탑 독(사회적 강자나 승자를 의미)이 될 수 있다.

아인슈타인은 어릴 때 수학과 과학에는 우수한 능력을 보였지만 다른 과목은 낙제점에 그쳤다. 이러한 상황에서 아인슈타인의 어머니는 "네가 다른 사람과 같아지려고 한다면 너는 결코 성공할 수 없지만 그러나 네가 잘하는 그것으로 남들

과 다른 사람이 되려고 한다면 너는 위대한 사람이 될 것이다.”라고 조언했다. 자신이 잘할 수 있고 잘하는 쪽으로 노력한 결과 아인슈타인은 우주의 시간·공간 개념의 획기적인 상대성이론을 밝혀낸 위대한 과학자가 되었다. 대학 알리미라는 자료를 인용하면 2013년 4월 현재 주요대학 정원초과 학생규모가 평균 130%이상이라고 한다. 즉 약 30%학생들이 졸업을 하지 않고 졸업을 유보하는 것이다. 그래서 최근에 ‘대학 5~6학년생’이라는 신조어가 생기고 요즘 대학생들 사이에서는 ‘앗싸’라는 단어가 유행한다고 한다. ‘아웃사이더’의 줄임말인 ‘앗싸’는 모든 인간관계를 단절하고 취업 준비에 ‘올인’하는 학생들을 일컫는 말이다.

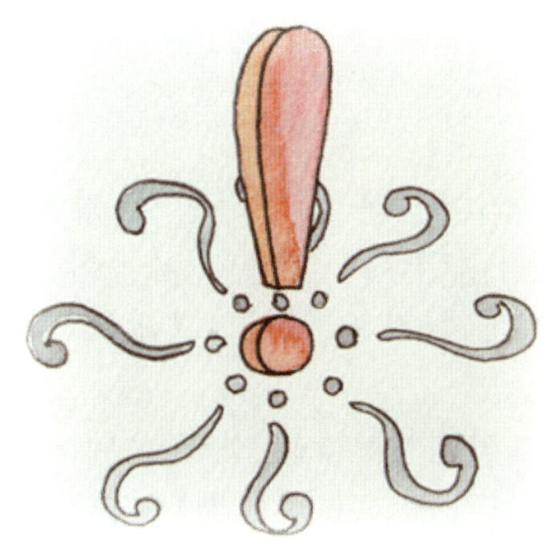

취업생은 갈 직장이 없다고 하고 기업에서는 쓸만한 인재가 부족하다고 한다. 왜 그럴까? 지금 기업은 전문성(관심 분야의 지식), 인성(인간의 기본 됨됨이), 영성(영감과 창조성, 상상력) 갖춘 인재를 바라고 있다. 그러나 우리나라 학생들은 전공보다는 토익공부에 매달리고 모두가 경쟁상대인 나머지 인간관계가 낙제점이며 틀에 박힌 공부로 창의적인 사고와 미래를 내다보는 안목이 부족하다. 모두 뜬 구름 잡는 공부를 한 결과이다. 편하고 쉬운 방법, 남과 같은 생각과 방법, 원하는 것이 같은 상태에서 경쟁은 더더욱 치열할 수밖에 없는 것이다. 모두가 공부를 잘하고 좋은 대학과 장래가 보장되는 직장을 갖는 것이 성공이라고 생각한다. 공부를 잘한다는 것은 익숙한 것에 탁월해지는 공부가 아니라 탁월해 질 수 있는 일에 익숙해지는 것이다. 다윗의 진짜 실력은 자신의 것으로 끝나지 않고 나라를 구하는 실력이었던 것이다.

좋은 직장, 좋은 직업이 아니라 내가 아니면 안 되는 일 즉, 계속해서 발전하고 사람들에게 영향력을 미치고 기쁘게 쓰이는 사람이 진정으로 성공한 사람이 되는 것이다. 성경의 달란트 비유는 남과 다른 나의 능력을 분별하고 내가 가진 재능으로 세상에서 쓰임 받고 세상을 이롭게 하는 것을 말한다. 이것이 기대에 부응하는 삶이다. 다윗의 현명한 모습과 행동을 본받고 나의 길을 가자.

가. 주름빨대의 탄생

  일본에 사는 어떤 여자가 병원에 입원한 외아들을 간호하면서 겪은 일이다. 어느 날 그 여자는 아들에게 우유를 먹이려 했다. 환자인 아들이 우유를 마시려면 윗몸을 일으켜 세워야 했는데, 그게 쉽지 않았다. 그래서 그 여자는 이런 생각을 하게 되었다.
  '그냥 누워서 우유를 마실 수는 없을까? 그러면 참 좋을 것 같은데…….'
  그때부터 이 부분을 집중하여 고민한 그 여자는, 마침내 빨대 중간부분에 주름을 만들어 넣으면 환자가 일어나지 않고도 우유를 마실 수 있지 않을까 하는 생각을 하게 되었다. 이미 주름이 잡힌 호스가 물이나 석유를 배달하는 곳에서 많이 쓰이고 있었기 때문에 기술적인 면은 별로 어렵지 않았다. 그래서 음료수를 마시는 빨대에 주름을 넣었고, 그 결과 지금 우리가 알고 있는 주름 빨대가 탄생한 것이다.

나. 커터칼의 탄생

  커터 칼의 발명도 마찬가지이다. 자신이 하는 일에서 느낀 문제점을 어떻게 하면 해결할 수 있을까? 고민하던 평범한 직원의 아이디어가 커터 칼의 탄생을 이끈 것이다.
  회사에서 전사지를 절단하는 일이 주 업무이던 직원이 반복되는 작업에서 칼이 무뎌지므로 원하는 대로 절단이 되지 않고 시간이 많이 들며 어깨와 손이 아팠다. 칼의 무딤을 어떻게 하면 해결할 수 있을까를 고민하다가 우표와 우표사이에 촘촘히 뚫려있는 바늘구멍을 이용하여 쉽게 분리되는 것을 보고 무뎌진 칼날도 일정부분 조금씩 자를 수만 있다면 작업이 빠르겠다는 발상에서 커터 칼이 탄생했다.

③ 창의력은 감성과 직관을 통하여 이루어진다.

창조의 시작에는 문제가 먼저 떠올라야 한다. (섬광처럼 반뜩이는 느낌)

문제의 발견이 중요한데 이것은 상상이나 필요의 인식에서 발생한다.

과거에는 창조력에 대한 개념이 문제를 해결하는 것이라고 생각했지만 최근에는 문제를 찾아내는 능력이 더 중요하게 받아들여지고 있다. 즉, 머릿속에 문제를 떠올리는 것이다.

문제의 발견 즉 번뜩이는 느낌은 매우 순간적으로 일어날 때가 많다.

감성적인 방법에서 일어나고 직관적인 방법으로 문제가 발견되는 경우가 많다.

가. 감성을 통한 창의력 해결 사례

어떤 문제가 발생하면 사람들은 왜 이런 일이 일어나는지라는 답답함을 느낀다. 태풍등 천재지변으로 수많은 인명과 시설물 피해를 보면서 답답함과 안타까움을 느낀다.

하고 싶은 일이 있는데 할 수 없을 때 사람들은 짜증과 고통을 느낀다.

수 많은 교통사고로 생기는 문제와 묻지마 범죄와 갈수록 흉악해지는 범죄 및 아동 유괴 및 납치와 성추행, 성폭행 등 사회적 문제를 보면서 충격과 불안감을 느끼는 정도에서 끝나는 것이 아니라 적극적으로 문제해결책을 연구하는 감성적인 사람이 필요하다.

특히, 특정 장소를 사용해야 하는데 많은 사람들이 함께 사용하는 경우 수요보다 공급이 적을 때 사람들은 고통을 느낀다.

내 주변에서 일어나는 다양한 사건과 문제에서 오는 불편함과 안타까움을 해결하려하고 남의 어려움을 자신의 어려움으로 동일시하는 감성적인 접근이 새로운 발명의 원동력이 된다.

많은 사람들이 모이는 장소에서 화장실을 사용할 때 여성들은 많은 불편을 느낀다. 화장실의 개수를 늘려야 하지만 여건이 되지 않는 경우 어떻게 하면 이 문제를 해결할까?

디벨로 디자인(www.develodesign.com) 업체에서 고안한 여성 전용 소변기는 이러한 문제를 해결하는 데 도움이 될 수 있다. 이 여성변기의 특징은 4면이 막힌 좌변기가 아니고 윗면이 공개된 상태에서 벽면을 제외한 3면의 허리 아랫부분만 보이지 않도록 설계된 소변기이다. 등 쪽에는 감지장치가 있어 앉았다 일어서면 물이 흘러내리도록 했다.

기존의 여성 화장실을 대변용과 소변용으로 분리하여 이 여성 전용 소변기를 설치하면 공간을 줄이는 효과가 있어 더 많은 소변기를 설치할 수 있다. 여성들이 겪는 불편함을 줄일 수 있고 물 사용량이 적어 자원도 절약할 수 있는 신개념 소변기이지만 여성들의 감성과 인식의 전환 및 사회적 공감대가 형성되어야 하는 문제는 있다.

나. 직관을 통한 창의력 해결 사례

아이손사의 파워다이어트 슈즈가 있다.

신발은 가벼워야 한다는 고정관념을 깨트리고 신발을 무겁게 만들어 낸 역발상의 사례이다.

일반 마라톤화가 매우 경량인 300-400g인 점에 비하여 파워다이어트 슈즈는 한쪽 무게만도 1.4kg이라 된다. 왜 이러한 엉뚱한 슈즈를 생각하게 되었을까?

아이손사 김희석 대표는 마라톤 운동선수들이 발목에 모래주머니를 차고 운동하는 것을 보고 착안하여 파워 다이어트 슈즈를 고안하였는데, 이 신발을 신고 30분만 걸으면 40분 간 등산이나 축구를 한 효과를 얻을 수 있다.

　남과 다른 생각을 하고 다른 길을 가다 보면 빈번한 실패는 당연하다. 그러나 실패를 두려워하여 주저한다면 성공적인 역발상은 영원히 불가능할 것이다.

　김희선 대표는 이 아이디어를 실현하기 위하여 일반운동화와 부피는 같으면서 무게를 늘리기 위한 특수고무를 개발하기 위해 200차례에 걸쳐 실패를 거듭한 끝에 성공했다.

　살을 빼는 것을 목적으로 운동을 하는 소비자의 욕구를 사람들의 심리적인 마음에 좀 더 효율적인 방법으로 짧은 시간에 충족시키고자 하는 남과 다른 생각이 모래주머니를 차는 방법을 보고 직관적으로 운동화를 무겁게 하는 방안을 고안해 냄으로써 히트상품을 만들어내게 된 것이다.

다. 감성과 직관을 통한 창의적 해결 사례

안전삼각대 관련 교통사고 사례 수업을 통하여 발명으로 연결된 사례-MBC 뉴스

관련 동영상 내용:

얼마전 인천대교 톨게이트 근처에서 티코승용차가 고장으로 서 있는 것을 미처 발견하지 못한 대형버스가 급커브를 틀다가 다리난간 밑으로 추락하여 20여명의 소중한 목숨을 잃거나 다친 일이 발생했다. 안전삼각대만 설치 했어도 큰 사고를 예방할 수 있었을 것이다. 현행법에는 고속도로나 차량전용도로에서 차량이 멈추어 서면 반드시 안전삼각대를 설치해야 하는데 손해협회 조사결과 40%가 미정착 차량으로 이런 규정을 지키지 않고 있다.

이처럼 사회적 문제가 되는 것을 학생들의 발명수업에 적용하여 안전 삼각대에 대한 다양한 연구와 우리 부모, 형제의 안전을 위한 창의적인 감성과 직관을 이용한 수업을 실시한 결과 10여개의 아이디어가 구체화 되었고 이 중에 류○○ 학생의, 탄성력을 이용한 안전 삼각대가 대한민국학생발명전시회에서 동상을 수상하였다.
류○○ 학생의 발명동기는 아래와 같다.

동기: 작년에 있었던 인천대교 고속버스 추락사고 때문에 연일 뉴스에는 안전 삼각대에 대한 이야기들이 나온다. 사고가 났을 때 가장 먼저 해야 할 일은 삼각대를 설치하는 것이다. 하지만 갑작스럽게 사고가 났을 때 삼각대가 어디 있는지 못 찾아 당황할 뿐만 아니라 운전자의 70%가 삼각대의 사용법을 몰라 제 2의 사고로 이어질 수 있다. 그래서 이런 위험을 방지하기 위해 던지기만 하면 알아서 설치되는 탄성의 원리를 이용한 공 삼각대를 발명하게 되었다.

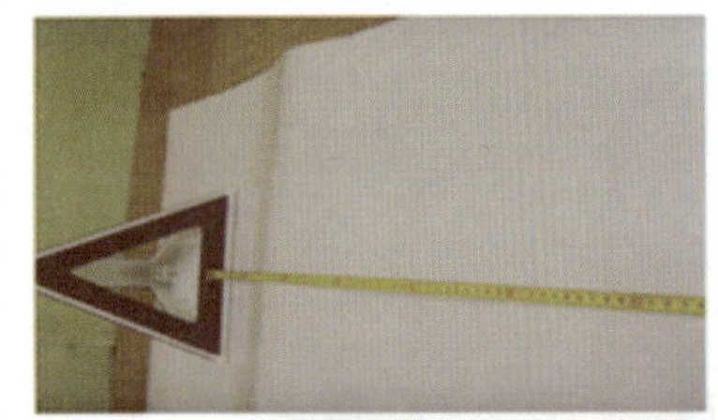

구체적인 방법과 도면: 이 아이디어는 기존 평면 삼각대의 틀을 깨고 입체 삼각대로 만들었다. 입체 삼각대는 어떻게 세우든 어디서든 쉽게 인식할 수 있다는 장점이 있다. 또한 밤에 사용할 경우를 대비하여 멀리서도 보일 수 있도록 밝은 LED 조명을 달았다. 삼각대에는 줄자가 내장되어 있어서 차에서 굳이 내릴 필요 없이 차안에서 도로로 던지면 입체 삼각대는 펼쳐지며 접으면 평면으로 만들 수 있기 때문에 보관이 용이하다. 최근에 화두가 되고 있는 삼각대의 많은 문제점을 한 번에 해결해주는 기발한 아이디어이다.

④ 창의적 사고 능력 키우기

① 상호 관계를 통한 지적 소통과 협력

현대는 매우 빠른 변화와 지식의 홍수 시대로 쏟아져 나오는 모든 정보를 전부 내 것으로 할 수 없다. 나 혼자는 부족할 수밖에 없다. 그러므로 나의 능력과 지식을 타인과 교류하고 타인과의 상호 관계 속에서 필요충분조건을 공유하고 소통해야 생존할 수 있다.

부딪치는 다양한 문제와 어려운 상황을 다양한 능력을 가진 개인들이 팀을 구성하여 함께 해결하는 방법을 찾아야 한다.

첫째, 수많은 정보와 지식의 필요와 중요성 및 연결고리의 옳고 그름을 판단하는 능력이 있어야 한다. 상황, 사물, 인과관계를 따질 수 있는 계기를 만들어가고 물음표를 붙이고 탐색하는 행동, 문제를 찾아내는 행동, 문제해결을 위한 사고 등의 적극적인 반응. 즉, 감성지수를 높여가야 한다.

둘째, 사람은 보는 대로 되고 생각하는 대로 된다. 여러 개의 눈으로, 다각적으로 사물을 보는 습관을 키워야 한다. 보는 방식에도 여러 가지 방법이 있다. 각도를 바꾸고, 방식을 바꾸며, 관찰자는 방향을 달리해서 보고, 어린이의 눈으로, 소비자의 눈으로, 주부의 눈으로 등 다양한 눈으로 보면 두뇌는 더욱 활성화된다.

똑같은 옷걸이라도 주부의 눈, 직장인의 눈, 의류매장직원의 눈 등 보는 사람의 관점에 따라 다양한 행동이 나타난다. 눈동자를 덮고 있는 비닐을 벗겨야 한다. 그래야 보이지 않던 것이 눈에 나타나기 시작한다. 상상력과 창의력은 관찰에 비례한다.

② 다양한 현장의 경험이 창의력 신장의 핵심

문제해결능력과 문제를 만드는 능력이 중요하다. 다양한 경험을 하고 문제를 발견하는 능력을 배양할 수 있는 환경을 조성해야 한다.

첫째는 다양한 세계를 넓게 경험하게 하자. 구체적인 사물을 오감으로 느끼고, 실제로 조작해보는 과정에서 습득한 지식은 창의성의 기반이 된다.
이러한 자신의 재능과 능력을 파악하기 위해 다양한 직업과 관심 있는 한 분야를 집중적으로 연구하고 그와 관련된 서적과 인터넷 검색, 전문가의 조언 및 다양한 행사에 참여함으로써 질적인 창의력을 가동하게 되고 이는 상상력으로 연결된다.

둘째는 창의력을 얻을 공간을 확보하라. 사람은 반복되는 환경과 공간 속에 잡혀있으면 신선한 자극을 받기 어렵다. 낯선 장소와 스스로 원하고 찾아가는 행동과 변화가 창의력의 보고가 되는 것이다. 이러한 현장 경험을 통해 남이 모르는 새로운 사고의 실마리를 찾게 되는 것이다.
움직임, 다른 시선과 색다른 관찰은 창의력의 출발점이 된다.

창의적 상상력에 도움 주는 장소

- ◉ 백화점, 완구점, 만물상, 상점, 시골 시장, 재래시장(현 시장 조사, 아이디어 창출)
- ◉ 고물상, 폐기물 (자원 재활용 정보수집)
- ◉ 전문 상품 시장, 견학 장소, 특허 전시, 발명품 전시, 신제품, 우수 상품 판매장 (전문적인 능력 향상)
- ◉ 외국제품 시장 (외국 정보 입수)
- ◉ 제품 제작 공장 견학(제작 아이디어 기술 습득)
- ◉ 도서관. 서점, 신간 도서 및 원리를 잘 알려주는 도서, 과학 · 기술 전문 서점, 종합적으로 다룬 단행본 및 정기간행서적과 신문, 잡지류 등(다양한 정보 수집)
- ◉ 기존의 작품 탐색(작품의 수준과 동향파악)

③ 창의력은 미래로 연결하는 통로

누구나 생각하는 수준의 산출물은 파급 효과도 없고 경제성도 없다. 결과가 경제적 파급과 미래 지향적인 발전 및 새로운 수요와 새로운 문화로 연결되는 것이 진정한 창의력이다. 스티브 잡스가 왜 사람들을 열광시켰는지는 그의 창의적인 결과물 때문 아닌가? 진정한 창의력은 소비자의 기대를 뛰어넘는 정말 새로움에 있다.

이런 새로움이란 실용성과 경제성으로 연결되지 않으면 아무 소용이 없다.

따라서 관심분야의 깊은 지적 능력과 전혀 어울리지 않을 것 같은 이질적인 사물이나 현상, 원리 등을 융합하는 능력이 필요하다. 즉, 전문적인 식견과 노하우가 필요하다. 중요한 것은 한 분야의 집중적인 경험을 풍부하게 경험하는 것이다.

창의력이란, 이질적인 것, 또는 여러 가지 정보의 결합능력이라 할 수 있다.

즉, 1+1=3이라는 가치를 가져야 한다.

창의력이란, 느낌과 앎이라는 사이를 서로 왕래하는 과정에서 생기는 것이며 이러한 절묘한 조화 속에서 창의력은 촉매역할을 하는 것이다.

타잔의 줄타기처럼 인생도 공간 이동의 연속이다. "이게 내 길이다"하고 인생의 길을 가다가도 "아니다!"라는 느낌이 확 다가올 때가 있다. 그러면 그 길은 썩

은 동아줄이 되어버린다. 그걸 느끼면서도 그냥 계속 그 줄을 잡고 있는 건 어리석은 일이다.

마음이 시키는 대로 해라. 그러나 책임은 따라야 한다. 그 선택에 대한 책임은 자신이 져야 한다. "아니다!"라는 느낌이 자신의 거짓이었다면, 그냥 단지 위기의 순간이나 힘든 순간을 피해보고 싶어 잔꾀를 부린 거라면, 옮겨 잡은 줄이 썩은 동아줄이라 끊어져도 자기가 또 감당해야 할 몫이다.

그러나 진정으로 가슴 속에서 우러나오는 "이건 아니다!"라는 영혼의 울림이 있다. 그건 자기 자신이 제일 잘 알 것이다. 그냥 하기 싫어서 다른 줄을 잡고 싶은 것인지, 진짜 이 길이 자기 길이 아니라고 생각하는 것인지.

우리는 살면서 발전해나가려면 머물러 있어선 안 된다. 타잔처럼 계속 줄을 바꿔 가면서 앞으로 나아가야 한다. 그래야 목적지에 도달할 수 있다. 그러나 자기가 잡은 그 줄이 썩은 줄이라면 어떻게 될까. 빨리 다른 줄을 바꿔 잡아야 할 것이고, 그걸 감별할 수 있는 능력을 길러나가야 할 것이다.

줄을 잡았을 때의 그 촉감과 느낌, 끌어내리는 중력 등을 배워나가면서 정말 앞으로 나갈 줄이 어느 것인지 알 수 있을 것이다. 다른 말로 하자면 자기가 정말 하고 싶은 일이 무엇인지, 자기를 성장시킬 수 있는 일이 무엇인지 그 묵직한 줄의 느낌을 알 수 있다.

단지 부모가 잡고 있으라고 하니까 무작정 아무 생각 없이 썩은 줄이든 말든 잡고 가는 학생들도 있다. 그게 자기를 앞으로 가도록 하는 게 아니라, 아래로 떨어뜨리는 줄이라는 걸 모른 채 말이다. 자기가 느낄 절망을 부모가 대신 감내해줄 수 없다.

발명을 하고 싶다면 발명을 하는 것이고, 운동을 하고 싶다면 운동을 하는 것이다. 부모 눈치, 남의 눈치 다 봐가면서 인생을 꾸려나간다면 시간은 금세 흘러가 버릴 것이다. "공부만! 공부만!" 공부 밧줄을 잡으라고 아우성치는 부모와 세상의 목소리에 기죽어서 자기가 정작 잡고 싶은 밧줄은 스쳐 지나가버리진 않았을까. "나중에 하지 뭐……" 이런 위로를 들어가면서 애써 자신의 꿈을 외면한 건 아닌지.

　그러나 10대 때 읽었던 〈어린왕자〉의 느낌이 다르고, 20대, 30대, 40대 때 읽는 같은 책의 느낌이 다르듯이 우리 인생에는 바로 그때 느끼는 열정과 느낌이 모두 다르다. '나중'이 정말 똑같은 나중이 될 수는 없다.　바로 지금 잡고 싶은 그 밧줄을 잡아라. 즉 현재를 잡아라(Seize the day)!

　고대 그리스 철학자 헤라클레이토스는 "아무도 같은 물에 두 번 들어갈 수 없다"고 말했다. 우리는 늘 같은 자리에 머무를 수는 없다. 겉으로 보기에는 같은 물이라고 해도 늘 흘러가버리는 그 물은 이제 더 이상 조금 전의 물이 아니다. 내가 들어갔던 바로 그 물이 아닌 것이다.

　마찬가지로 인생이란 한 줄에 계속 매달려 있을 수 없다. 우리는 늘 같은 줄을 잡고 있는 것도 아니다. 앞으로 전진하려면 기존에 가지고 있던 튼튼한 줄을 놓고 새로운 줄로 이동하여야 한다. 고여 있는 물은 썩고, 머물러 있는 물고기는 잡아먹힌다.
　지금 내가 잡고 있는 것이 낡고 썩어가고 있다면 새로운 줄을 잡아야 한다. 그래야 변화가 일어나고 새로운 에너지가 창출될 것이다. 머리 좋은 자는 열심히 하는 자를 이기지 못하고, 열심히 하는 자는 좋아서 하는 자를 이기지 못하고, 좋아서 하는 자는 미쳐서 하는 자를 이기지 못한다는 말이 있다.
　미칠 정도로 자신의 꿈을 사랑하면 열정의 에너지가 생겨 새로운 밧줄을 잡는 걸 두려워하지 않을 것이다. 현재 자기에게 미치도록 간절한 소망이 있다며 그걸 잡아라. 하지만 또 다른 현재로 나아가는 걸 두려워하진 마라. 매순간 새로운 현재를 잡는 자만이 꿈을 이룰 것이다.

　이와 같이 창의력을 키우기 위한 다양한 방법을 제시하였지만 시간을 내어서 3가지 영역을 꾸준히 하기는 어려운 일이다. 따라서 다양하게 제시된 창의력 향상을 위한 문제를 통하여 창의적 신장의 발판을 삼아보자.

쇼핑 카트의 불편한 점을 찾아라.

쇼핑 카트의 불편한 점을 찾아라.
다음은 J양이 적은 일기이다. 일기를 읽고, 일기에 나타는 쇼핑카트의 불편한 점을 3가지 이상 적고, 그 불편한 점에 따른 해결 방안을 적으시오.

오늘은 정말 힘든 날이었다. 가족끼리 ○○마트에 갔는데, 쇼핑 카트에 문제가 생긴 것이다. 내 동생은 아직 아기라서 쇼핑카트에 태워야 하는데 ○○마트에 있는 턱을 지날 때 카트가 덜컹 거려서 동생이 엉덩방아를 찧게 된 것이다. 우는 동생을 보니 마음이 아팠다. 게다가 쇼핑 카트를 밀고 가다가 엄마가 실수로 앞에 가는 꼬마 아이의 뒤꿈치를 다치게 했다. 그 아이한테 정말 미안했다. 쇼핑을 마친 후 우리는 카트를 밀고 주차장으로 향했다. 하지만 주차장에 가는 길이 내리막길이라 거의 카트에 끌려가다시피 갔다. 또 불편한 점은 자동차가 있는 곳에 도착해서 트렁크에 물건을 싣기 힘들다는 것이다. 오늘은 정말 쇼핑 카트 때문에 여러모로 힘들었던 날이었다.

쇼핑 카트의 불편한 점을 찾아라.

◾ 해결방안모색

- 상기 내용의 4가지 문제에 대한 해결책을 각자 적어보자.

- 쇼핑카트의 불편한 점을 5가지 이상 적어보고 1가지 이상 해결방안을 적어보자.

- 앞으로 이러한 쇼핑카트가 있으면 좋겠다는 희망사항을 5가지 이상 적어보고 1가지 이상 해결방안을 적어보자.

- 쇼핑카트로 할인매장을 이용하는 고객에게 즐거움을 줄 수 있는 방법을 구상해 보자.

- 백화점이나 할인매장에서 고객이 더 많은 물건을 구입할 수 있는 유인책을 생각해 보자.

◾ 쇼핑카트 관련 아이디어 구상

불편한 점	해결 방안

산이나 바닷가 등에서 야외 활동할 때 이동식 주거공간인 텐트를 사용한다. 텐트를 사용할 때 불편할 수 있는 점을 3가지 나열하고 그 문제점을 해결할 수 있는 방법과 그 원리를 적어보시오.

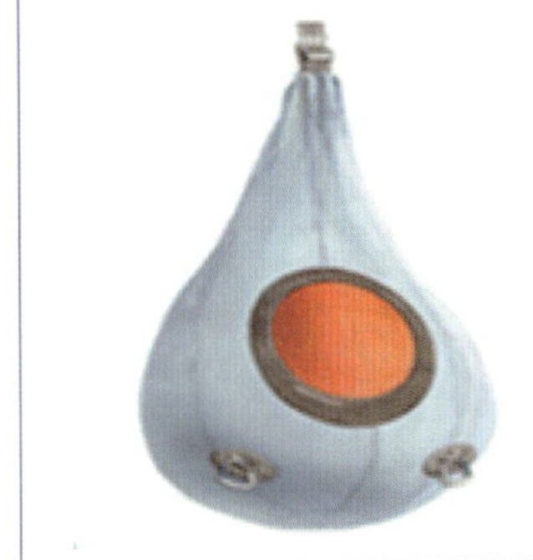

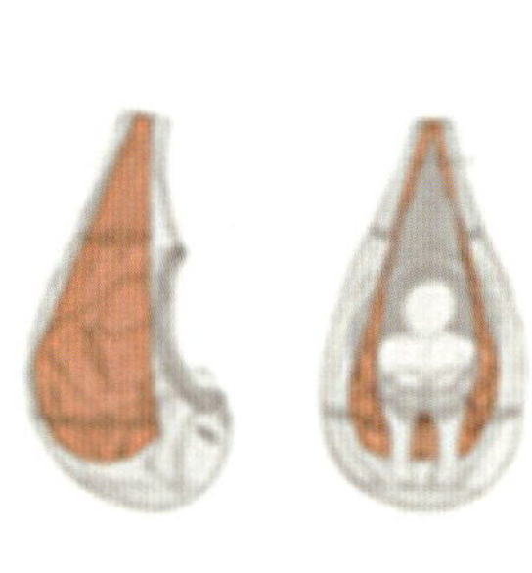

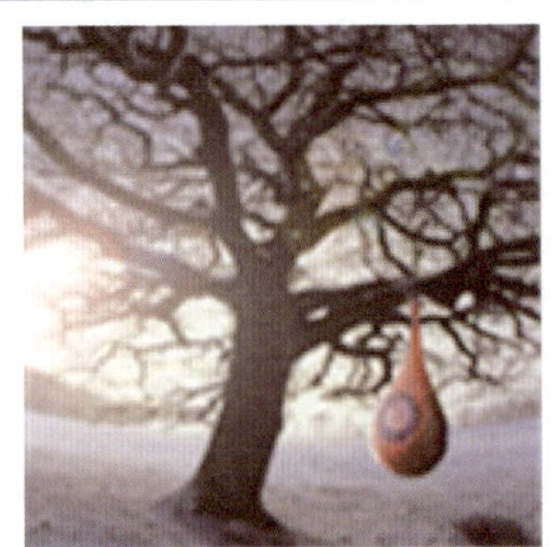

◼ 해결방안모색

- 텐트에 관련한 불편한 점에 대한 해결방법 1가지을 구체적으로 구상하자.

- 텐트의 문제점에서 습기가 올라오는 문제를 해결하는 방법을 구상해 보자.

- 텐트로 하늘의 별자리를 볼 수 있는 방법을 연구해 보자.

◼ 텐트 관련 아이디어 구상

만약 이런 텐트가 있었다면~	해결 방안

학　생 : 선생님~ 제가 어제 헬스장에 가서 역기를 하다가 느낀 불편한 점이 있는데 이점을 떻게 하면 편하게 고칠 수 있을까 고민이에요.

선생님 : 어떤 불편한 점이 있었는데 ?

학　생 : 역기 벤치에 누워서 역기를 하다보면 실수로 떨어트릴까봐 걱정이 되거든요. 역기를 실수로 떨어트려도 안전한 방법이 없을까요?

선생님 : 음. 그러고 보니 역기를 실수로 떨어트리면 매우 위험하겠다.
　　　　　그럼 이런 건 어떨까? (종이에 무언가를 그린다.)

역기야, 나를 편하게 해줘.

▣ 평가기준

- 운동 중 역기사고가 일어나지 않는 창의적인 대답을 한다.
  (원리와 방법이 창의적일 때)

▣ 평가상 유의할 점

- 역기나 역기 벤치에 변화를 주어야 한다.
  실제로 가능한 아이디어야 하며, 역기나 역기 벤치에 변화를 준 것이 아니라면
  감점한다.

▣ 역기 관련 아이디어 구상

만약 이런 역기라면~	해결 방안

강원 영동 태풍급 강풍...피해 속출

[앵커멘트]

강풍 특보가 내려진 강원 영동지역에 순간 최대 초속 30m 안팎의 강풍이 몰아쳐 피해가 속출했습니다. 나무 수십 그루가 뿌리채 뽑히고 비닐하우스와 교통 표지판 등 시설물도 파손되었습니다. 송세혁 기자가 취재했습니다.

[리포트]

순간 최대 풍속이 초속 30m가 넘는 강한 바람에 아름드리나무가 뿌리채 뽑혔습니다. 주변 나무들도 톱으로 베어낸 듯 잘려 나갔습니다.

강풍으로 부러지거나 쓰러진 가로수는 속초지역에서만 30그루가 넘습니다.

시설물 피해도 잇따랐습니다. 교통 표지판 기둥은 맥없이 부러졌고 딸기 재배 비닐하우스도 곳곳이 찢겨 나갔습니다.

▣ 해결방안 모색

- 위의 뉴스에서 알 수 있듯이 강한 바람은 각종 시설물을 파손하여 사회적, 경제적 문제를 일으키고 있습니다. 강한 바람은 특히 농작물 시설 피해가 큽니다. 이 과제에서는 역으로 바람을 이용하여 안전을 도모하는 장치를 개발하거나 농작물 시설(비닐하우스, 과실, 등) 및 상업지역의 광고 표지판을 안전하게 보호하는 방법을 구상하여 봅시다.

▣ 태풍피해 관련 아이디어 구상

강한 바람으로 나타나는 문제점	해결 방안

나에게 색깔을 입혀 주세요.

똑같은 상품도 색깔을 달리함에 따라 잘 팔리거나 안 팔리는 경우가 참으로 많다. 여러 상점을 다니면서 상품의 색깔을 살펴보면 같은 옷, 같은 학용품, 같은 가구들의 색이 모두 다르게 칠해져 있는 것에 새삼 놀라게 된다.

 그것은 손님마다 좋아하는 색깔이 다르고, 또 계절과 사용하는 목적에 따라서도 색을 달리 하기 때문이다. 예를 들면 부채에 그리는 그림의 색은 시원한 초록색이나 시원한 바다 색깔을 칠하지만 더운 느낌을 주는 빨강색은 절대로 칠하지 않는다.

▣ 해결방안 모색

- 일상생활에서 색깔이 사람에게 주는 영향력을 살펴보면 다음과 같다.
  - ◇ 거실이나 방의 창문커튼의 색깔은 식구들의 취미와 계절에 따라 다르다.
  - ◇ 도로에서 청소하시는 환경미화원의 옷이나 헬멧은 눈에 잘 띄는 노랑색이다.
  - ◇ 풀장의 물밑이나 벽의 색깔은 시원한 느낌을 주는 파랑색이다.
  - ◇ 의사와 간호원들은 보통 깨끗한 흰색 가운을 입지만 수술실에 들어갈 때는 피로감을 적게 주고 환자의 신경을 안정시켜 주는 초록색 가운으로 바꿔 입는다.
  - ◇ 큰 철공장에서 돌아가는 기계들도 눈의 피로감을 덜 주는 초록색을 칠한다.

- 현재 시중에서 색의 특징을 이용하여 상품화 된 제품이나 관련 자료를 각자 5가지씩 적어보자.

- 색깔을 이용하면 더욱 편리하고 실용성이 좋아지는 발명품을 구상해 보고, 설계도를 구상해 보자.

▣ 색깔에 관련 아이디어 구상

나에게 색을 넣어 주세요.	해결 방안

나. 창의성을 키우는 상상하기

 1) 명언을 그림으로 표현하라
 자신이 아는 명언들(ex. 죄를 미워하되 죄인은 사랑하라)을 한 개 적어보고, 그 명언을 한 개의 그림으로 표현하라. 그림은 명언의 전체적인 뜻과 의미를 담고 있어야 한다.

<table>
<tr><td>명언 :</td></tr>
</table>

<table>
<tr><td>그림</td></tr>
</table>

가 이 드

- 다양한 분야에서 학생이 폭넓은 지식을 갖고 있는지 확인하는 문제이기 때문에 명언이 정확한지 확인해본다.
- 한 문장을 한 개의 그림으로 잘 표현했는지 보고, 보는 사람이 한 번에 이해할 수 있는지를 중점으로 평가한다.
- 창의적으로 그림을 그렸는지 확인한다.

2) 미래의 새로운 직업을 만들어 보자.

<지문 1>

　'STEAM'에 대해서 들어본 적이 있는가? STEAM이란 Science, Technology, Engineering, Arts & Mathmatics의 약어로 미국에서 사용하는 "STEM"에 Arts가 추가되어 만들어진 용어이다.

　최근 교육계의 가장 큰 이슈가 되고 있는 "창의적 융합인재 양성"과 관련된 용어로 위 내용에서 볼 수 있듯이 서로 별개로 보아왔던 과학, 기술 분야와 예술 분야의 융합을 강조하고 있다. 이런 변화는 급변하는 시장 경제 상황에서 무엇보다 "창의력"이 강조되고 있기 때문이다. 이렇듯 최근에는 다양한 분야에서 전문적인 지식을 가지고 있는 인재를 필요로 한다.

 ## 1. 생각하기

　〈지문1〉에서 볼 수 있듯이 현재 융합학문이 중요시 되고 있는 것은 누구나 아는 사실이다. 그렇다면 자신이 종사하고 있는 직업과 다른 학문을 배워왔던 사람은 융합학문의 관점에서 보았을 때 어떤 개성 있는 능력이 있을까?

<지문 2>

- 학　과 : 철학과, 식품조리학과, 경영학과, 물리학과, 일본어학과, 산업디자인학과, 한의학과, 지리학과, 사회복지학과, 통계학과, 컴퓨터공학과, 성악과, 연극영화과
- 직　업 : 경찰관, 구두미화원, 안마사, 원예기술자, 행사기획자, 교장, 시스템엔지니어, 상담전문가, 변리사, 교도관, 영화감독, 개그맨, 언어학자, 석유화학기술자, 초등교사

2. 생각하기

〈지문2〉의 '학과' 중에서 하나를 선택하고, '직업' 중에서 하나를 선택하여 '~~학과를 나온 ○○'를 3개 만들어보자.

(ex) 사회복지학과를 나온 언어학자) 그리고 그들이 다른 사람들에 비해 잘할 수 있는 것이 무엇일지, 어떤 특색이 있을지 예상하여 적어보자.

정답 가이드

– 장점 및 특색에서 창의적인 발상이 있는지, 현실성이 있는지 살펴봐야 한다.

직 업	장점 및 특색

다. 창의성을 키우는 관찰과 발견

1) 기발하고 재미있는 신호등을 상상하자.

과　　제

〈지문 1〉

신호를 기다리며 게임을 즐길 수 있는 신호등이 소개돼 화제다. 최근 인터넷 동영상 공유사이트인 유투브에는 '기발한 독일 신호등'이란 제목의 동영상이 올라왔다. 영상에서 소개된 신호등은 손가락 터치로 핑퐁게임을 즐길 수 있도록 설계돼 신호를 기다리는 동안 건너편에 있는 사람과 핑퐁 게임을 즐길 수 있다. 특히 게임 화면은 파란색과 빨간색으로 구성돼 신호가 바뀌는 모습도 보여줘 눈길을 끈다.

영상을 접한 누리꾼들은 "기발한 아이디어다", "우리나라 신호등에도 도입했으면 재미있겠다." 등의 반응을 보였다.

지 문 1	지 문 2

〈지문 2〉

영국에서는 버스를 기다리며 그네를 탈 수 있는 그네 버스정류장이 있어 화제가 되고 있다.

　〈지문 1〉과 〈지문 2〉를 보듯 요즘 사람들은 한시라도 가만히 있는 것을 즐기지 않는다. 무언가를 기다리는 동안, 다른 어떤 재미난 것을 하고 싶어 하는 것이 인간의 욕망이다. 위와 같이 무언가를 기다리는 사례를 적어보고 그 동안에 인간이 즐길 수 있는 발명품을 구상해 보자.

　　- 기다린다는 짧은 시간동안 할 수 있는 활동인지 본다.
　　- 창의성, 실용성을 토대로 채점한다.

그림 또는 도면
설명

 문제와 꿈, 방법과 가치가 창의력이다

이 세상에 태어날 때 신이 나에게 준 선물, 즉 가치과 능력, 다시 말하면 잠재능력을 발견하고 의미을 부여하는 것은 매우 중요한 것이다. 조벽교수는 재능이 관심사를 만나면 누구나 인재가 될 수 있다고 하였다.

미국 버지니아공과대학 교수인 데니스 홍 교수는 6살 때 스타워즈라는 영화를 보고 감동하고 구체적으로 나는 로봇공학자가 되겠다는 꿈을 이루기 위한 다양한 경험에 도전한다,
각종 화약실험과 각종 전자제품 분석 및 분해를 통한 구체적인 실행정신이 그 꿈을 구체적으로 성취할 수 있는 모티브가 되었다.

잘되는 사람과 잘 안되는 사람의 차이는 말로 하는냐? 행동으로 보여주는냐? 가 확실한 차이점이라 할 수 있다.

금속물질이 자석을 만나면 달라붙는 것처럼, 우리의 인생도 내가 진정 원하고 가치있는 일이나 사건을 만나면 인생은 일취월장 승천할 수 있는 원동력을 가지게 된다는 것이다.

자신의 가치와 능력을 인정하는 일, 그리고 할 수 있다는 신념은 한 사람의 인생에 커다란 궤적을 남기고 위대한 힘을 발휘할 수 있게 한다.

　무엇을 시작하는 일은 대단한 일이다 많은 사람들이 시작도하기 전에 절망적인 이야기, 가능성이 희박하다는 조건, 무모한 도전이니, 시간적으로 불가능하다는 여러 가지 이유를 제시하면서 시도조차도 하지 않는다. 그러면서 불평 불만에 넋을 놓고 있는 일이 비일비재하다.

　그리고 일단 시작은 했지만 충분한 준비와 철저한 자기관리 및 구체적인 핵심내용을 정하지 않고 시작하는 경우가 많고 상황에 따라 능동적으로 대처하는 방법의 부재가 우리의 발목을 잡는 경우가 많다. 또한, 도전을 통하여 자신의 비전을 관리하고 자신을 통하여 타인과의 소통과 관계 및 새로운 방법의 연결을 찾아야 한다.

　따라서 한 사람의 인생의 변화의 조짐은 ‘문제’와 ‘희망(꿈)’이고 그를 채워주는 ‘방법’과 ‘가치’가 바로 원동력이다. 따라서 무엇인가를 실천하고자 계획하는 사람은 필히 알고 시작하여야 한다.

　그리고 가장 중요한 것은 시작한 일, 자신의 뜻과 꿈을 정하고 도전한 일을 마치는 것이다. 작은 일이든 큰일이든 계획하고 설계하여 실행에 옮기고 문제점을 발견하고 수정하고 새로운 방법을 추가하여 목표에 도달하는 것과 이를 통하여 성취감을 얻는 것은 매우 중요하다. 이런 성취감이 인생을 행복하게 하고 새로운 도전과 자신의 존재감을 통한 인생의 참 맛을 알게 하기 때문이다.

　시작한 일을 끝내는 능력은 위대한 일이라고 할 수 있다.

　『아프니까 청춘이다』라는 책을 써서 많은 젊은이에게 삶의 방향을 제시하고 있는 김난도 교수는 인생은 속도가 아니라 방향이 중요하다고 했다. 지금 내가 어디로 가고 있는가? 가 중요하다는 것이다. 많은 사람들이 자신의 인생의 성공적인 삶을 추구하고자 자신의 능력이나 가능성보다는 세상의 제도에서 밀리지 않고 경쟁에서 살아남기 위한 끝없는 전쟁을 벌이고 있다. 남보다 앞서 가기 위해서이다. 그러나 빨리 가는 것이 중요한 것이 아니다.

　빨리 가는 것보다 올바른 방향으로 가는 것이 더욱 중요하다. 인생의 시계보다는 목표를 정하고 내가 가장 잘할 수있는 분야에 필요한 도구나 능력을 키워서 나만의 방식을 유지하면서 보폭을 맞추어 갈 때 지치지 않고 끝까지 갈 수 있는 것이다. 그리고 중간 중간 내가 잘가고 있는지 확인하고 점검하고 수정하고 방향을 재설정할 수있는 나침반이 필요하다. 혼자가는 외로운 길이 아닌 여유로운 마음과 공감대를 형성하고 함께 할 수 있는 동역자와 즐거운 행보를 걷는 것이 중요하다. 지금 당장은 이것이 가장 중요하고 급하고 이것이 아니면 안 될 것 같고 이것을 이루지 못하면 더 이상 기회가 없고 살아가야 할 희망이 보이지 않아 결국 좌절하고 절망의 나락으로 추락할 것 같지만 인생의 길은 여러 갈래이고 인생의 정답은 하나가 아닌 수 많은 답으로 이루어진 것을 아는 지혜가 필요하다. 인생의 실마리가 안보이면 차선책을 선택하자.

진정한 리더는 자신이 누구인지, 행복이 어디에 있는지 매일 성찰하는 사람이다. 행복의 선순환은 서로의 욕구을 충족시키려 노력하는 것에서 시작된다.

달라이 라마는 행복은 모든 욕구의 충족에 있지 않고 마음의 평화에 있다고 하였다. 밑없는 독같은 욕망을 무슨 수로 채울 수 있는가? 끝없이 채우려다가 중간에 스러지는 게 정복자의 운명이다. 능력 있는 자와 없는 자의 차이는 마음의 평화는 빈 곳을 채우는 게 아니라 주어진 것을 수용하는 데서 온다.

창업자금 신정하기

Chapter 05

아이디어 상업화 지원 사업 신청하기
(생산기술연구원 제출용)

① 창업 지원금 신청하기 보도 자료 (창업지원 센터 2014. 2. 24)

중기수출·청년창업으로 '창조경제' 일군다

'박근혜 정부'가 창조경제의 핵심무기로 중기수출과 청년창업을 꺼내들었다.

박근혜 대통령은 "실물경제 활력 제고를 위해 가장 빠르고 쉬운 길은 불필요한 규제를 과감하게 혁파하는 것"이라며 "실물경제 현장의 최접점에 있는 산업부와 중기청이 투자 걸림돌 이해 관계자와 관련 부처를 끈질기게 설득해 해결을 위해 노력하기 바란다."고 주문했다. 또 "기술과 역량을 갖춘 인재가 창업에 도전할 수 있도록 창업을 가로막는 규제를 과감하게 걷어내고, 벤처 펀드를 확대 조성하고 창업자 연대보증 폐지 등 패자부활제도도 적극 확대하기 바란다."며 "기술력과 사업성보다 담보와 재무 상태를 중시하는 현재 지원관행도 과감하게 바꿔야 한다."고 지적했다.

정부가 실물경제와 투자 활성화를 위해 신성장동력 발굴에 적극 나서는 한편 기업 활동을 가로막는 규제를 전면 재검토한다. 올해 13대 산업엔진프로젝트를 가동하고 오는 2017년까지 중소 수출기업 10만개, 창업 CEO 1만 명을 양성할 계획이다.

24일 산업통상자원부와 중소기업청은 박근혜 대통령 주재로 열린 올해 마지막 업무보고에서 이 같은 비전을 제시했다.

◆ 중기수출로 내수 늘린다 = 산자부는 현재 8만 7000개인 중소 수출기업을 집중 육성해 3년 뒤에 10만개로 늘리기로 했다. 이를 위해 판로 개척과 무역금융 지원 등을 강화하고 유망 내수기업의 해외시장 개척을 돕는 전문무역상사를 지정·운영한다.

특히 중소·중견 수출기업이 대외 불안요인에 맞설 수 있도록 수출입은행과 무역보험공사 등을 통해 지난해보다 3조 6000억원 늘어난 77조 4000억원을 무역금융(대출·보증·보험)으로 지원한다.

이는 수출과 내수의 연결고리를 강화하기 위한 조치로 풀이된다. 지난해 사상 최대 수출액과 무역흑자를 달성했지만 내수와 일자리 창출로 연결되지 못했다는 지적에 따라 중소·중견 수출기업 육성을 해법으로 꺼내들었다는 설명이다.

이와 함께 출산·육아 등을 위해 퇴직한 여성 R&D 인력이 중소·중견기업에 재취업할 때 정부가 1인당 월 80만~100만원의 인건비를 3~6개월간 대주는 '경력복귀 지원 프로그램'도 도입한다.

산자부 관계자는 "중소·중견기업이 수출로 규모를 키우면 우선 투자와 고용이 늘어나고 이에 따른 소비 진작으로 내수 확대에도 도움이 될 것"이라고 강조했다.

◆ 기술창업에 10억원 지원=중소기업청은 민간이 선별해 투자한 기업에 정부가 후속 지원하는 '선택과 집중' 방식으로 기술창업을 매년 150개 육성한다는 목표를 세웠다.

전문 엔젤, 벤처캐피탈, 중견·대기업 등 민간이 1억 원 이상 선투자하면 정부는 R&D(연구개발)자금 5억 원, 창업자금 3억 원, 해외마케팅 1억 원 등 3년간 최대 9억 원을 매칭 투자한다는 설명이다.

이와 함께 벤처·창업 투자 활성화를 목적으로 2조원 규모 벤처펀드를 만들고, 엔젤투자 제도를 개선한다. 융자보다는 투자 중심의 창업 환경을 만들겠다는 취지다.

또 2017년까지 기술·아이디어를 가진 고교·대학생 등을 대상으로 '창업 CEO' 1만 명을 양성하고 '한국형 히든 챔피언' 후보군 1000개를 육성하기로 했다.

중기청 관계자는 "수출 초보 기업이 히든챔피언으로 거듭나도록 성장단계에 맞춰 맞춤형으로 지원하는 '한국형 히든 챔피언 육성방안'을 7월 발표할 예정"이라고 말했다.

② 창업 지원금 신청하기

◆ 창업지원 : 중소기업 지원센터. 벤처 창업 지원. 소상공인 창업 지원. 청년 창업. 여성창업 지원 등이 있다. 많이 활용해 보자.

아래 신청서는 중소기업 자금 지원을 받기 위해 생산기술연구소에 제출한 보고서이다. 생산기술 연구소에서는 처음 디자인을 위해 2500만원을 지원하고 디자인이 끝나면 다시 창업을 위한 2500만원을 지원해 준다.
처음 창업 계획서가 통과되어야만 지원을 해준다.

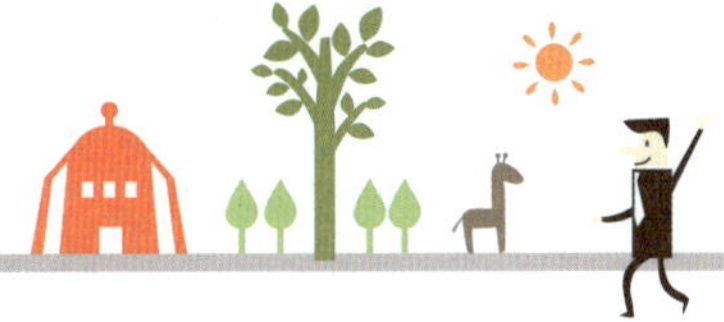

③ 창업 지원금 신청서 작성하기

관리번호		접수번호	

아이디어상업화 지원사업 참여 신청서
[예비창업자용]

<table>
<tr><td rowspan="5">대
상
과
제</td><td colspan="2">아이디어(제품)명</td><td colspan="2">벽지에 꽂아 쓰는 행거</td></tr>
<tr><td rowspan="2">분</td><td rowspan="2">관련기술</td><td colspan="2">■ 기계·재료 □ 전기·전자 □ 정보·통신 □ 화공·섬유 □ 생명·식품</td></tr>
<tr><td colspan="2">□ 환경·에너지 □ 공예·디자인 □ 기타</td></tr>
<tr><td rowspan="2">야</td><td rowspan="2">제품구분</td><td colspan="2">□ 산업기기 □ 전기/전자/통신기기 ■ 생활·가전기기 □ 레저용품</td></tr>
<tr><td colspan="2">□ 의료기기 □ 기타 (　　　　)</td></tr>
</table>

예 비 창 업 자	성 명	한글:	주민등록 번호	
		영문:		
	현재소속		직 위	
	연락처	전화	자택:(　　)	휴대폰:(　　)
		E-mail		
	주 소	경기도 평택시		

　아이디어상업화 지원사업 운영지침에 따라 아이디어상업화 지원사업 신청서를 제출합니다. 또한 본 참여신청서의 내용에 허위 사실이 있을 경우 선정된 과제에 대해서 선정을 취소하는 것에 동의합니다.

0000 년 0 월 0 일

신청인 :　　　　　　　(인)

주관기관장 귀하

신청서제출시 첨부서류
 1. 아이디어 개발 계획서 1부.
 2. 신용정보 제공 및 조회 동의서 1부.
 3. 자가진단 체크리스트 1부.

아이디어 개발 계획서

아 이 디 어 (제 품) 명	벽지에 꽂아 쓰는 행거	
개 발 기 간	0000 년 1 월 1일 ~ 0000 년 5월 31일 (5 개월)	
분 야	관련기술	■기계·재료 □전기·전자 □정보·통신 □화공·섬유 □생명·식품 □환경·에너지 □공예·디자인 □ 기타
분 야	제품구분	□산업기기 □전기/전자/통신기기 ■생활·가전기기 □레저용품 □의료기기 □ 기타( )
지 원 희 망 금 액 (원)	50,000,000 원	

[개발기술 요약서]

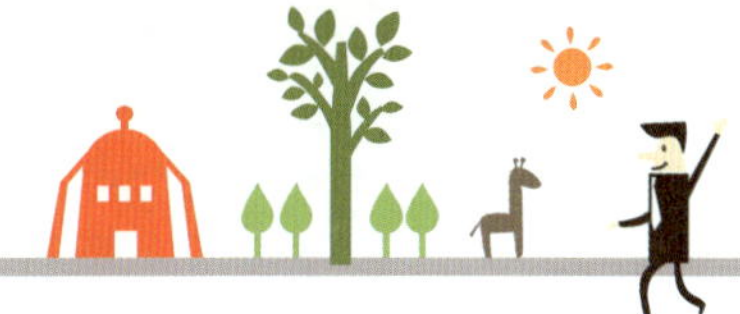

1. 개발기술(제품)의 개요

■ 본 발명품은 소품을 걸 수 있는 고리에 바늘을 연결하여, 벽지와 벽사이의 틈으로 바늘을 내리 꽂은 후 소품을 걸어서 가정을 아름답게 장식하고, 못을 박을때 생기는 소음 및 벽지와 벽의 손상이 없으며, 부담 없이 소품의 위치를 바꿔 부착 할 수 있는 '벽지에 꽂아 쓰는 행거'이다.

이사를 자주 하는 경우 소품을 걸기 위해서 못을 박고 뽑아낸 흔적 때문에 도배를 새로 하거나 보기 흉한상태를 감수하며 살아야만 한다. 그리고 못을 다시 박을 때는 망치를 이용하게 되는데, 그 소리가 이웃에 피해를 주어서 고민이 되기도 하고, 못의 위치를 잘못 정해서 다시 뽑았다가 박아야 하는데, 이러한 불편함을 오랫동안 느끼면서 '벽지에 꽂아 쓰는 행거'를 만들게 되었다.

2. 개발방법

벽지와 벽에 손상을 거의 주지 않고, 이웃에 망치나 드릴의 사용으로 인한 피해를 주지 않으며, 원하는 위치에 언제든지 소품을 달 수 있는 방법을 찾아야 했다.

바늘을 벽에 꽂았다가 빼면 핀 구멍만 작게 남아 거의 손상이 없다.

강철 조각을 'ㄴ(니은)'모양으로 만들고 아래 끝에 핀을 연결하여 완성한다. 핀은 2개를 부착하는 것이 특징인데, 하나일 때보다 소품의 무게를 잘 지탱하며 벽에 꽂았을 때는 균형이 틀어지지 않고 안정적이다. 또한 'ㄴ(니은)'모양의 가로축을 살짝 기울여서 소품을 걸었을 때 무게중심이 벽 쪽으로 오게 하여 무거운 소품도 잘 지탱하며 벽지가 찢어지지 않게 설계를 하였다. 또한 소품을 걸고 난 후 고리 부분의 강철을 예쁜 장식품으로 커버할 수 있도록 보완한다. 단 장식품은 무게를 최소화하는 재질을 사용한다.

아이디어상업화 개발기술(제품) 키워드

키워드	한글	① 고리	② 꽂다	③
(5개씩)	영문	① hanger	② pin down	③

I. 예비창업자 현황

1. 예비창업자 인적사항

<table>
<tr><td rowspan="2">성 명</td><td>(한 글)</td><td></td><td colspan="2">주 민 등 록 번 호</td><td>연 령</td></tr>
<tr><td>(한 자)</td><td></td><td colspan="2"></td><td>만(세)</td></tr>
<tr><td>최종학력</td><td colspan="5"></td></tr>
<tr><td rowspan="5">경 력</td><td colspan="2">기 간</td><td colspan="3">근 무 처</td><td rowspan="2">담당 업무
(최종직위)</td></tr>
<tr><td>부터</td><td>까지</td><td>근무처 명</td><td>주요 제품</td><td>전화번호</td></tr>
<tr><td>. .</td><td></td><td></td><td></td><td></td></tr>
<tr><td>. .</td><td></td><td></td><td></td><td></td></tr>
<tr><td>. .</td><td></td><td></td><td></td><td></td></tr>
<tr><td>동종업종종사기간</td><td colspan="5">년   개월</td></tr>
</table>

2. 가점부여사항

신청과제에 대한 특허, 실용실안권 보유여부	■ 유	□ 무
중기청 창업관련 과정 이수 경력	□ 유	□ 무
명장 또는 기능경기대회 입상 경력	□ 유	□ 무
중소기업청 시행 창업경진대회 입상경력 (지방청 시행대회 포함)	□ 유	□ 무

3. 지식재산권 보유현황

번호	구 분	지식재산권명	등록번호(년월일)	보유자	비 고
1	실용신안	벽지에 설치하는 행거	20-2013-0007394	최○○	
2					
:					

4. 국가 및 공공기관과의 산학협력 수행실적 (최근 3년 이내)

번호	사업명 (시행부처/기관)	과 제 명	과제 책임자	총개발기간 (시작~종료일)	정부출연금 (백만원)	비 고

* 비고란에는 "성공", "실패", "진행중"으로 명시

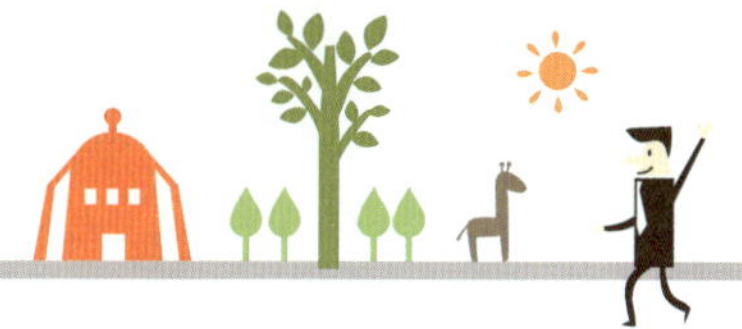

<h1 align="center">II. 아이디어상업화 개요</h1>

1. 개발동기 및 최종목표

개발동기	(관련분야 종사경험, 개발추진 동기 등 기재)

 이사를 하게 되면, 전에 살던 분들이 원하는 위치에 소품을 걸기 위해서 못을 박고 뽑아낸 흔적 때문에 도배를 새로 하거나 보기 흉한 상태를 감수하며 살아야만 했다. 그리고 못을 다시 박을 때는 망치를 이용하게 되는데 이웃에 피해를 주어서 고민이 되기도 하고, 못의 위치를 잘못 정해서 다시 뽑았다가 박아야 했는데, 이러한 불편함을 오랫동안 느끼면서 '벽에 꽂아 쓰는 행거'를 만들게 되었다.

개발계획	(제품개발을 위한 인력투입계획, 개발일정 및 최종 결과물 기재)

구분	활동 내용	1주	2주	3주	4주
'00 02월	작품구상 및 설계	▶	▶	▶	▶
03월			▶	▶	▶
04월	모형작품 제작	▶	▶	▶	▶
05월		▶▶	▶▶	▶▶	▶▶
06월	아이디어 상업화 자금 신청	▶	▶▶	▶▶	▶
07월	신청협력업체 선정, 인력 선발 및 투입	▶▶	▶▶	▶▶	▶
08월	시제품 생산	▶	▶	▶▶	▶▶
09월	보완점 점검	▶	▶▶	▶▶	▶
10월	제품 생산	▶	▶	▶	▶
11월	생산품 판매(사원 증원)	▶▶	▶	▶	▶
12월	홈쇼핑 판매	▶	▶	▶	▶
'00 01월	운영 생산 점검 및 차기 계획 수립	▶▶	▶▶	▶▶	▶▶

최종목표	(제품개발 및 사업화 목표, 창업 후 사업추진계획 등 기재)

1)제품개발 및 사업화 목표

 기존 제품(못, 접착식 행거)은 소품을 걸기 위해 벽지와 벽을 훼손하거나 못을 박기 위해서는 이웃에 심한 피해를 주게 되었다. 이러한 이유로 소품의 부착위치를 바꾸고 싶어도 원하는 만큼 바꿀 수가 없었으며, 소품의 부착 위치를 자주 바꾸게 되면 벽지가 심하게 훼손되어 벽지 자체를 다시 붙여야 되는데 이렇게 하려면 경제적으로 큰 부담을 느끼게 된다.

 그러나 본 발명품은 망치나 접착제 없이 바늘이 벽지와 벽 사이에 내리 꽂는 힘에 의해 소품을 걸기 때문에 벽지와 벽의 훼손이 거의 없다고 할 수 있다. 그리하여 원하는 위치 어디든 소품을 부착할 수 있는 장점이 있으며, 강철의 굽은 각도를 조절하여 소품의 무게중심을 벽으로 향하게 하여 벽지의 찢어짐이 없이 소품의 무게를 잘 지탱하는 '작은 거인'과 같다. 본 제품의 목표는 건축물과 환경의 훼손이 없고, 소음을 없애며, 소품의 위치를 원하는 만큼 바꿔달아서 집안을 아름답게 하는것에 있다.

2)창업 후 사업추진계획

(1) 개발기간 : 0000. 06 ～ 0000. 11

(2) 개발비용 : 70백만원

(3) 제품화 시기 : 0000.11～12

(4) 생산 및 판매 : 제품의 품질과 디자인을 지속적으로 연구, 보완하고 생산된 제품은 대형유통업체(문구점 포함), 홈쇼핑 등에 공급할 예정임.
　　　　또한 벽지를 쓰는 문화권의 유통을 위해 해외 특허와 해외 진출도 고려함

2. 개발제품 내용

1) 기술성

아이디어(제품)의 개요	(개발제품의 용도, 기능, 특징 및 최종 소비자 등 기재)

1)개발제품 접착제 행거의 용도

　못(접착제 행거)을 이용하여 벽에 소품을 걸때 생기는 훼손을 막고, 벽지가 있다면 원하는 부분 어디든 망치 없이 내리 꽂아서 소품을 걸 수 있는 행거이다.

2)기능 및 특징

① 벽과 벽지의 훼손이 거의 생기지 않기 때문에 제품을 떼어 내어도 자국이 거의 없다.

② 소품의 부착 위치를 자유자재로 바꿀 수 있다.

③ 바늘과 고리 부분의 길이의 비율, 꺾는 각도를 계산하여 소품의 무게 중심이 벽쪽으로 내려가기 때문에 작은 제품이 부피가 크고 무게가 있는 소품을 지탱하는 장점이 있다.

④ 바늘 두 개가 연결되어 제품의 부착이 안정적이고 소품의 무게를 잘 지탱한다.

⑤ 못을 박지 않기 때문에 소음이 없어서 이웃을 불편하지 않게 한다.

3)최종 소비자

　전 국민, 전 세계인(벽지가 있는 벽에 소품을 부착하고 싶은 사람)

기술 경쟁력	(개발 제품만의 독창성, 기존 제품과의 차별성, 기술적 우월성 등 기재)

∴ 기존 제품과 발명품의 비교

구분	기존 제품(못, 글루건 고리)	본 발명품
부착방법	못: 시멘트에 구멍을 냄 일반고리:글루건(강력접착제)으로 붙임	바늘 두 개가 달린 제품을 벽지와 시멘트 사이로 내리꽂아서 고정시킴
장점	무거운 물건을 지탱하는 힘이 셈	*벽지와 벽의 손상이 없이 소품을 걸 수 있음 *못을 박을 때 생기는 소음으로부터 해방 *소품의 부착위치를 자유롭게 바꿀 수 있음
단점	벽이나 벽지에 손상이 생기며 부착위치를 자주 옮길 수 없음	부피가 지나치게 크거나 무거운 소품을 걸기에 조심스러움
창의성		*벽을 뚫지 않고 벽지의 손상이 없이 소품을 걸 수 있음. *제품의 길이, 굽어진 각도 등의 비율을 고안해서 소품의 무게중심이 벽 쪽으로 가서 무게를 지탱함
실용성		벽지가 붙은 벽이면 어떤 곳이라도 OK

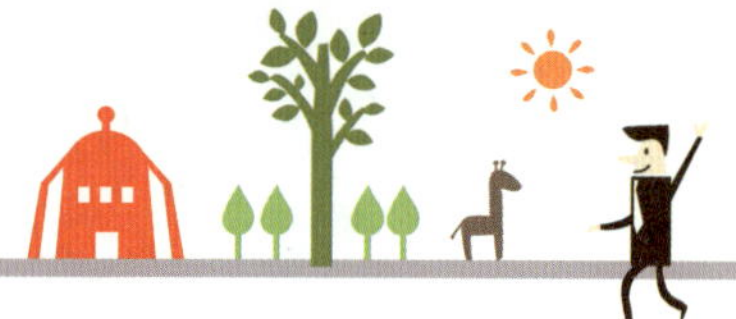

제품의 개발공정 플로워(개략도,공정도 포함)	(제품 개발 절차(이미지 첨부 가능))

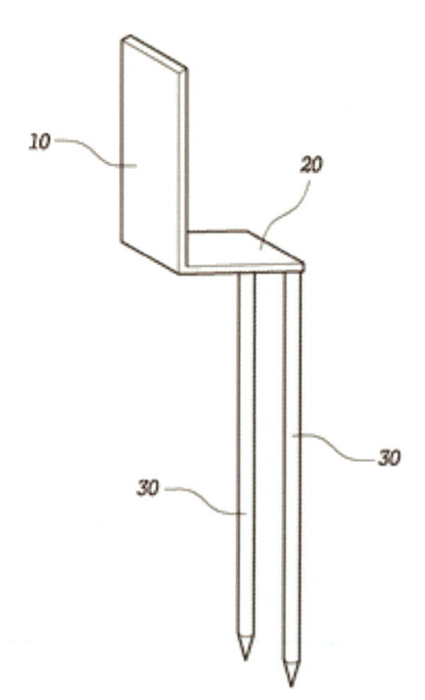

[본 고안의 실시예 분리 사시도]

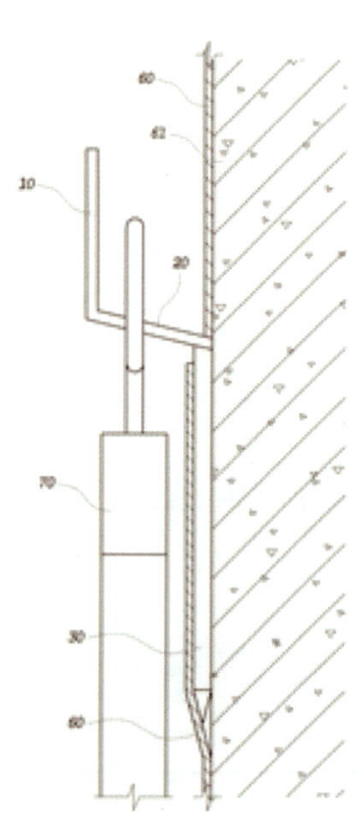

[단면도]

* 주요부분에 대한 부호의 설명
10: 몸체
20: 걸이부
30: 고정침봉
60: 벽지
61: 벽면
70: 소품

시제품제작 추진계획

추진월 구 분	'00 02	03	04	05	06	07	08	09	10	11	12	'00. 01
시제품제작	구상	설계	보완	모형 제작	자금 신청	인력 선발	시제품 생산	제품 보완	생산	판매	홈쇼핑 판매	차기 계획

2) 시장성

- 국내외 시장 동향, 동종업체, 가격 경쟁력 및 수요처 등

 * 국내 동종업체 없음

* 국내외 시장 동향; 국내는 물론 해외시장도 독점생산이 가능하며 전망이 밝다고 봄

* 가격경쟁력 : 독점생산을 하게 되며, 특허 출원이 완료되어서 가격 경쟁력이
　　　　　　　우수하며, 비용 대비 마케팅이 활성화 된다면 가격의 경쟁력은
　　　　　　　성공적이다.

* 수요처 : 가정집, 매장, 전시장 등
　　　　　벽지가 있는 곳이면 모두 OK!

Ⅲ. 소요자금 및 자금 조달계획

(향후 3년간)　　　　(단위 : 백만원)

구 분	총 소요금액(예상)	조 달 계 획
운전자금	100	제품 판매 대금 활용 70백만원 자체 조달 자금 30백만원
시설자금	65	정부 지원 자금 50백만원 자체 조달 자금 15백만원
합 계	165	정부 지원, 자체 조달

MEMO

발명도면을 그리자

부 록

부록 발명 도면을 그리자.

파워포인트를 이용한 발명 아이디어 도면 작성

■ 학 습 목 표

▷ 파워포인트 도구의 시용방법과 활용방법을 이해한다.
▷ 파워포인트 도구를 이용하여 도면을 작성할 수 있다.
▷ 자신의 아이디어를 직접 파워포인트를 이용하여 실습해보자.

발명생각열기 **01 파워포인트 도구 간단히 알기**

파워포인트는 원래 회사에서 프로젝트를 발표하기 위한 목적으로 만들어진 프로그램이다. 하지만 a를 a로만 쓴다면 그 사람은 그다지 대단한 사람은 아닐 것이다. 만약에 여러분이 도면을 그리고 싶은데 그리지 못한다면 10에 8은 손으로 그려서 스캔을 뜨거나 혹은 그림판을 이용할 것이다. 그런데 이 두가지의 방법은 간간히 표현은 가능하지만 깔끔하거나 정확하게 제도하기 어려운 단점이 있다. 하지만 파워포인트는 정확한 제도가 가능하고 또한 약간의 3D표현도 가능하기 때문에 도면초보인 여러분에게는 안성맞춤 일 것이다.

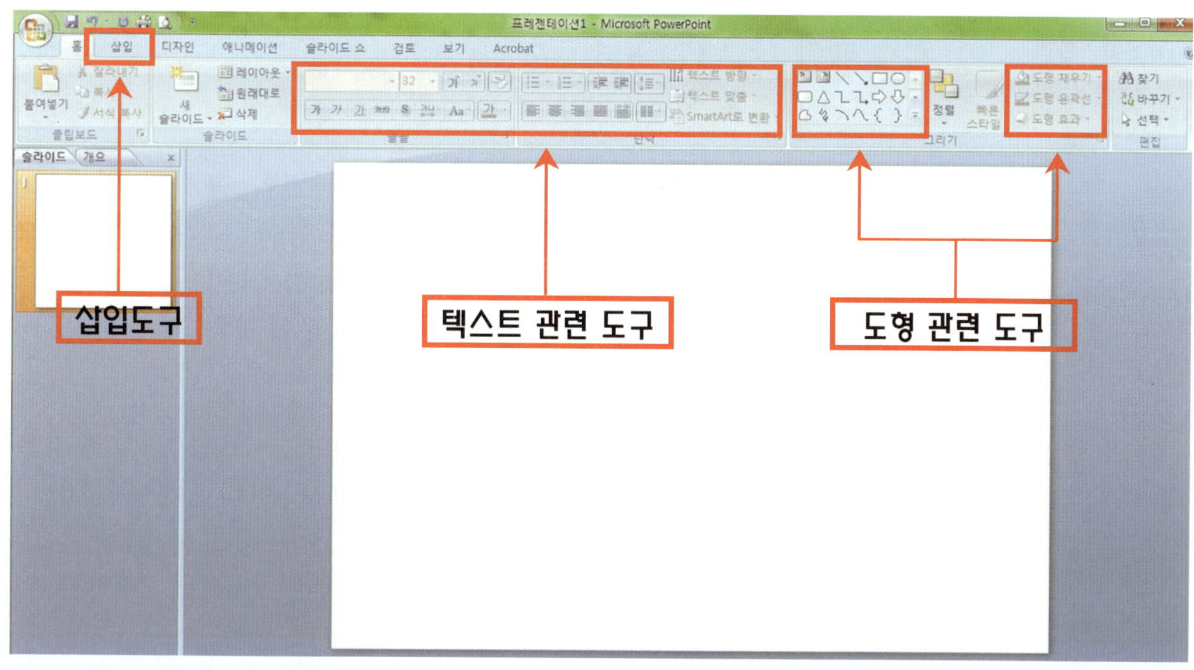

　도면 작성시 파워포인트에 필요한 도구는 위의 사진과 같다. 삽입 도구는 사진이나 멋진 폰트등을 삽입하기 위한 도구로 발명품에 사진이 들어가는 발명품이나 발명품의 제목등을 넣기 위한 도구이고 텍스트 관련 도구는 발명품의 부속품등을 설명하기 위해 넣는 글상자에 관련된 도구로 글의 색, 크기, 글꼴, 정렬 등을 설정할 수 있다. 도형 관련 도구는 발명품을 그리는 것에 가장 핵심적인 도구로 직사각형, 원, 타원 등 100개 이상의 도형을 표현 할 수 있고 또 이 도형들을 다양하게 색을 입힐 수 도 있게 한다.

02 도형 관련 도구 (1) 기본 도형

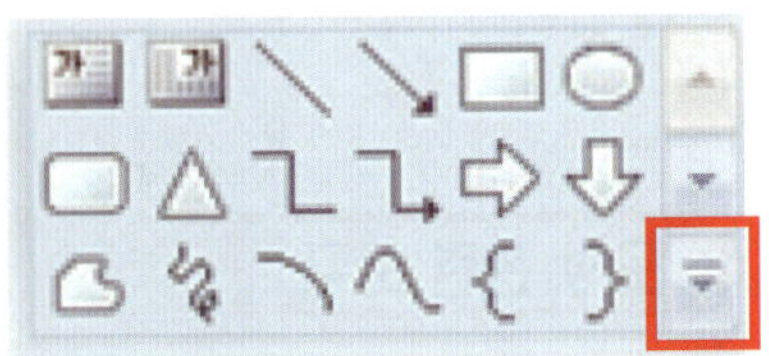

파워포인트 실행후 1시방향에 왼쪽 그림과 같은 도구가 보일것이다. 위 도구가 도형을 그리기 위한 그리기 도구모음으로서 빨간색 선이 그어진 부분을 클릭하면 다음 그림과 같이 약 100여개의 다양한 도형을 그릴수 있게 된다.

위 도형을 클릭후 자신이 그릴 자리에 마우스로 드래그 한만큼 도형이 그려지는데 클릭후 그냥 아무곳에나 더블 클릭하면 일정한 크기로 나타난다. 예를들어 사각형을 클릭하면 정사각형이 타원을 클릭하면 원이 나타나는데 이러한 사항은 일일이 글을 읽는게 아닌 직접 해보면 더욱더 이해가 빨라질 것이다.

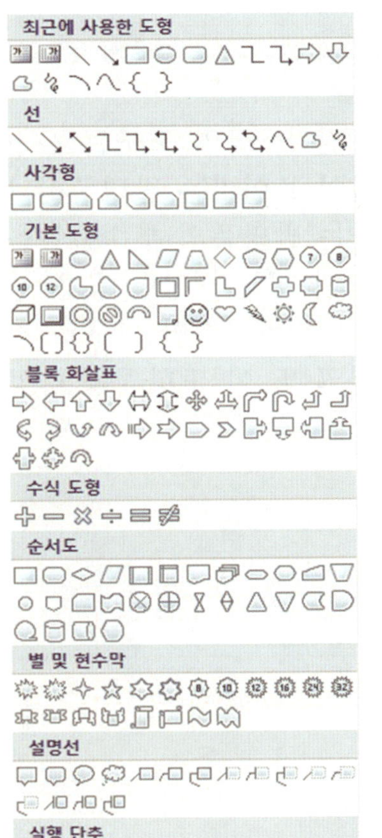

도형을 그리면 도형의 12시 방향에 초록색 점이 생기는데 이점은 도형을 회전시킬때 쓰는 점으로 초록색 점에 마우스 포인터를 대고 회전시키고 싶은 방향으로 드래그 하면 아래 그림과 같이 회전이 가능하다. 하지만 때에 따라서 자신이 원하는 만큼 회전시키거나 직각으로 회전시키거나 아예 왼쪽과 오른쪽을 뒤집어야 하는 경우도 발생 할 수 있다. 이런 상황은 도형 관련 도구 (2)에서 알아보자.

03 도형 관련 도구 (2) 도형 회전 고급

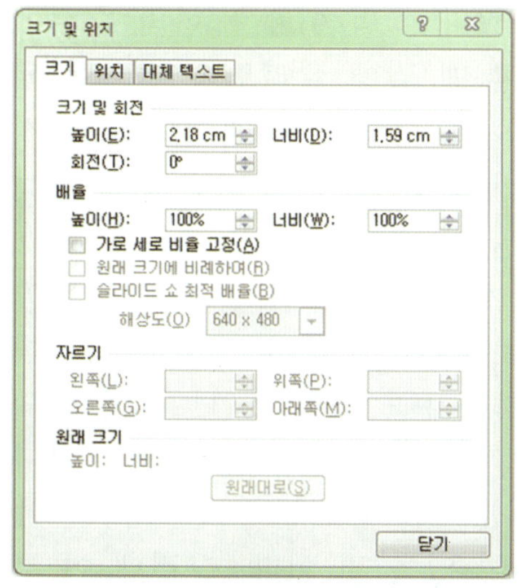

도형 관련 도구(1) 마지막에서 도형의 회전을 좀 더 구체적이고 좀 더 전문적으로 하고 싶다면 도형 클릭후 마우스 왼쪽버튼을 누른후 크기 및 위치라는 것을 클릭한다.

그러면 오른쪽 아래 그림처럼 회전에 관한 부분을 찾을수 있는데 그곳에 자신이 회전하고 싶은 각도를 입력하면 그 수치만큼 회전이 된다. 하지만 이렇게 일일이 하는것이 조금 귀찮을 때도 있다.

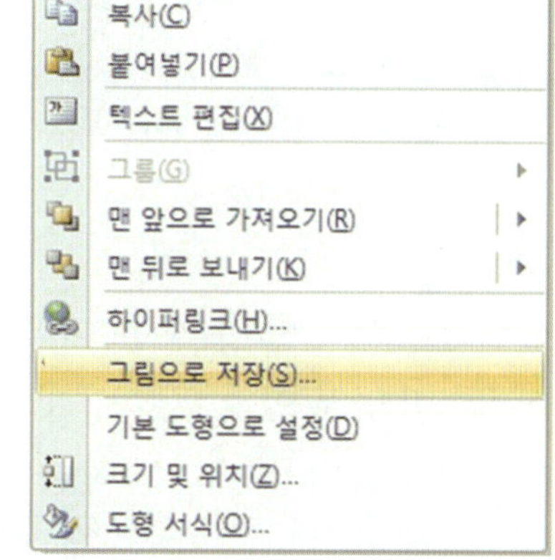

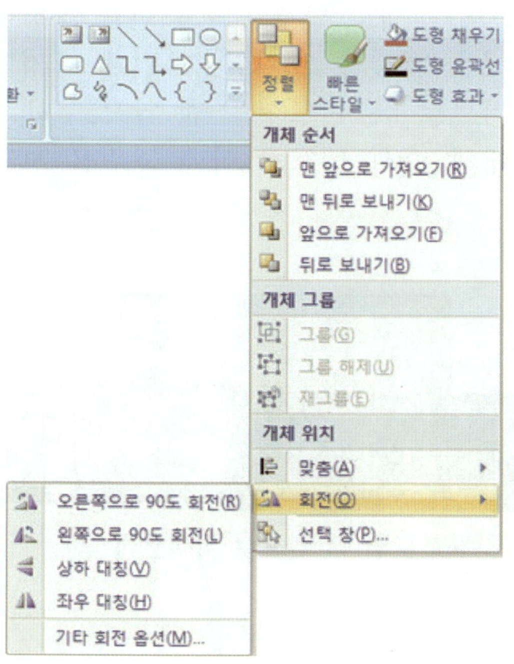

예를들어 단순히 직각으로 회전시킨다거나 아니면 좌우를 아예 뒤집는다거나 이런 작업은 (1)에서 배웠던 도형 옆에 있던 **정렬 탭-개채위치-회전**에 들어가면 더 빠르게 할 수 있다.

회전에 들어가면 오른쪽으로 90도 회전, 왼쪽으로 90도 회전 상하 대칭, 좌우 대칭이라는 도구와 기타 회전 옵션이라는 도구가 있는데 기타 회전 옵션을 클릭하면 방금 배웠던 크기 및 위치 도구가 나온다.

04 도형 관련 도구 (3) 도형의 순서

도형을 이제 그릴수도 있고 회전 시키는 법도 배웠다 그럼 이제 도형의 순서에 관해 배워 보자. 파워 포인트는 먼저 그리는 도형이 맨 밑에 깔리도록 시스템 되어 있다. 하지만 만약에 자신이 어쩌다 보니 1번째로 그린 도형을 맨 앞으로 가져오고 싶을 때가 있을 수 있다. 이럴 때에는 **정렬 탭-개체 순서**를 이용하면 된다.

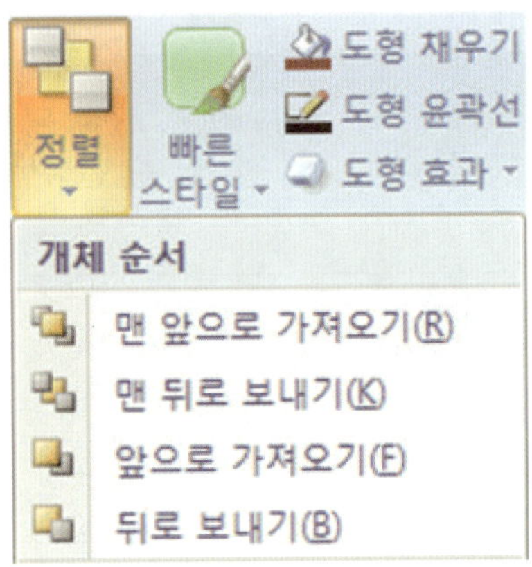

이곳에는 맨앞으로 가져오기 맨뒤로 가져오기 앞으로 가져오기 뒤로 보내기의 4가지 도구가 있는데 이것을 알기 쉽게 설명하자면 파워 포인트는 일종의 색종이 붙이기라고 생각하면 된다. 색종이를 겹치다 보면 맨처음에 붙여 졌던 색종이는 다른 색종이에 겹쳐서 안보이는 부분이 있을 것 이다. 그런데 이 부분을 굳이 꼭 봐야할 이유가 있을 때 사용하는 것이 바로 지금 말한 개체 순서 도구이다.

이 도구는 발명품 도면을 그릴때 매우 중요한데 대체로 발명품의 도면을 그릴때에는 발명품의 속을 먼저 그리고 그 다음 발명품의 겉을 그린다. 그런데 마지막에 다그리면 속의 도형을 겉의 도형이 다 가리므로 속의 도형을 맨 앞으로 내보내야 해야한다. 이럴 때 사용하는것이 바로 개체 순서 도구로 아래 그림을 보면 이해가 쉬울 것이다.

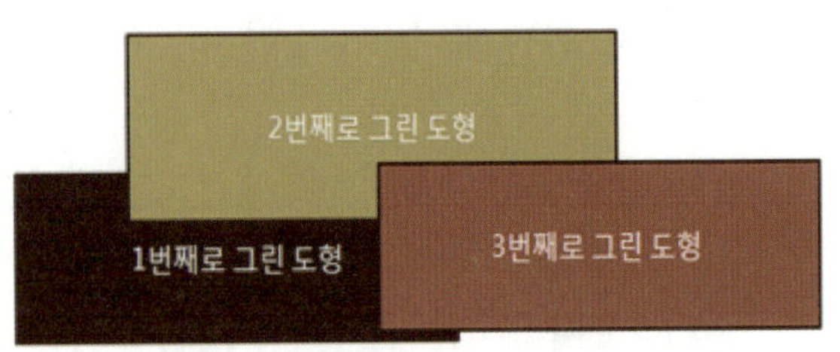

1번째 도형 맨 앞으로 가져오기 전

1번째 도형 맨 앞으로 가져오기 후

파워 포인트에서 도형에 색칠하는것은 다양하다.

테마색에 있는 색칠은 단색으로만 채우는 것으로 왼쪽 사진이 바로 가장 큰 색칠하는 도구이다. 테마색과 표준색에 있는 색도 많긴 많지만 내가 원하는 색이 이곳에 꼭 있다고는 할수 없다. 이럴 때에는 총 4가지의 다른 방법으로 색을 칠 할 수 있다.

1. 다른 채우기 색

다른 채우기 색은 테마 색과 마찬가지로 단색으로 색칠을 하는 도구다. 다만 단색과 다른 점은 색이 매우 다양하다는 것인데 다른 채우기 색에는 두 가지의 방법이 있다. 표준과 사용자지정이 바로 그것인데 표준은 이미 지정된 다양한 색을 선택하는 것이고 사용자지정은 채도와 명도에 따라 자신이 원하는 색을 직접 만들어 내는 것이다.

보통 발명품의 색칠에는 이정도 색만 알면 쉽게 할수 있다. 하지만 자신이 좀더 고급 스런 색을 원한다면 그라데이션이나 질감 또는 아예 그림으로 그 도형을 채울 수도 있다.

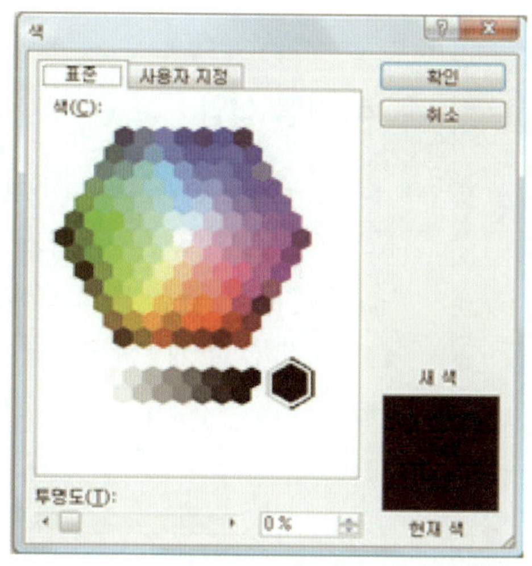

[표 준]

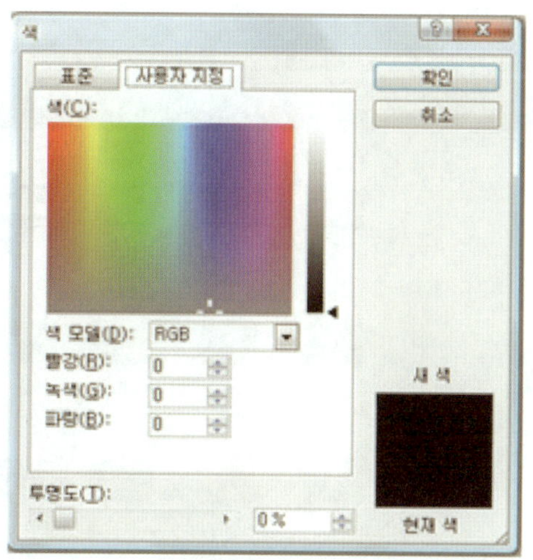

[사용자 지정]

2. 그라데이션

그라데이션은 같은 도형에도 색의 명도차를 주어서 조금 입체적인 느낌을 주거나 할때 사용되는 색칠 방법이다.

그라데이션을 가하게 되면 아래와 같은 차이를 발생시킨다 .

3. 질감

질감은 실제 재질과 매우 비슷한 느낌을 가진 재질을 도형에 넣음으로서 좀더 리얼하게 하는것이 주 목적이다. 특히 목재나 코르크는 실제와 매우 비슷한데 위 질감 기능은 나무로 재작되야 하는 발명품의 도면을 그릴 때 매우 유용하게 사용 될 수 있다.

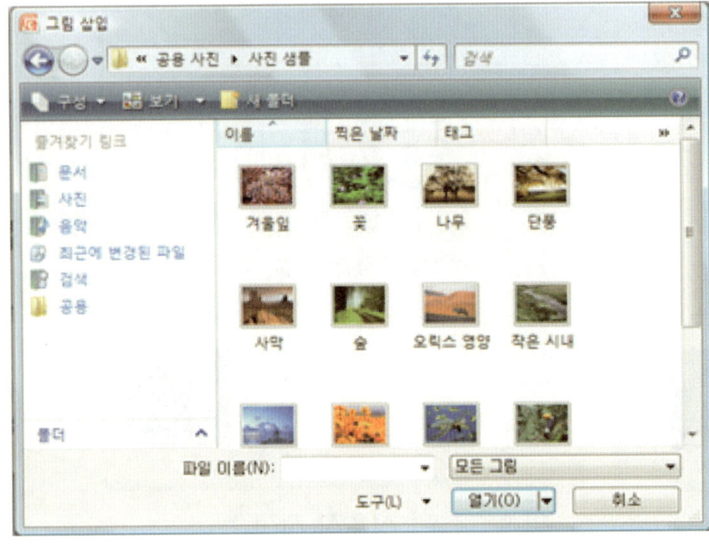

4. 그림 삽입

그림 삽입은 실제 사진을 그 도형에 집어넣는 것으로 액자나 기타 화면, 디스플레이에 관한 발명품에 사용 될 수 있다.

06 텍스트 관련 도구

발명품의 도면을 아무리 잘 그려도 부품 하나하나가 무엇인지 다른사람이 알지 못하면 그 도면은 결코 좋은 도면이라고 할수 없다. 항상 도면을 그리면 그 도면에 그려진 부품이나 부분을 설명 할 수 있는 말이나 지칭어를 그려 넣을줄 알아야 한다.

쉽게 예를 들면 송곳의 도면만 보면 이것이 송곳인지 드라이번지 그냥 칼인지 알수 가 없다. 하지만 아래 그림 처럼 설명하는 지칭어를 넣어 주면

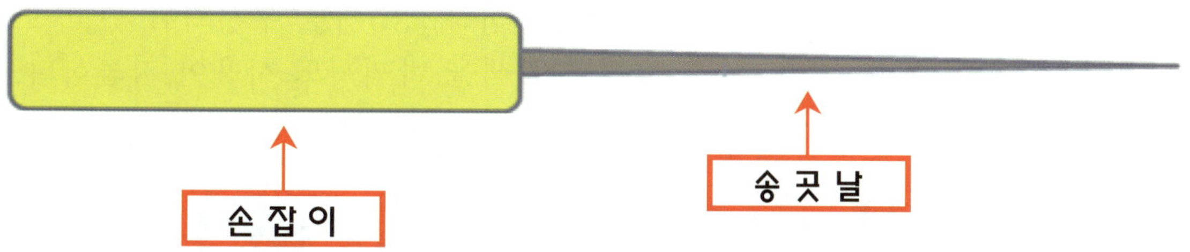

이것이 무엇인지 안 썼을때 보다 더 쉽게 알 수 있다.

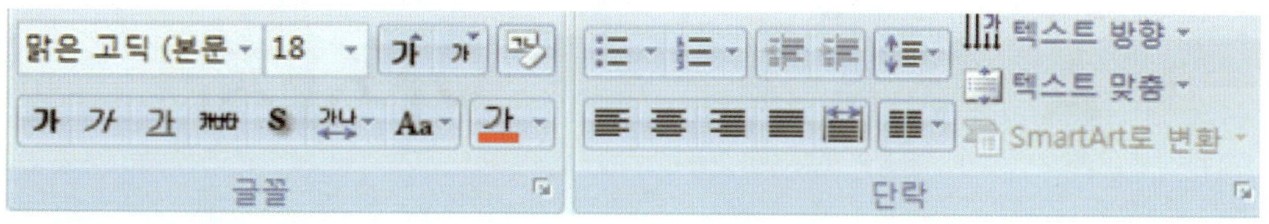

위의 그림은 파워 포인트의 텍스트 도구 모음으로

한글과 비슷해서 그냥 봐도 알아보기는 그렇게 어렵지는 않다 문제는 텍스트를 어떻게 집어넣느냐 인데 그리기 도구 모음중 도형을 그리는 도구 도구모음에 위와 같은 그림을 본적이 있을것이다 오른쪽 그림은 텍스트 전용 상자로서 파워 포인트에 긴 설명을 쓸때 사용하면 유용하다 그런데 텍스트 상자를 그려만 놓고 그려진 텍스트 상자에서 드래그를 풀면 텍스트 상자가 사라져 버리므로 텍스트 상자 를 만든후 아무 글자를 써놓거나 글상자에 색을 입혀 놓으면 텍스트 상자는 사라지지 않는다.

 # Final 알아두면 유용한 파워포인트 기능

지금까지 파워포인트로 발명품을 그리는 방법을 알아 보았다. 만약 당신이 도면 초보라면 파워포인트보다 쉬운 도면을 그리는 프로그램은 없을것이다. 이제 마지막으로 파워 포인트의 비밀 기능을 알아보자.

1. Wordart

워드 아트는 주로 제목이나 주제에 사용하는 글꼴체이다. 30개로 구성되어 있고 또 윤곽선이나 색을 바꿔서도 사용이 가능하다.
밑의 그림은 워드아트로 그린 글 이다.

2. Ctrl+Z(되돌리기)

원래 인간은 한번쯤 실수를 하기 마련이다. 예를 들어 도형 하나를 삭제 하려다가 도면 전부를 삭제 해 버린다면 정말 삭제하기 전으로 돌아가고 싶을 것이다. 그때 사용되는 것이 되돌리기 단축키로 컨트롤 키와 알파벳 제트키를 같이 누르면 마지막으로 작업했던 전으로 되 돌아가므로 큰 실수를 해도 그렇게 문제는 없다.(참고로 모든 도면,텍스트 프로그램에서도 사용된다.)

01 실제로 도면을 그려보자

실제 파워포인터로 도면을 그리신 선배의 경우를 예로 들었다.

A선배는 잔여 시간 표시기에 나온 잔여 시간에 따라 다른 색으로 보여서 더욱 더 안전하게 하려는 발명품을 생각해 냈다.

그래서 도면 그리기를 시작했다

1) 일단 종이에 임시로 도면을 어떻게 그릴지 연습하기
2) 파워포인트 실행
3) 도면 작성 시작

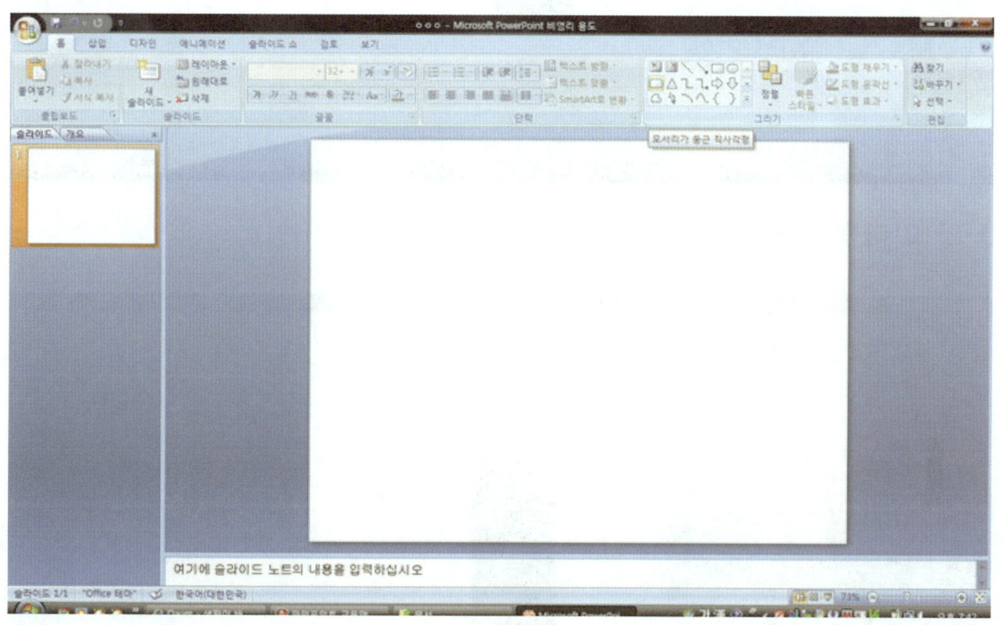

3-1 먼저 가장 겉부분 잔여시간 표시기와 가장 겉모습이 비슷한
　　　모서리가 둥근 사각형을 그린다.

02 실제로 도면을 그려보자

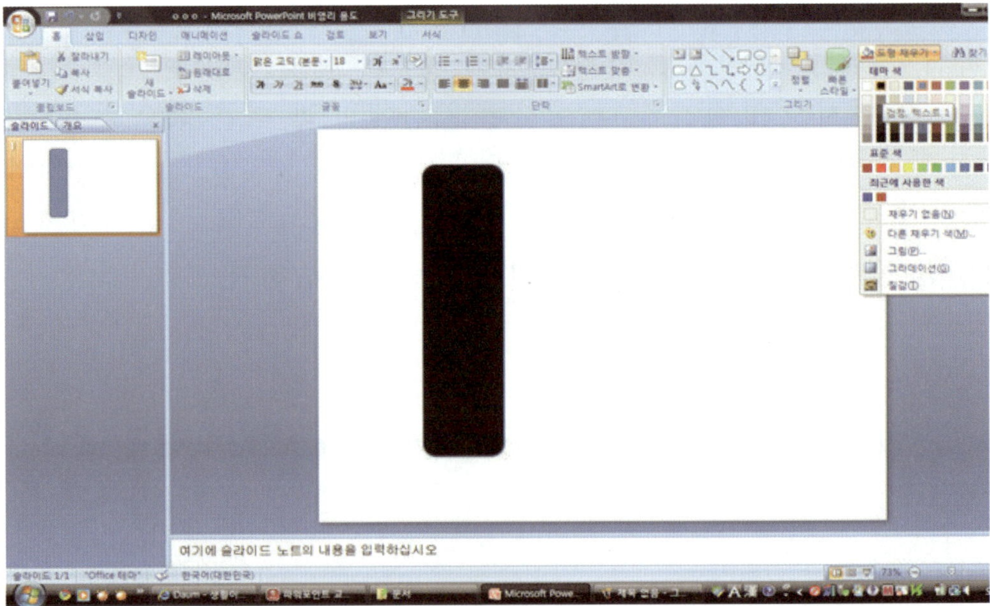

3-2 그 다음 겉면을 검정색으로 색칠한다.

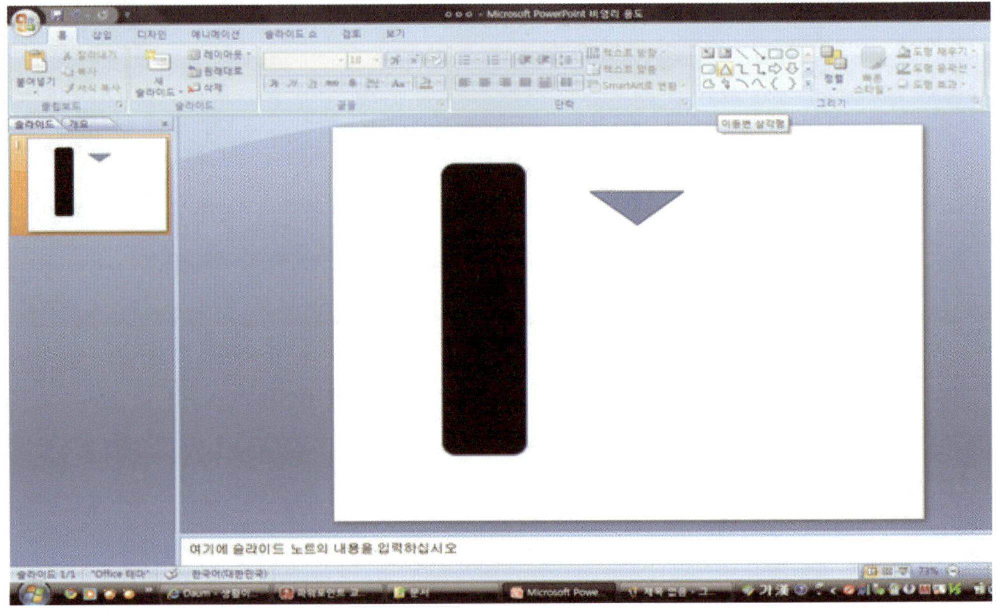

3-3 그 후 잔여 시간 표시기인 사각형을 그린다.

R1 03 실제로 도면을 그려보자

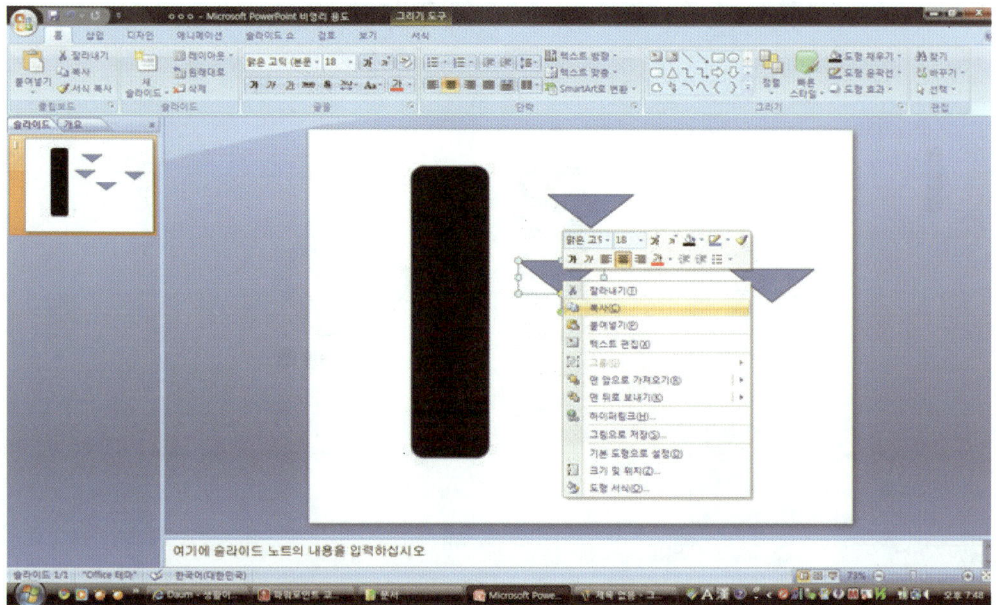

3-4 사각형을 여러개 복사 한다.

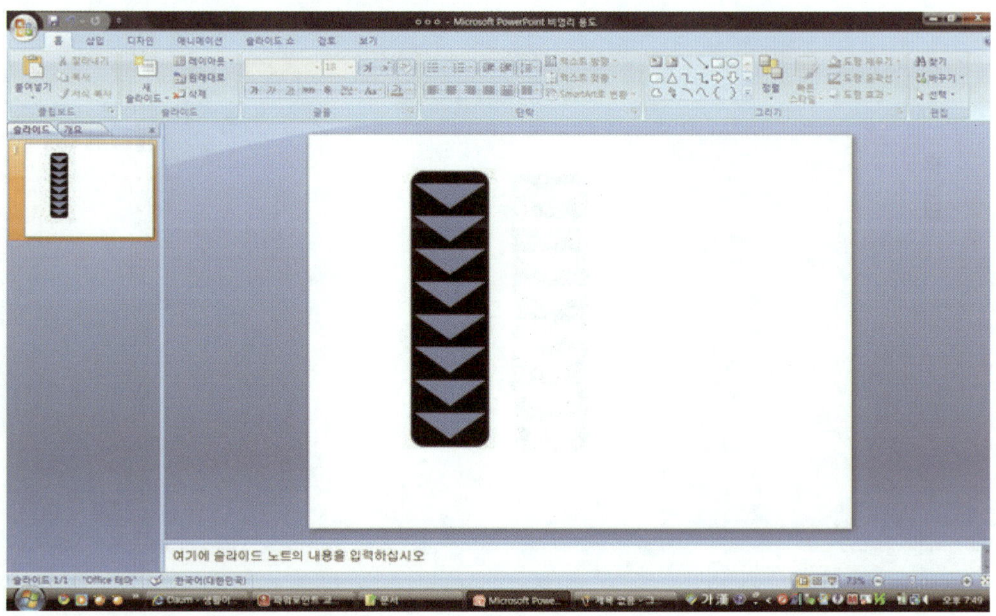

3-5 사각형을 검정색 틀 안에 적절히 배치한다

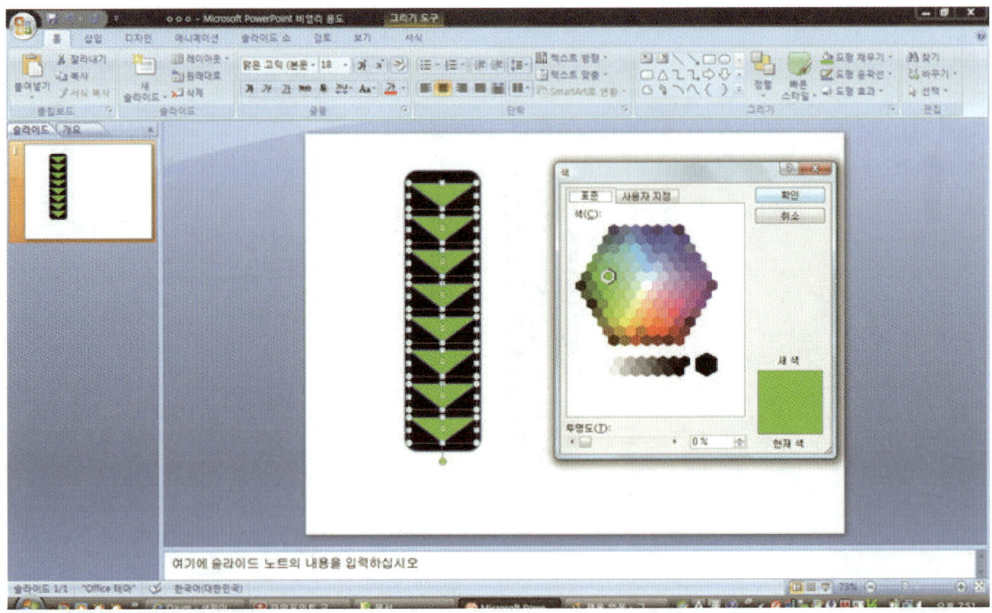

3-6 삼각형을 모두 초록색으로 색칠한다.

3-7 발명품의 핵심인 시간에 따라서 위험도를 나타내기 위해서 핵심작업을 한다.

05 실제로 도면을 그려보자

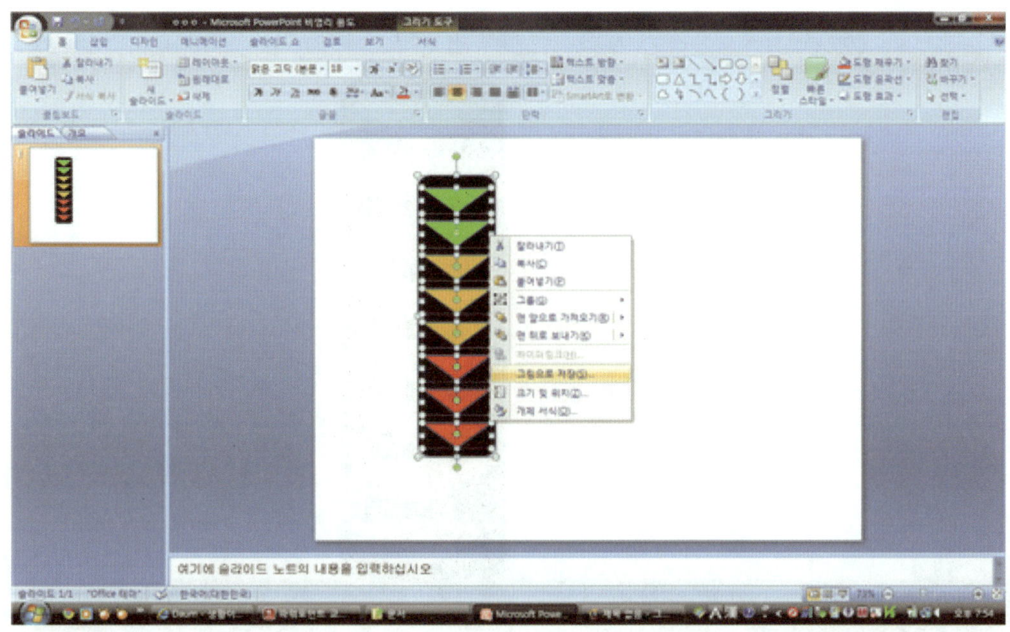

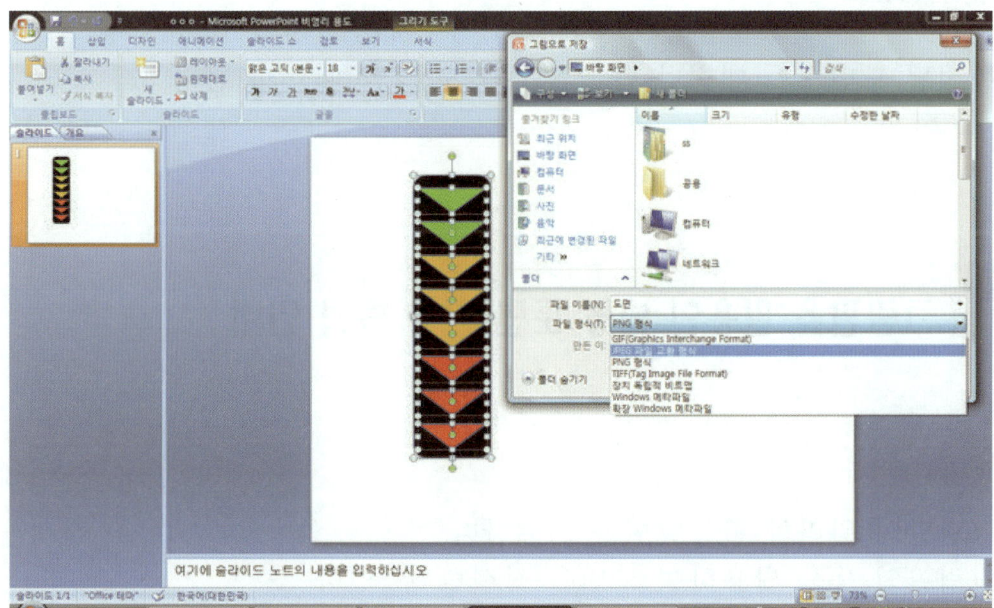

3-8 마지막으로 그린 도면을 JPG 형식으로 저장한다.

3-9 완성된 도면

4) 완성된 도면으로 대회나 다른 서류를 작성할 때 사용한다.

 그림판을 활용한 발명 도면 작성 방법 안내

■ 학 습 목 표

▷ 그림판의 원리와 활용방법을 이해한다.
▷ 그림판의 툴을 활용하여 도면을 작성할 수 있다.

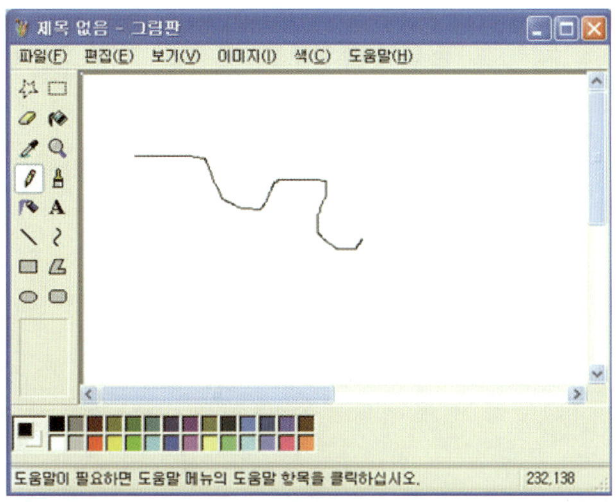

[연 필]

1. 연필

연필은 도면을 그릴 때는 잘 쓰지 않는 도구이다. 이유는 타블렛(전자 연필)이 있지 않은 이상 마우스로 세밀한 조작이 불가능하기 때문이다.

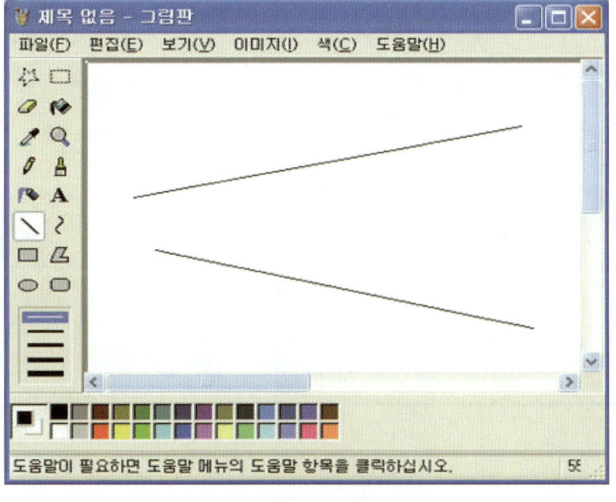

[직 선]

2. 직선

직선은 '찍고 드래그' 하는 것으로 직선을 그을 수 있는 도구이다. 그림판에서 도면을 그릴때 가장 많이 쓰이는 도구로 아래의 툴을 이용하여 굵기 조절이 가능하다.

 직선을 그을 때 키보드의 SHIFT키를 누른 상태에서 그으면
90°, 45°의 똑바른 직선 긋기가 가능해진다.

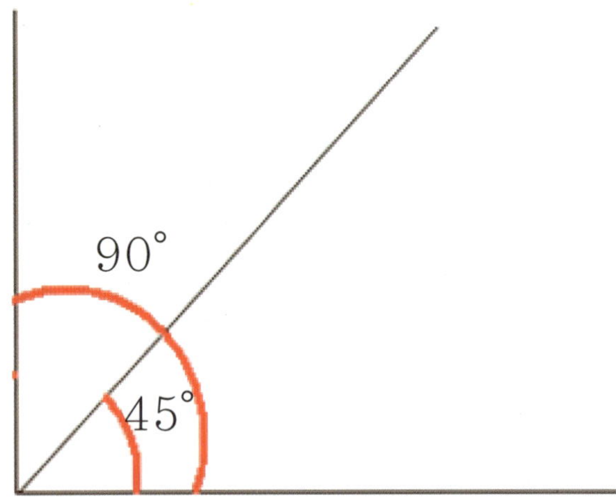

이런 형식의 선긋기가 SHIFT키를 이용하여가능해진다.

3. 곡선

곡선을 맨 처음 사용하면 다음과 같은 직선이 나오게 된다. 이것의 곡선의 재료
가 되는 형식으로 먼저 직선의 왼쪽 부분부터 건드려준다. 무슨 뜻이냐면...

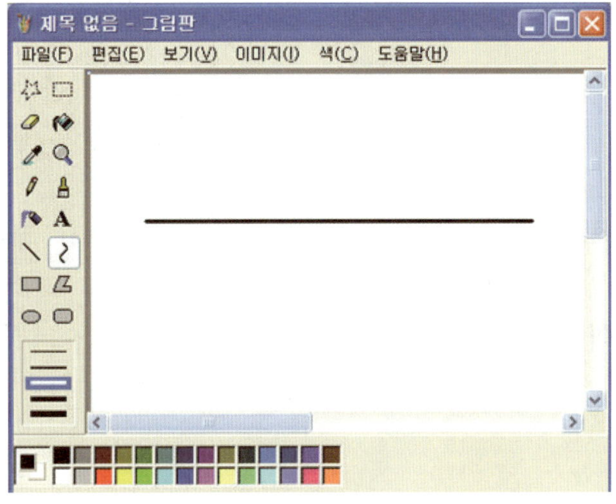

[직 선]

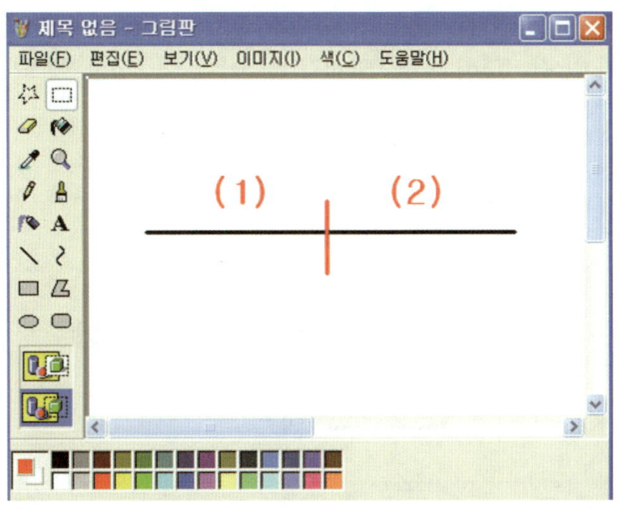

만약 선을 왼쪽에서부터 그면 위의 그림과 같은 순서로 건드려 주어야 제대로 된 곡선이 나온다.

올바른 곡선	잘못된 곡선
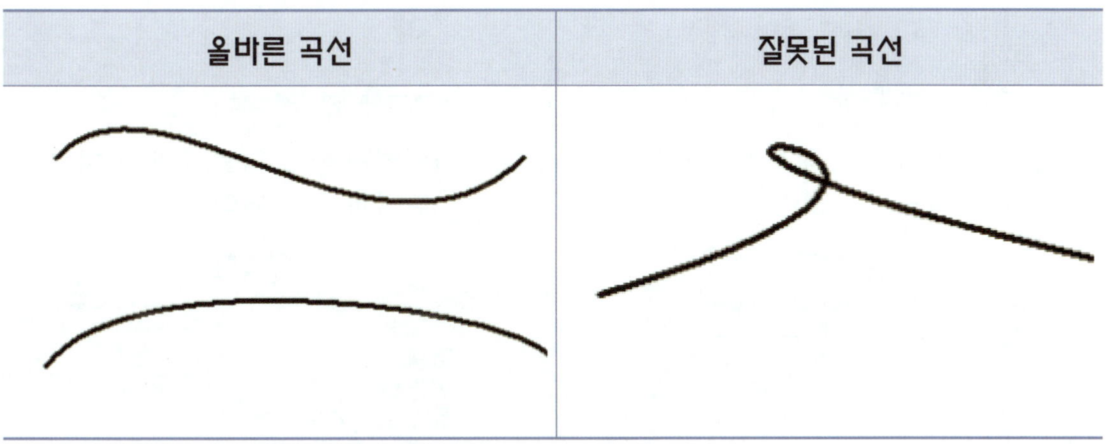	

곡선을 사용 할 경우 어느 정도의 공간지각 능력이 있어야 하며 그것이 안될 경우 연습을 해 주어야 한다.

4. 도형도구들

다각형을 제외한 나머지 도형들은 **SHIFT**를 이용한 정도형의 생성이 가능하다.

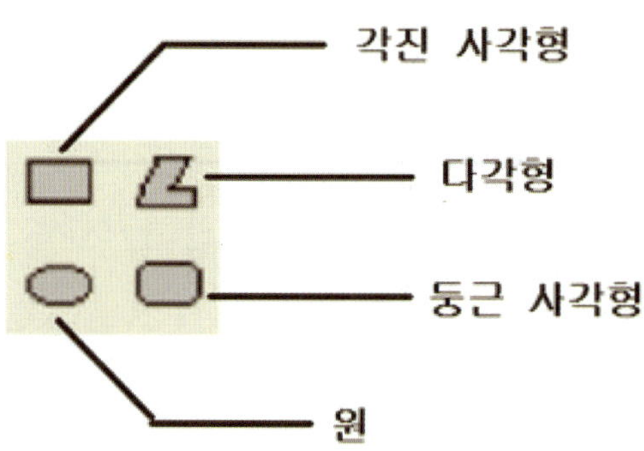

각진 사각형	원
간단하게 찍은 다음 드래그 하면 다음과 같은 사각형이 생성된다.	간단하게 찍은 다음 드래그 하면 다음과 같은 원이 생성된다.
둥근 사각형	**다각형**
직각 사각형과 달리 꼭짓점이 둥근 사각형이다	다각형은 다른 도형들과 사용법이 다르다. 맨 처음 직선을 그어 준 후 마우스를 클릭 하는 곳마다 선이 연결되며 도형을 완성시 키고 싶을 땐 더블클릭 하면 된다.

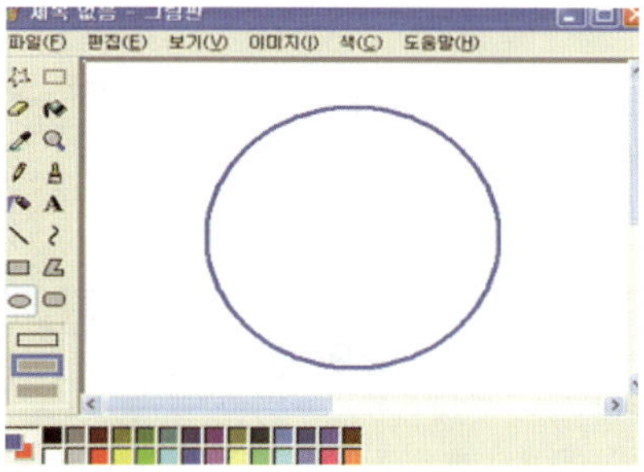

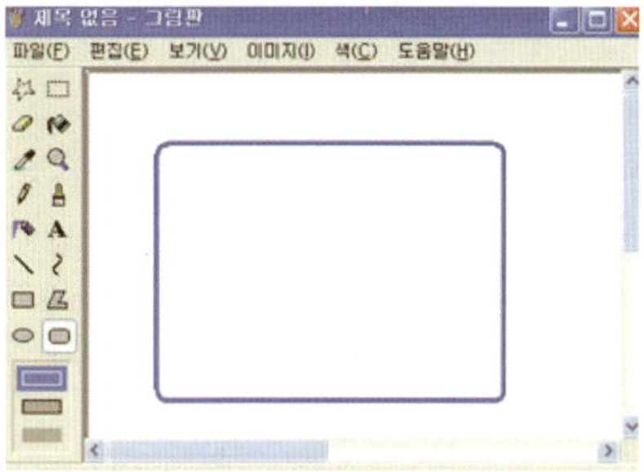

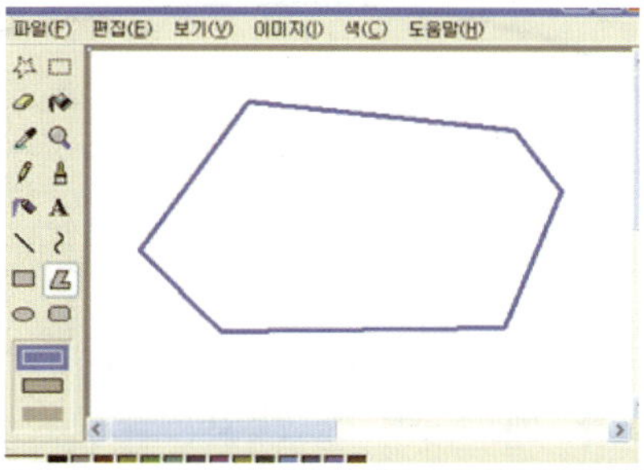

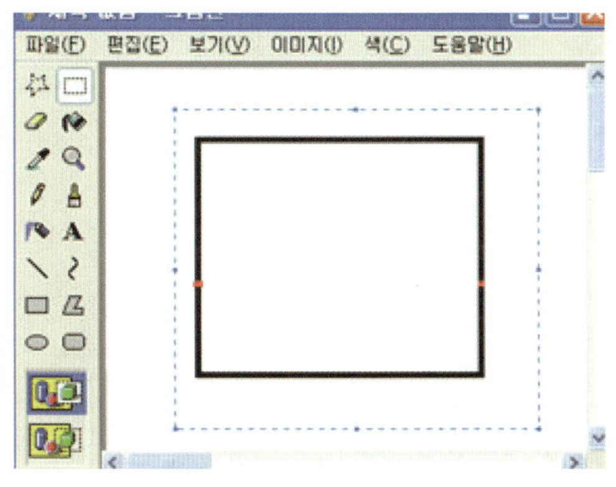

5. 돋보기

  미세한 조작이 필요한 '그림판'의 특성상 돋보기는 '직선'다음으로 가장 많이 쓰이는 도구라고 말 할 수 있다.

  왼쪽 그림의 미세한 빨간 점만을 지우고 싶다면 돋보기로 확대 한 후 지우는 것이 안전하다.

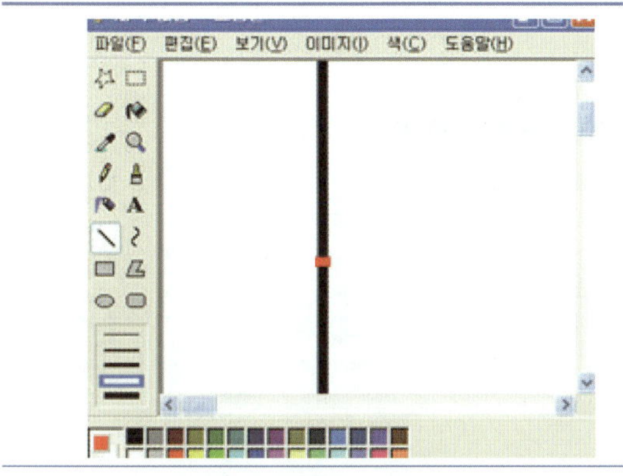

이렇게 확대 해주면

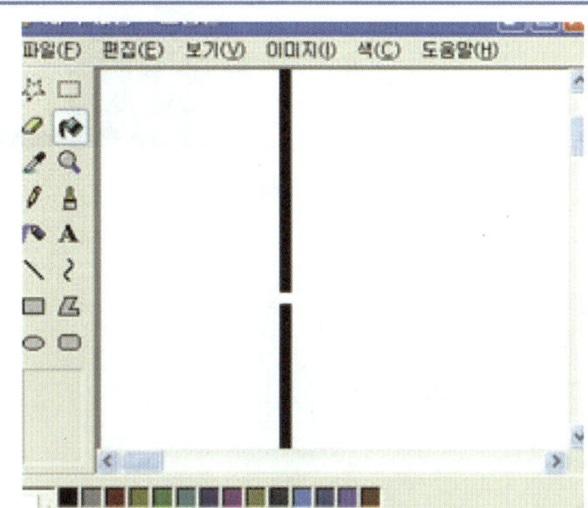

깔끔한 조작이 가능하다

6. 선택

곰의 귀를
이동시키고 싶다면?

귀 부분을 선택한다

드래그 하거나 DELETE키를
이용하여 삭제가 가능.

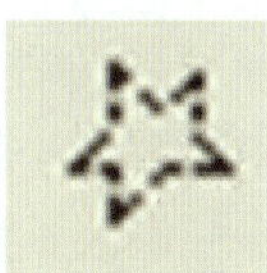

7. 자유영역 선택

  마치 가위로 잘라내듯 그림을 자유롭게 잘라내서 [선택]과 같은 기능을 하게 해주는 도구이다.

이와 같이 그림판에서 도면을 그릴 때 가장 자주 쓰이는 도구들에 대해서 알아보았다.

이번엔 이것들에 대해서 알아보자.

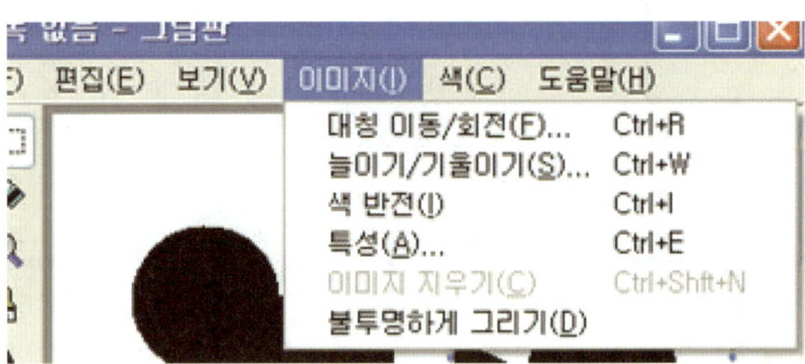

8. 대칭 이동/회전

이 그림의 반을 완성시켜보자

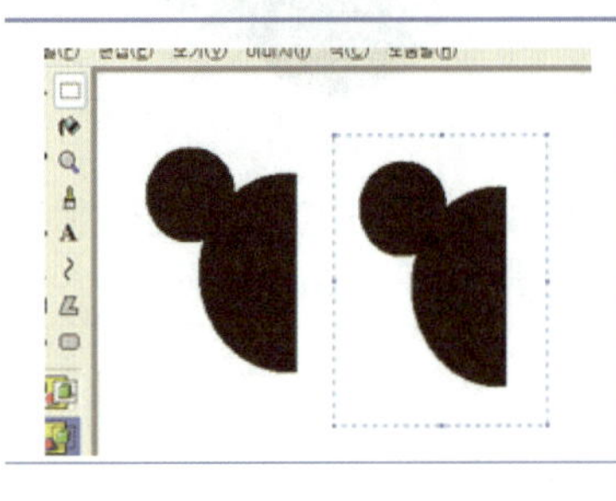	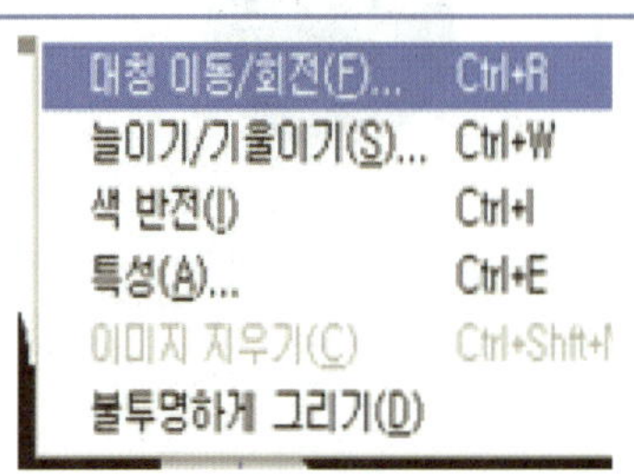	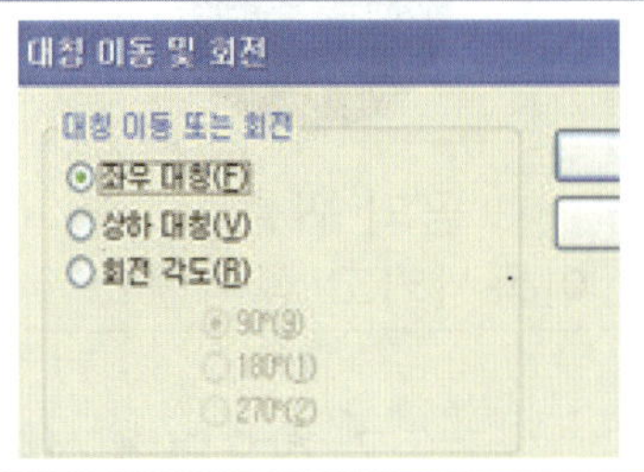
(1)복사하여 붙여넣기 한다	(2)위의 이미지 툴에서 선택한다.	(3)좌우 대칭을 선택한다.

그렇게 되면 좌우가 바뀌면서 곰돌이가 완성된다.

9. 늘이기/ 기울이기

늘이기와 기울이기는 도면에서의 사용보다는 글자를 입히는데 자주 쓰인다.

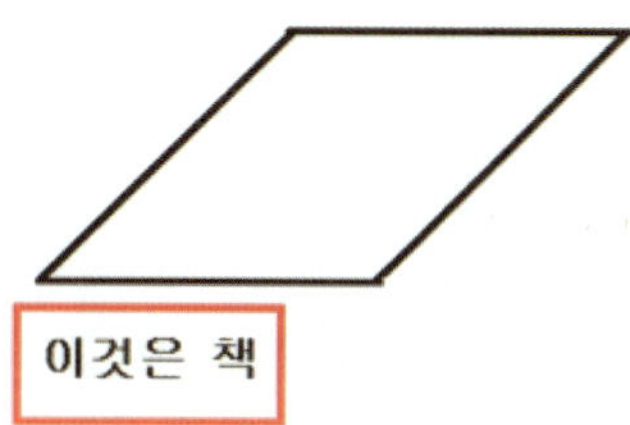

왼쪽의 평행사변형에 빨간 태두리에 글씨를 넣고 싶다면.

(1) 텍스트를 영역 선택하여 늘이기/기울이기를 들어가 준다.

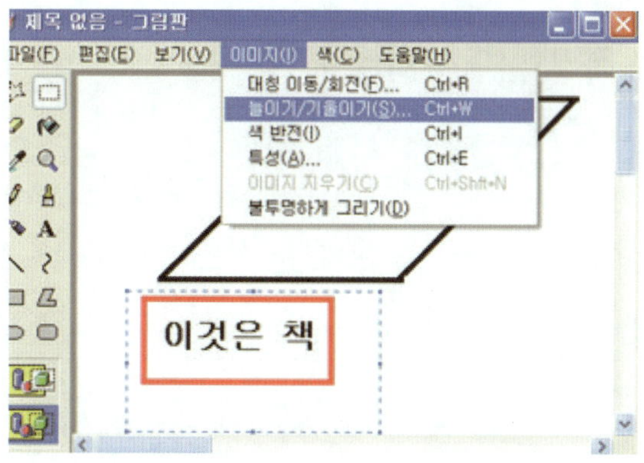

(2) 알맞은 각도를 선택한다.
   이 경우에는 가로를 45도 정도 기울여준다.

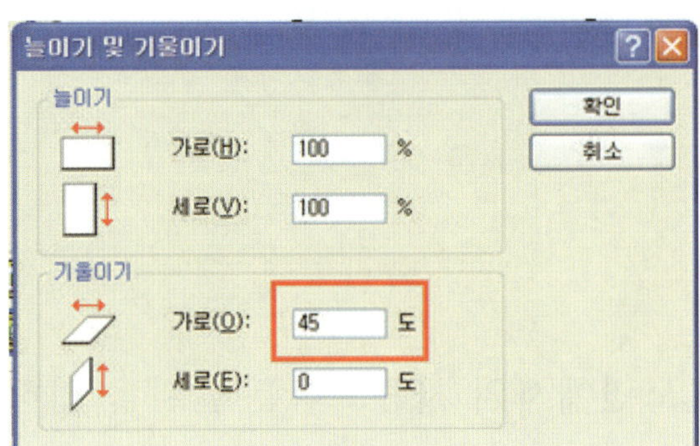

(3) 기울어진 텍스트를 그림 위에 붙여넣기 해준다.

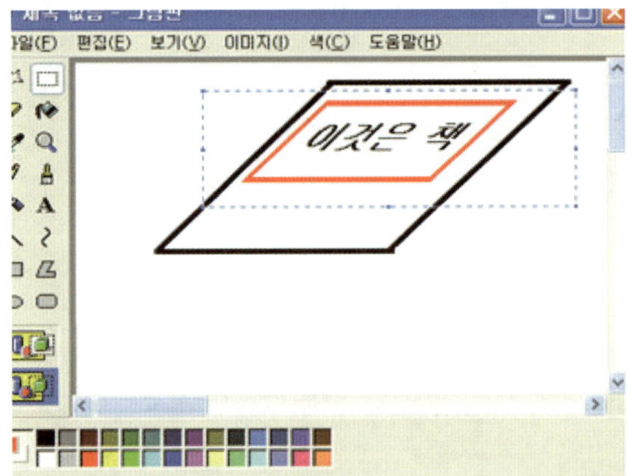

10. 불투명/ 투명

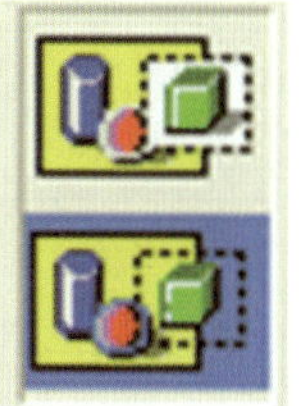
위의 그림은 그림이 불투명화 되는 것으로 이것을 선택 하게 되면 그림 위에 다른 그림을 덧붙일 때 배경까지 삽입되게 된다.

아래는 투명화 되는 것으로 오직 그림만 붙여넣기가 가능하다.

사용법

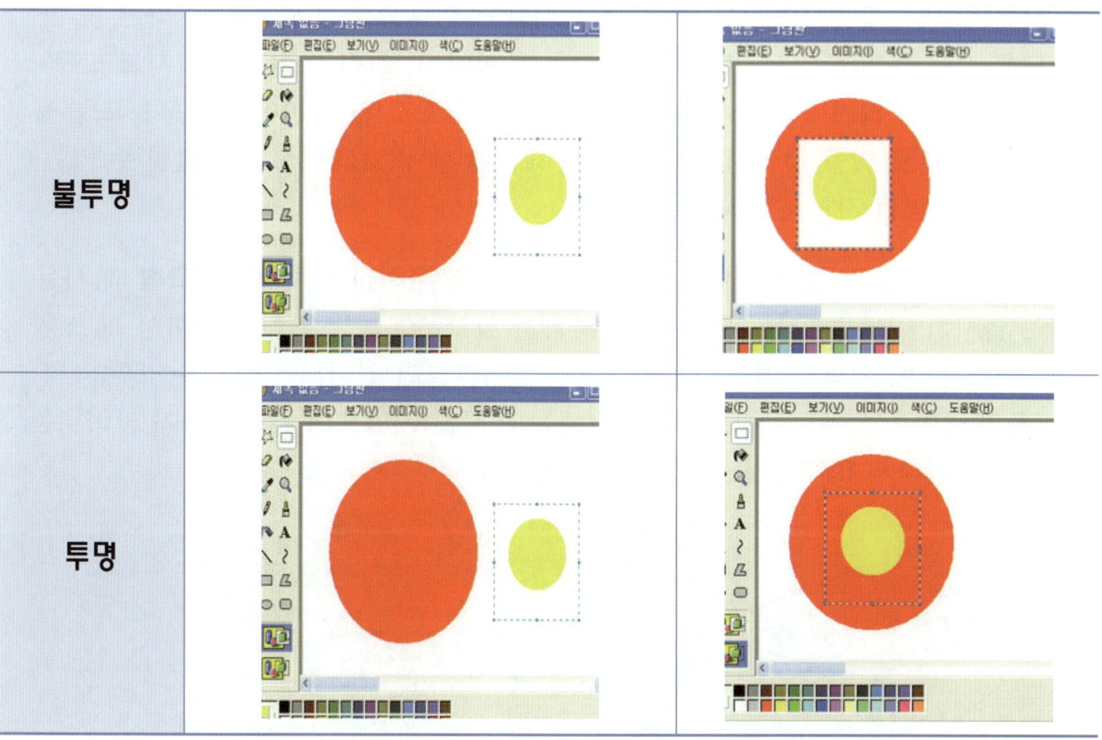

불투명		
투명		

낙생고등학교 발명품 탐색

예의 범절 자동 차

운전을 하다보면 "좌회전"도 하게 되고 "우회전"도 하게되며 "끼어들기"도 하게 됩니다. 그때마다 실수를 할 때도 있으며 너무 급한 나머지 운전예절에 어긋나는 운전을 할 때도 있습니다. 그때마다 운전자들은 한손으로 핸들을 잡고 다른 쪽 한 손으론 손을 들어 주어서 미안하다는 행동을 합니다. 그리고 실수를 저지르고도 손을 들어주지 않거나 미안하다는 표시를 않해서 도로 한 복판에서 싸우는 모습을 목격해 본 분도 있을 것입니다. 이러한 문제점을 매우 효과적으로 해결할 수 있는 것이 "예의 범절 자동차"입니다.

내용 : 자동차 뒷면(열선이 있는 곳)에 LED판이나 지하철 하차 시, 광고할 때 사용되는 글자가 나오는 판을 부착시키고 자동차 앞부분에는 스위치를 달아서 그 스위치를 누르면 차 뒷쪽 판에서 "죄송합니다." "바쁜일이 있어서" "즐거운 하루 되세요"등의 글이 나와서 자동차 간의 운전예절도 지킬수 있으며 간혹가다가 일어나는 싸움도 일어나지 않게 만들 수 있는 작품입니다.

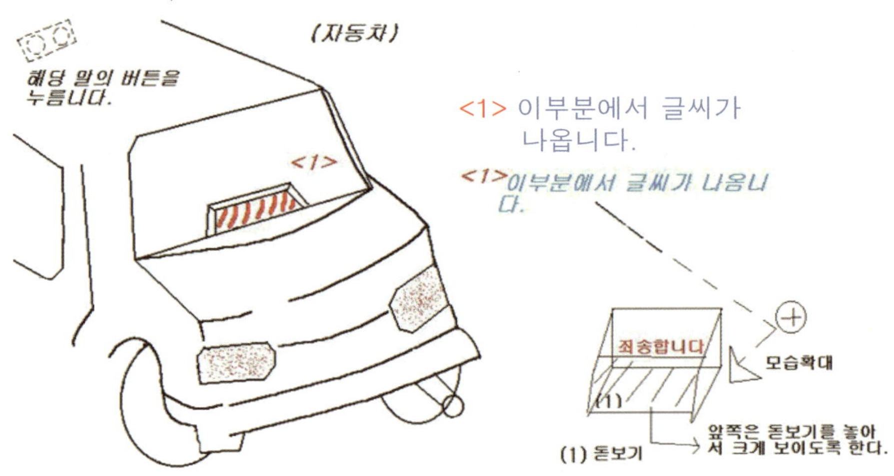

생각쉬어가기

■ 핵심 포인트

★ 모든 그림은 드래그&드롭(끌어놓기)을 사용하여 그린다.

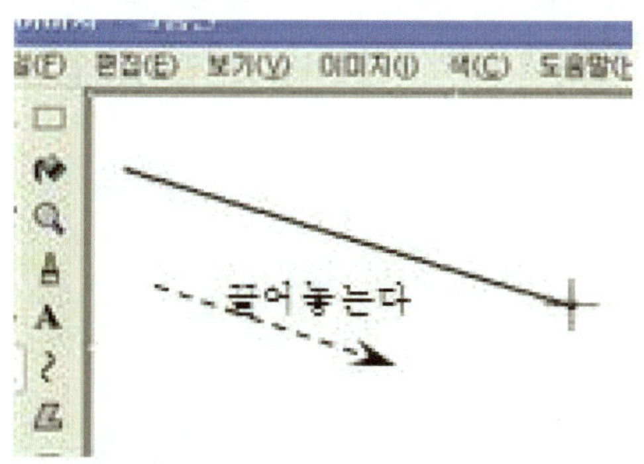

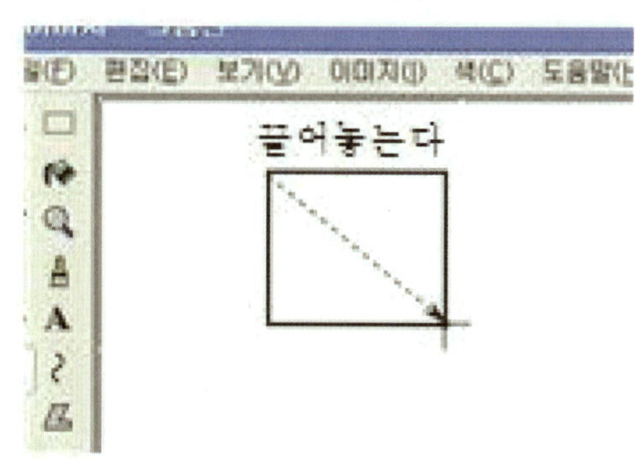

[기본 도구상자 이미지]

대칭이동 / 회전 : 이지를 상하/좌우 로 대칭 시키거나 90°단위로 회전 시킨다.

늘이기/기울이기 : 이미지를 상하좌우로 늘이거나 왜곡시킨다.

특　　　　성 : 캔버스의 크기, 흑백/컬러 여부를 정한다.

그림판의 TIP

이미지 탭에 있는 다양한 기능(ex. 대칭이동, 기울이기...)등을 사용하면 단순한 그림을 그릴 때에 시간을 크게 절약할 수 있다.

기능 복습하기

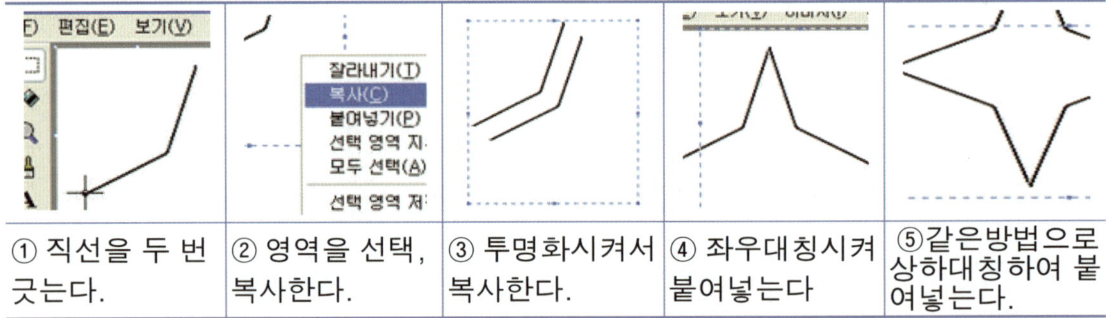

| ① 직선을 두 번 긋는다. | ② 영역을 선택, 복사한다. | ③ 투명화시켜서 복사한다. | ④ 좌우대칭시켜 붙여넣는다 | ⑤같은방법으로 상하대칭하여 붙여넣는다. |

생각뛰어넘기

■ 그림판을 이용한 실습

지금까지 그림판 도구들의 간단한 사용법을 알아보았다.
다음에 제시하는 그림들을 직접 그림판으로 그려보자.

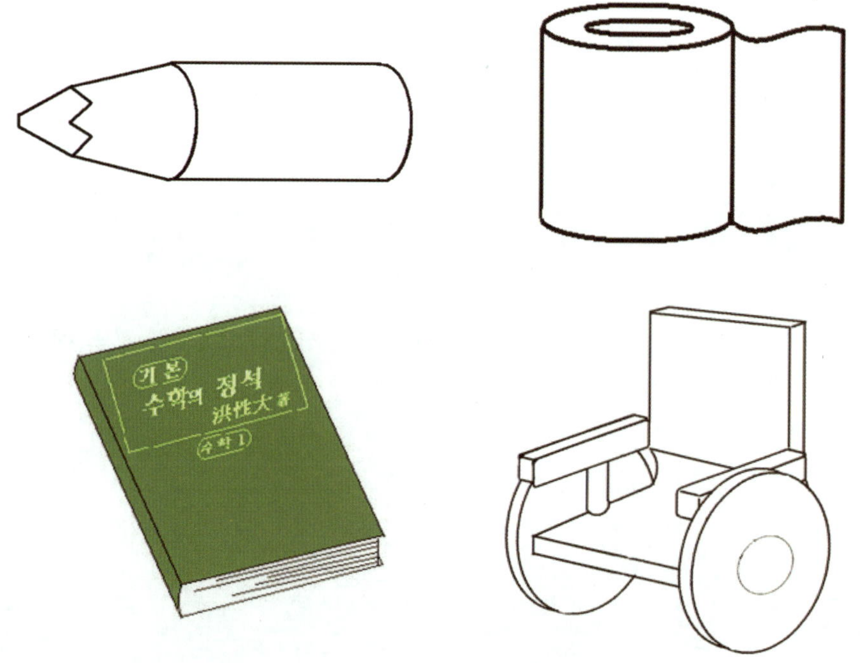

 **그림판의 TIP**

연필로 밑그림을 그린 후 스캔해서 따라그리는 식으로 하면 편하다.

　수학의 정석책을 따라해 보고 주어진 자료을 직접 그림판을 이용하여 도면을 작성하시오

① 필요량만큼의 선을 긋는다.

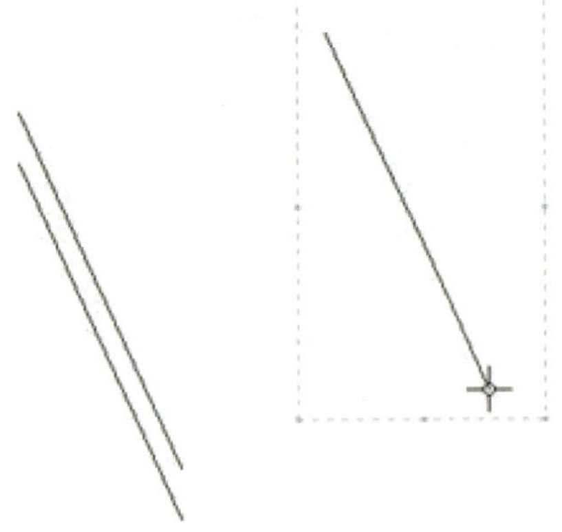

② 영역을 복사해 필요한 부분에 붙인다.

③[곡선]을 이용해 테두리를 그린다.

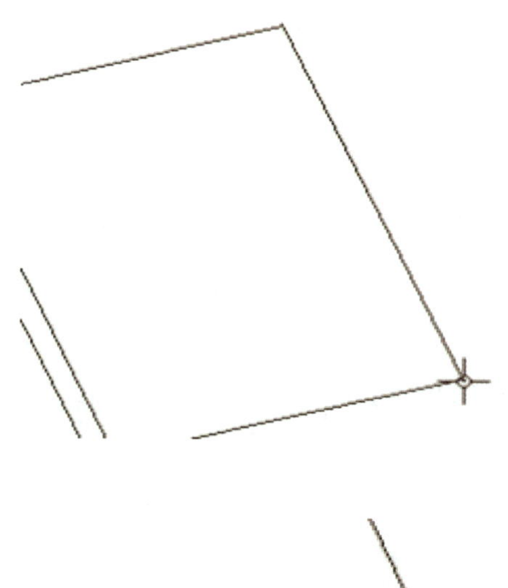

④나머지 외곽을 직선으로 그린다.

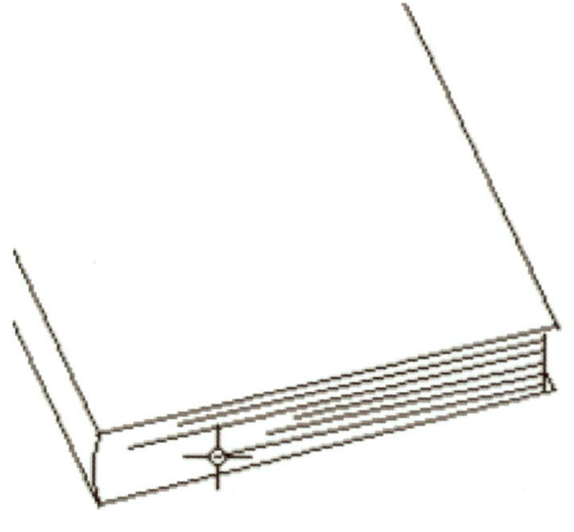

⑤세부표현이 가능한 부분을 그린다.

⑥필요한 경우에 색을 입힌다.

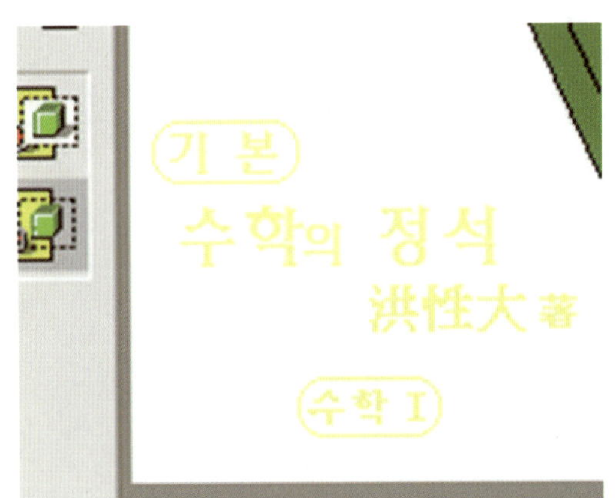

⑦[텍스트]를 이용하여 꾸밀 문구를 정한
다.

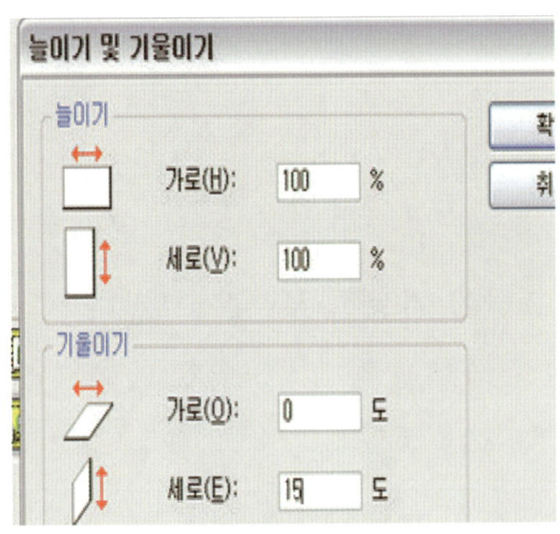

⑧텍스트를 영역선택해 기울인다

⑨완성

구글 스케치업을 활용한 도면 작성 안내

■ 학습목표

▷자신의 아이디어를 도면을 통하여 표현할 수 있다.
▷스케치 업을 능숙하게 이해, 사용할 수 있다.

발명생각 열기&품기 **제1차시 SketchUp에 관한 기초**

★ 스케치 업(Sketch Up)이란……?

◨ 스케치 업 (Sketch Up)의 역사

- 앳래스트 소프트웨어(@Last Software)에서 개발한 3D모델링 프로그램
- 2001년 첫 번째 버전 발표, 2006년 3월에 앳래스트 소프트웨어를 구글(Google)에서 인수하였고, 현재 Sketch Up 6.0 버전 출시 (현재로써 SketchUp 7은 영어로만 제공되며 현재 완성도를 높이는 작업중이나 사용이 가능하다.).
- 일반인이 무료로 사용이 가능한 프리웨어(Freeware)와 전문가용인 Pro버전(정식판, 유료)이 있다.

◨ 스케치 업 (Sketch Up)의 특징

- 3차원 공간에서의 자유로운 스케치가 가능하다.
- 스케치 데이터의 손쉬운 편집과 다양한 스타일로 변경이 가능하다.
- 강력한 3차원 프리젠테이션 기능으로 설계자의 생각을 정확하게 전달이 가능하게 한다.
- 만들어진 데이터를 평면이미지(DWG, DXF, JPG,GIF등) 뿐만 아니라 3차원 형태(DWF, DXF, 3DS 등)로 변환이 가능하다. (단, Freeware는 변환 가능한 일부가 제외 되어있다.)

■ 스케치 업 (Sketch Up)의 주요기능

- Push/Pull(밀고 당기기): 평면으로 구성되어 있는 어떤 형태라도 밀고 당길 수 있는 기능으로 스케치업에서 가장 많이 사용되는 중요한 기능이다
- 실시간 일조, 일영 검토: 슬라이드 쇼 기능과 그림자설정 기능을 이용하여 다양한 일조 검토의 시뮬레이션이 가능하다. (건축, 인테리어, 조경 분야 등에 주로 사용된다.)
- 단면 절단: 물체의 단면 보기 시뮬레이션 기능 및 스케치업에서 생성된 2차원 형태를 손쉽게 2차원 도면으로 저장된다.

💡 발명생각 열기

- 따라가기 기능: 일종의 Sweep 기능으로 다양한 모양의 평면이 안내선을 따라가며 입체면을 만드는 기능으로 곡면 생성, 배관 파이프, 몰딩 제작 등에 주로 사용된다.

- 모래상자 기능: 지형을 생성하도록 도와주는 기능으로 등고선을 이용하여 바로 지형의 제작이 가능하게 하는 기능이다. (제품모델링에는 거의 사용하지 않는 기능이다.)

★ 프로그램 다운로드 및 설치하기

■ 스케치 업 (Sketch Up) 6.0 설치하기

- 구글스케치업 홈페이지(sketchup.google.com)에 접속하여 무료버전 선택 후 실행

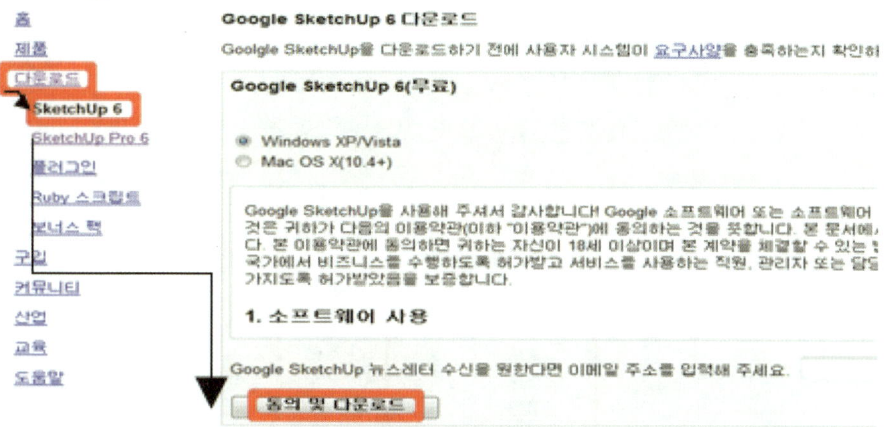

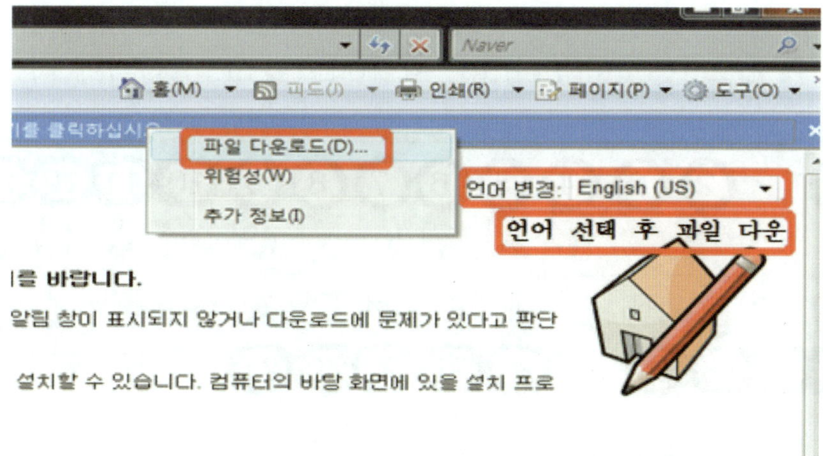

■ 구성요소(Components) 및 재질(Materials)

좌측 상단 다운로드 탭의 소메뉴 '보너스 팩' 클릭

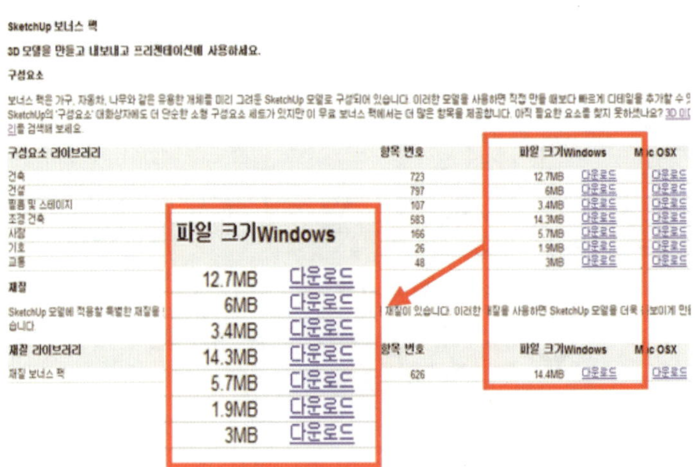

- 우측 상단 파일 다운로드 항목에서 '다운로드' 클릭 후 스케치업 폴더 내 구성요소(Components), 재질(Materials) 폴더에 저장

■ 큰 도구모음(Large Tool Set)의 일부 아이콘

- ① Select(선택도구): 하나 또는 그 이상의 객체를 선택한다.
- ② Paint Bucket(페인트 도구): 객체에 색상이나 재질을 지정한다.
- ③ Eraser(지우개): 그리기 영역에서 객체를 지운다. 선을 숨기거나 부드럽게 할 수도있다.
- ④ Rectangle(사각형): 사각형을 그린다.(동일 평면상에 4개의 선을 그려 면 생성)
- ⑤ Line(선): 직선을 그린다.
- ⑥ Circle(원): 중심점과 반지름을 이용한 원을 그린다.

- ⑦ Arc(원호): 3개의 점을 이용한 호를 그린다.
- ⑧ Polygon(다각형): 정다각형을 그린다.(꼭지점의 수는 3부터 100까지 가능)
- ⑨ Freehand(자유곡선): 자유곡선을 그린다.
- ⑩ Move/Copy(이동/복사): 객체를 이동, 복사, 다중 복사 및 배열을 한다. (Ctrl키를 누르면서 Move를 할 시 복사가 된다.)
- ⑪ Push/Pull(밀고 당기기): 면을 돌출시키거나 구멍을 뚫으며, 이동시킬 수 있다.
- ⑫ Rotate(회전): 중심점을 찍어 객체를 회전시키거나 일정한 각도로 다중 복사할 수 있으며, 비틀 수 있다.
- ⑬ Follow Me(따라가기): 도형이 도형주변의 안내선의 경로를 따라 면을 돌출한다.
- ⑭ Scale(축척): 9개의 점으로 선택한 객체의 크기를 조절한다.
- ⑮ Offset(간격 띄우기): 동일 평면상의 선이나 면을 안쪽이나 바깥쪽으로 원하는 간격만큼 복사한다.
- ⑯ Tape Measure(줄자): 두 점 사이의 거리를 측정하고 안내선을 만들며, 전체 모델이나 특정 그룹, 구성요서(Component)의 크기를 조절한다.
- ⑰ Dimension(치수): 치수선과 치수를 생성한다.
- ⑱ Protractor(각도기): 각도를 측정하고, 안내선을 만든다.
- ⑲ Text(문자): 문자를 입력하거나 지시선을 동반한 문자를 입력한다.
- ⑳ 3D Text(3D 문자): 입체적인 문자를 입력한다.
- ㉑ Orbit(궤도): 화면을 회전시켜 시점을 변경한다.(마우스 휠 버튼을 누른 상태에서의 드래그로도 가능하다.)
- ㉒ Pan(화면 이동): 화면을 이동시켜 시점을 변경한다.(마우스 휠 버튼과 키보드의 Shift키를 누른 상태에서의 드래그로도 가능)
- ㉓ Zoom(화면 확대/축소): 화면을 확대하거나 축소한다. Shift 키를 누른 상태에서 드래그 하면 Field of View(화각과 초점거리−지평선이 보여지는 위치)를 조절할 수 있다.(마우스 휠을 돌려 확대, 축소가능)
- ㉔ Zoom Window(선택영역 확대): 원하는 영역을 마우스로 드래그하여 확대한다.

■ 스케치업에서의 휠 마우스에 관한 사용방법

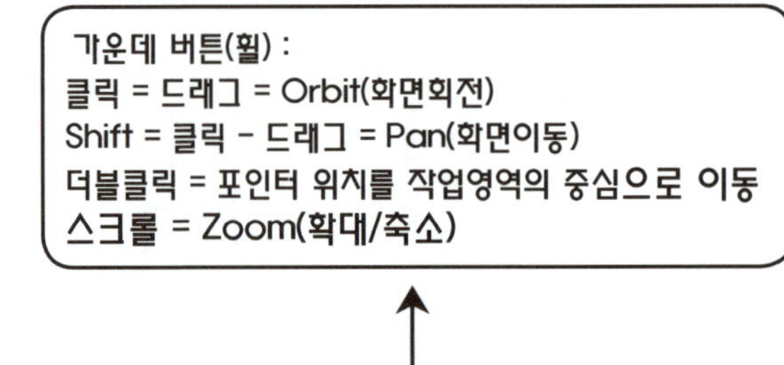

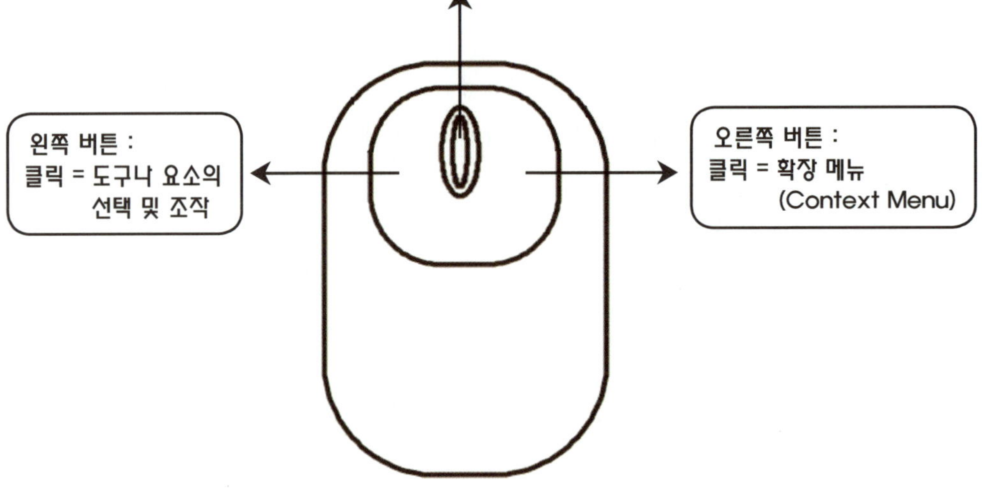

여기서 잠깐

✓ Ctrl+클릭 = 여러개의 요소를 순차적으로 계속 선택
✓ Shift+클릭 = 여러개의 요소를 계속 선택, 또는 선택 된 요소를 클릭 할 때 요소 선택 취소

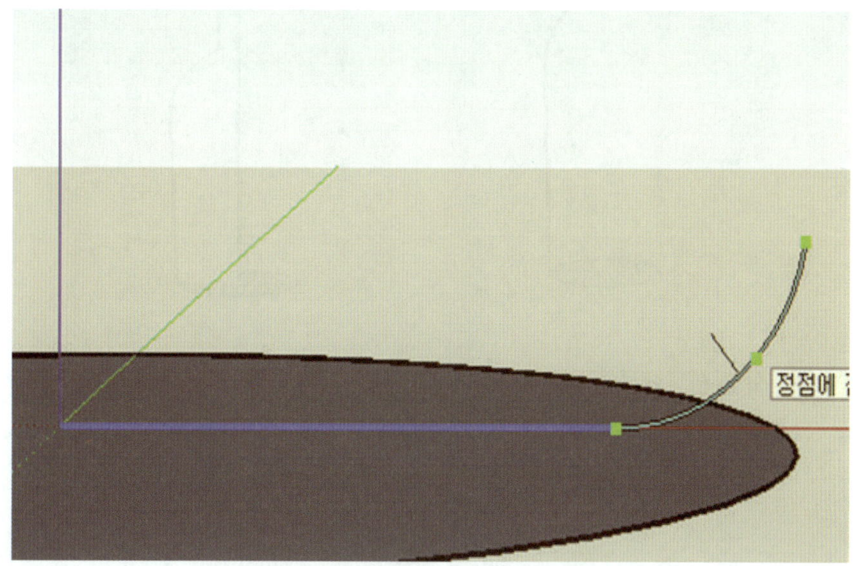

 바닥에 와인병의 둘레가 될 원을 Circle(원)툴을 이용해서 먼져 그려준 뒤 반지름의 3/4가 되는 지점까지 Line(직선)툴을 이용하여 직선을 그어 준 뒤, Arc(원호)툴을 이용해 위 그림과 같이 적당히 와인병 밑 부분의 일부를 그려준다.

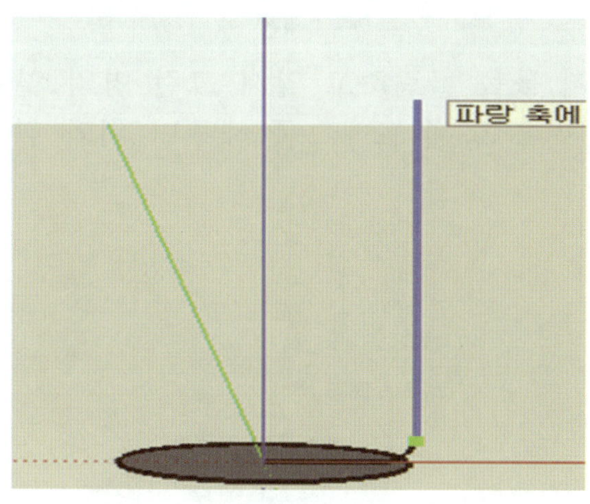

Line(직선)툴을 이용해 호의 끝 부분을 먼저 클릭하고 Shift키를 누른 상태로 와인 병의 길이만큼 직선을 그려준다.

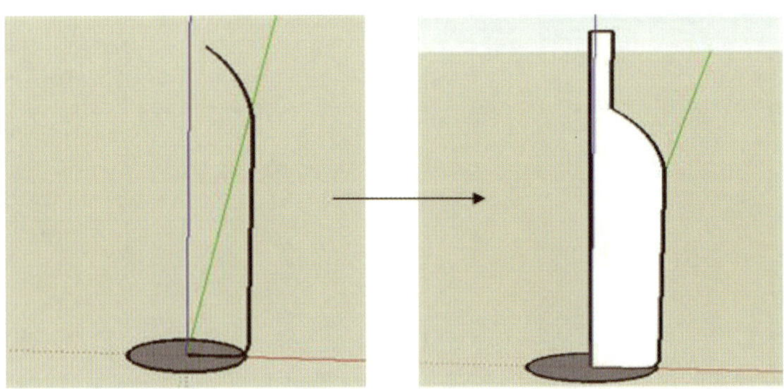

Arc(원호)와 직선(Line)툴을 이용해서 윗 그림과 같이 와인 병단면을 반으로 자른 모습을 그려준다.

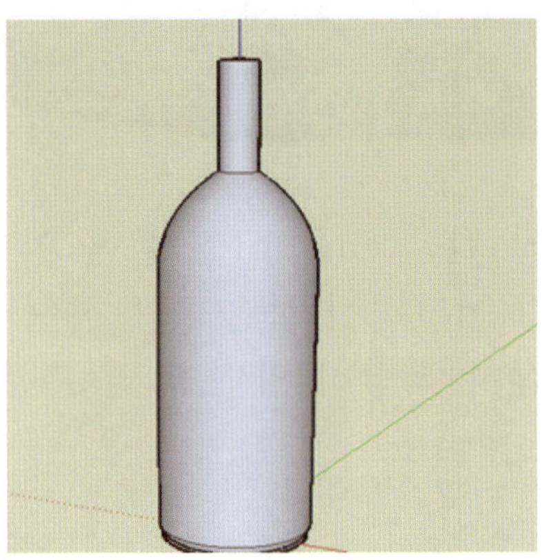

Follow Me(따라가기)툴을 클릭하고 앞서 그린 병의 일부분을 클릭하고 Alt키를 누른 상태로 아래 원을 향해 드래그를 해주면 위와 같은 모양의 병이 그려진다.

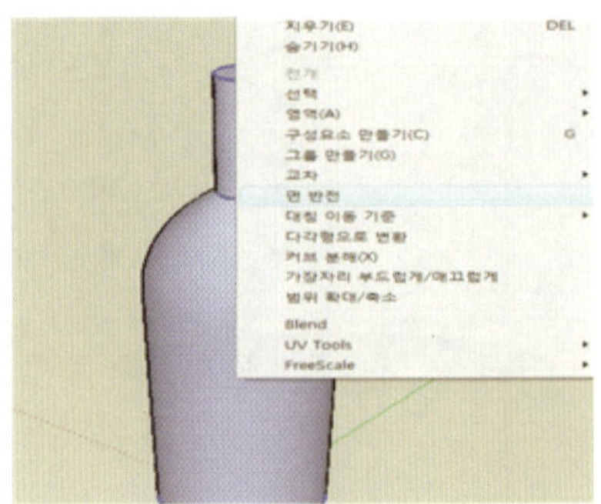

후에 색깔을 입히기 위하여 전체 개체를 선택하고 오른쪽클릭을 하여 '면 반전'을 클릭한다. (면 반전을 꼭 할 필요는 없으나, 나중에 렌더링이 필요하다면 바로 렌더링을 할 수 있도록 함을 위해서 면 반전을 해준다.)

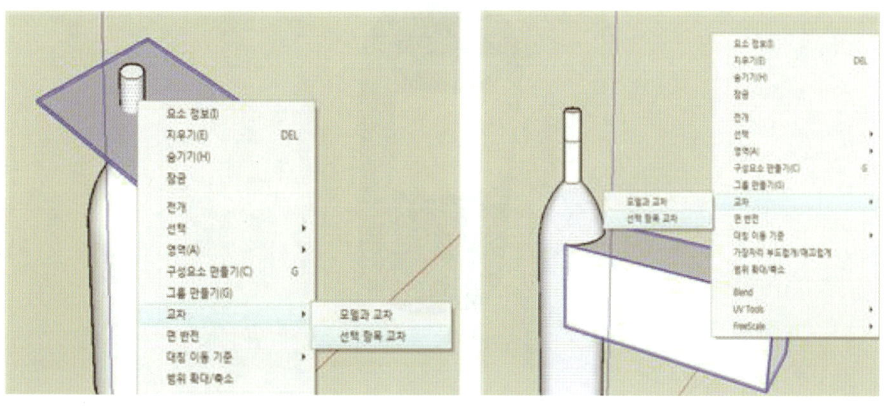

와인병 뚜껑의 끝부분이 될 곳에 평면을 그린 후 전체 개체선택〉교차〉선택항목 교차를 해주고 상표이름이 들어갈 곳엔 직육면체를 그리고 똑같은 방법을 적용해준다.

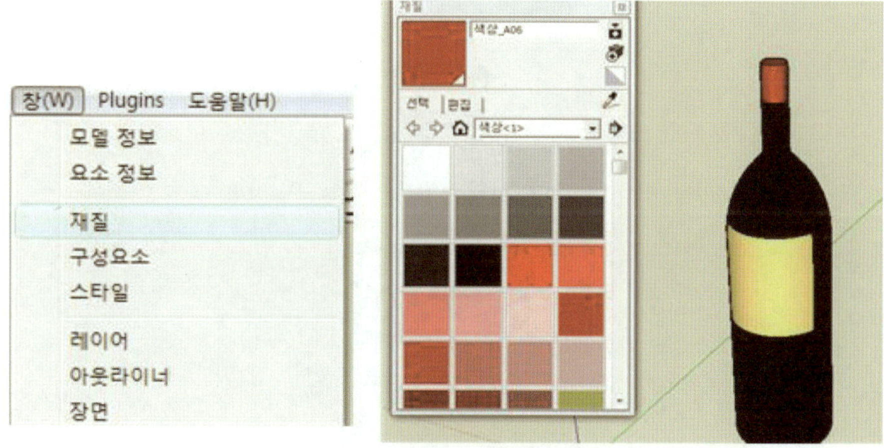

창(Window)〉재질(Materials)을 누르면 재질창이 나오게 된다 .이 때, 중단부의 탭을 색상탭으로 선택을 하고 원하는 색 클릭〉색을 입히고자 하는 면을 클릭을 하는 순서로 색을 입힌다.

이걸로써 와인병의 모델링이 완성된다. (*저장하는 방법은 파일>저장또는 다른
이름으로 저장을 클릭해주면 된다.)

- 연습과제(혼자해보기) -

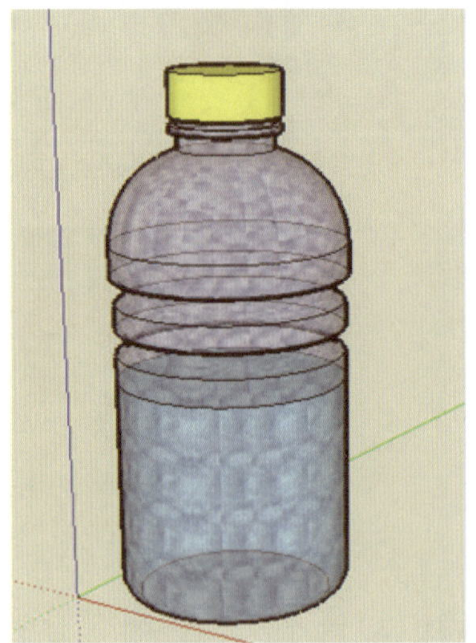

Tip: Arc(원호)툴과 Line(직선)툴을 적절히 상황에 맞춰서 사용할 수 있도록 한다.

생각 뛰어넘기

 제2차시 따라 해보기 (심화학습)

1. 기본적인 의자의 틀을 그려보자.

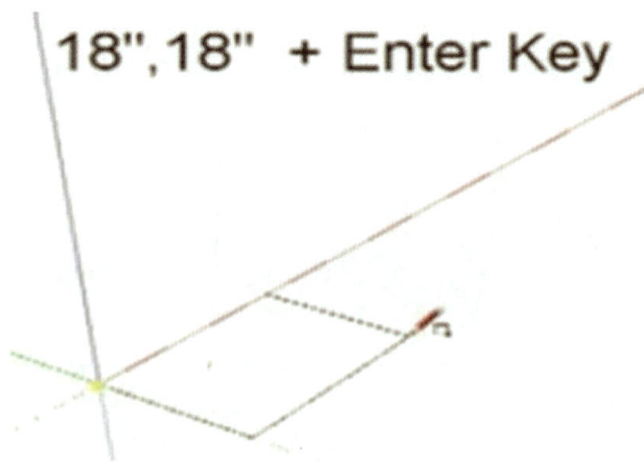

사각형툴을 클릭하고 18×18사이즈의 사각형을 만든다.

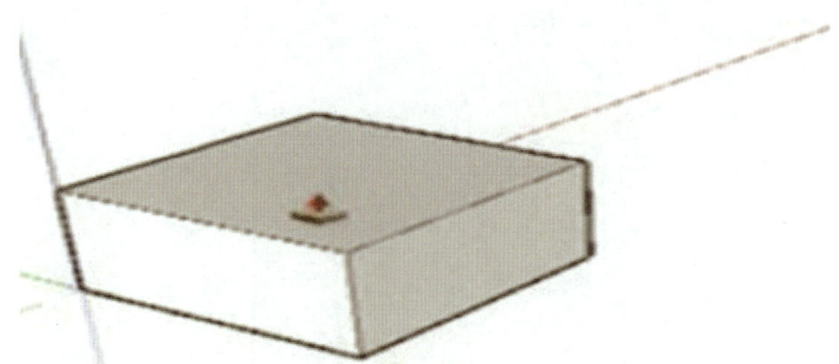

사각형을 Push/Pull 툴로 위 방향을 향해 4' 만큼 올린다.

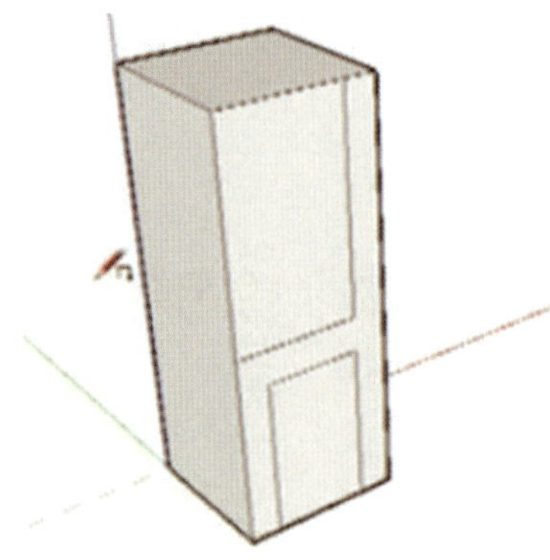

직육면체의 옆면에 직선 툴을 이용하여 위와 같이 선을 그어준다.

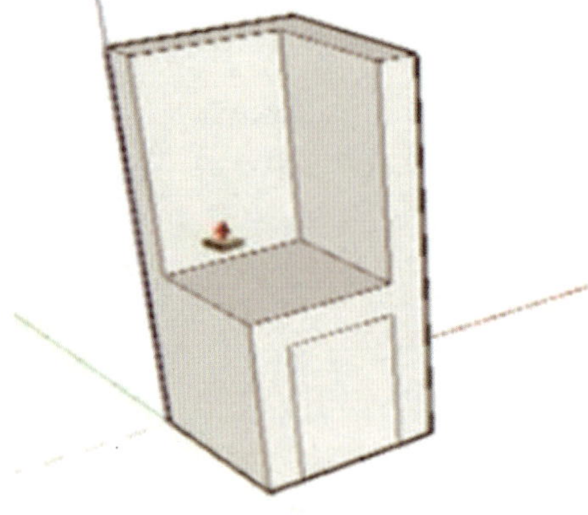

Push/Pull툴을 이용해 검은색 화살표 방향으로 끝까지 밀어준다.

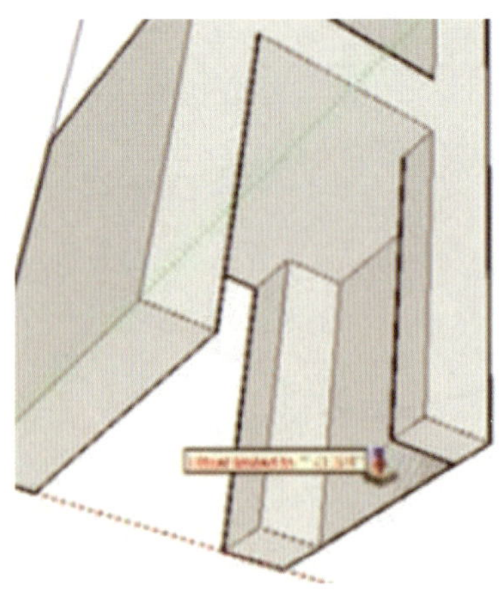

밑면 또한 의자의 다리모양이 되도록 끝까지 밀어준다.

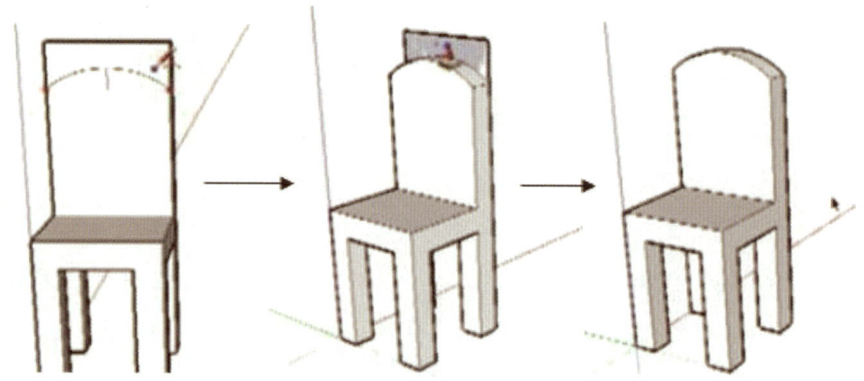

등받이 부분에 호를 그려, 끝까지 밀어주면 의자가 완성이 된다.

2. 좀 더 섬세한 의자를 그려보자.

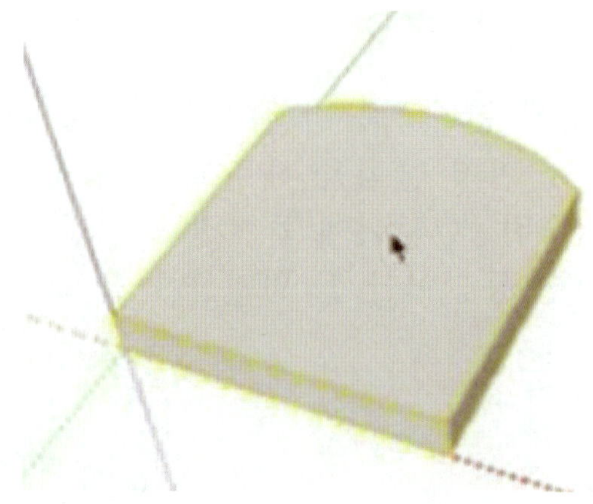

위가 둥근 직사각형을 그린 뒤 Push/Pull툴로 z축 방향으로 올려준 뒤 전체도형을 드래그해서 오른쪽버튼>Make a Group(그룹 만들기)를 눌러 그룹을 생성한다.

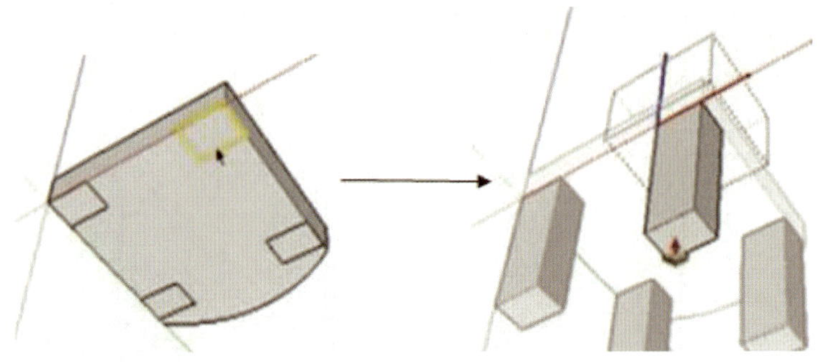

　그룹화된 도형의 밑면의 의자의 다리가 들어갈 부분에 사각형을 그린 뒤 Push/Pull툴을 이용하여 밑방향으로 길게 늘려 길이를 모두 똑같이 만들어 준다.

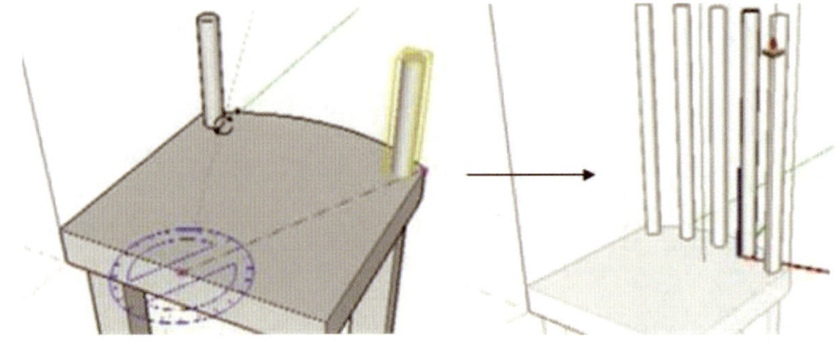

　의자의 등받이가 될 부분에 원기둥을 만들어 그룹으로 지정해 둔 뒤 의자의 앞 부분에 Rotate(회전)툴으로 먼저 클릭을 해주고 그룹이 된 원기둥 하나를 누른 뒤 반대편인 왼쪽을 클릭한 뒤 '(/사이에 들어갈 원기둥의 숫자)-1'을 입력해주고 Push/Pull툴을 이용하여 등받이가 될 원기둥 들을 모두 위로 올려준다.

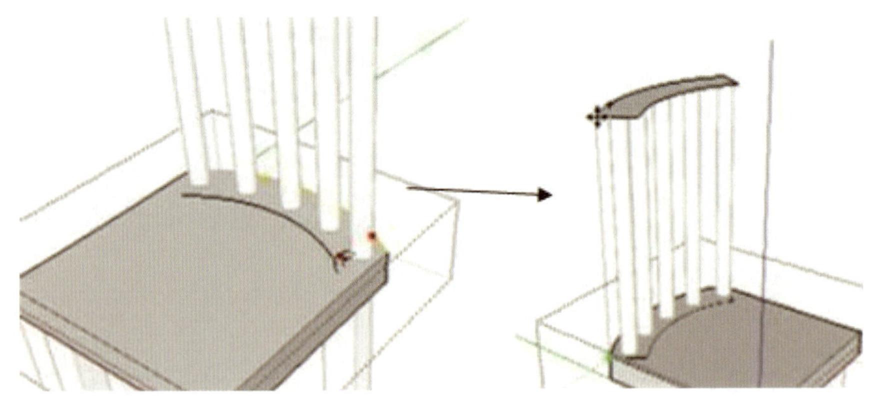

  Off set(간격 띄우기)툴을 클릭하고 의자의 후방 호 부분을 클릭한 뒤 원기둥의 앞부분을 클릭해주면 첫 번째 그림과 같이 되는데 그 후 오른쪽에 변을 만들어 주고 두 번째 그림과 같이 위로 복사를 해준다.

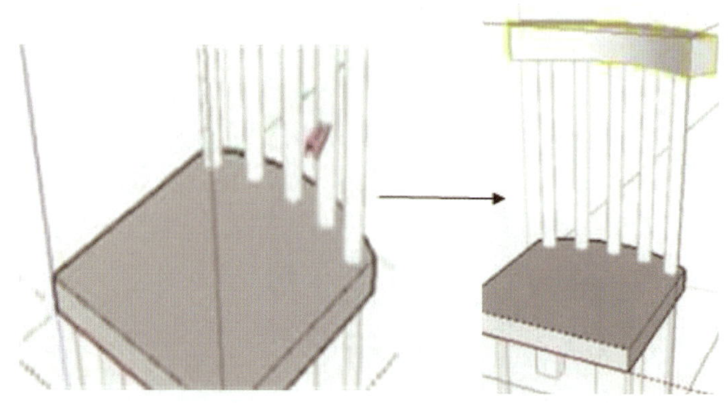

  지우개를 이용하여 의자상판위에 Off Set을 이용해 그려 남은 흔적을 지우고 등받이 부분 위로 올렸던 것을 Push/Pull을 이용하여 적당한 길이로 밀고 당겨준다.

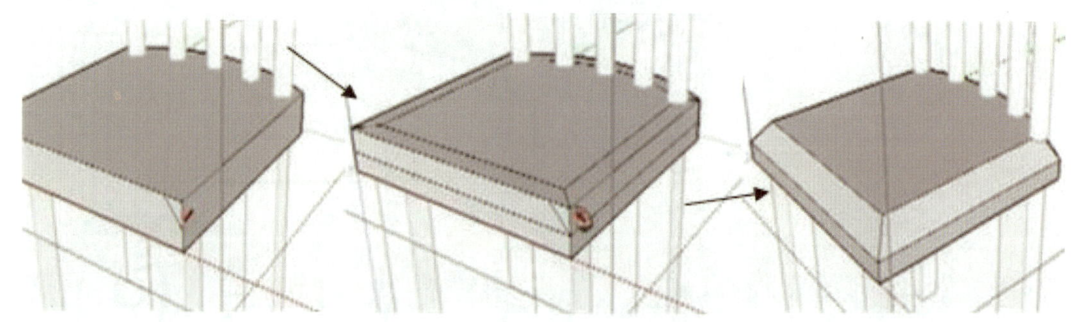

  첫 번째 그림처럼 Line툴로 직선을 그려주고 Follow Me(따라가기)툴을 이용하여 궤도를 한 바퀴 돌려주면 의자상판의 모양이 마지막 그림과 같이 변하게 된다.
  (*Follow Me 툴은 궤도가 꼭 있어야 이용할 수 있다.)

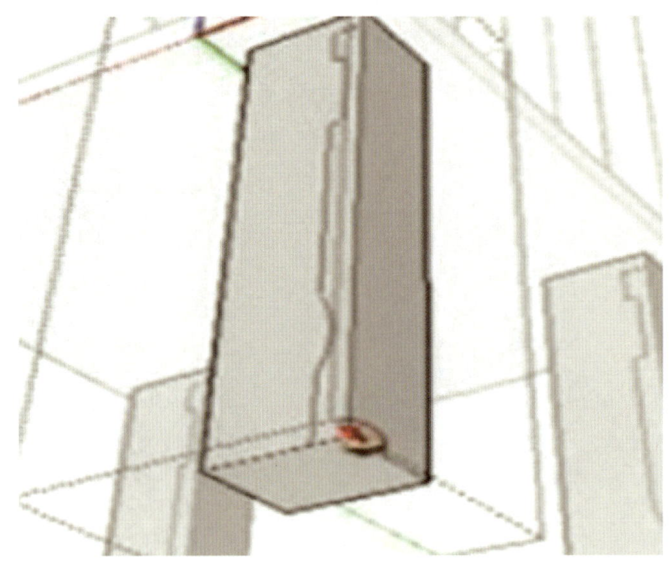

　의자에 Follow Me툴을 이용하여 독특한 문양을 새기기 위해 의자의 한 쪽면에 윗 그림과 같이 Line툴로 단면 그림을 그려준다.

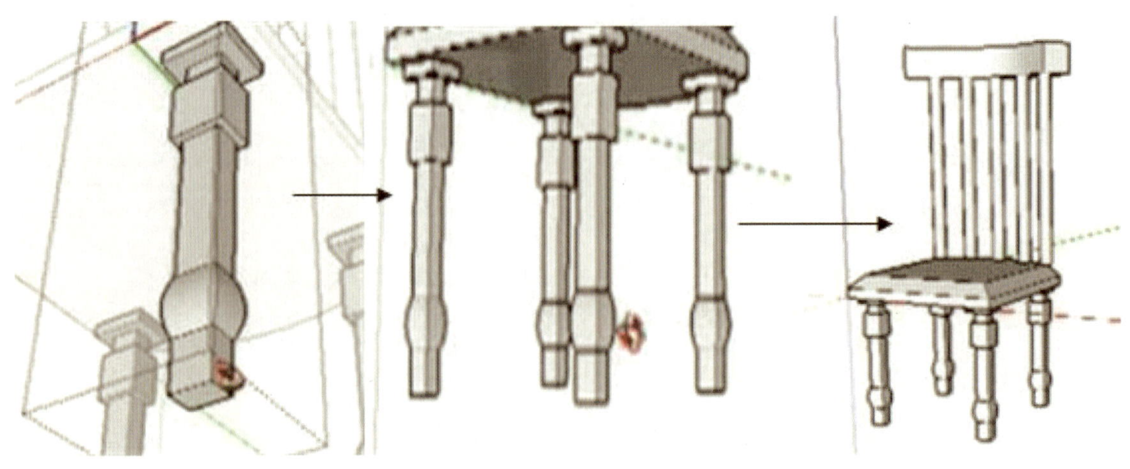

　궤도를 따라 Follow Me툴로 둘러주면 첫 번째 그림과 같은 모양이 나오게 되는데 네 모퉁이를 모두 똑같이 만들어주면 최종적으로 의자는 완성이 된다. (마지막 그림)

Tip: Arc(원호)툴과 Line(직선)툴을 적절히 상황에 맞춰서 사용할 수 있도록 한다.

MEMO

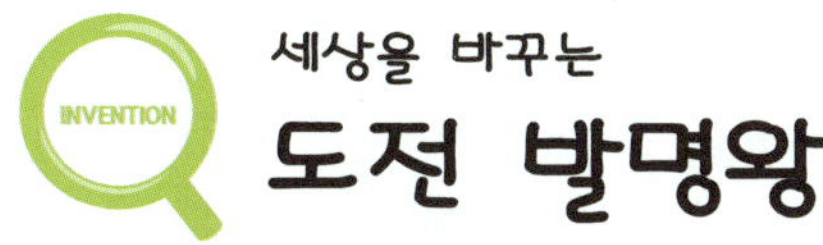

세상을 바꾸는
도전 발명왕

발명은 남보다 뛰어남이 아니라 **남과 다른 나**를 만든다

지은이	전인기, 서재흥, 장창문, 이재원, 한성민, 이지수, 윤진혁, 정의강
펴낸이	박 용
펴낸곳	도서출판 세화 서울 용산구 청파동 3가 128-5호 동양빌딩 2층
영업부	(02)719-3142~3
편집부	(02)719-3144~5
FAX	(02)719-3146
등 록	1978. 12. 26 (제 1-338호)
발행일	초판 1쇄 2014년 9월 1일

정 가	20,000원

ISBN 978-89-317-0762-5 13500

※ 파손된 책은 교환하여 드립니다.

Copyright ⓒ Sehwa Publishing Co.,Ltd.
도서출판 세화의 서면동의 없이 이 책을 무단 복사, 복제, 전재하는 것은 저작권법에 저촉됩니다.

본 도서의 내용 문의 및 궁금한 점은 더 정확한 정보를 위하여 저자분의 이메일 주소를 기입해 놓았으니 문의하시기 바랍니다. 저자분께서 정성스럽게 대답해주실 것입니다.

전인기 inkistar@paran.com   서재흥 sjh1003@hanmail.net   장창문 jjang5959@hanmail.net